石油和化工行业"十四五"规划教材

热泵原理与工程设计

唐志伟　张宏宇　牛利敏　等 编著

化学工业出版社

·北京·

内 容 简 介

本书首先对热泵技术进行了介绍，重点阐述了蒸气压缩式热泵和吸收式热泵的工作原理与结构部件；然后针对不同类型的低位热源，阐述了几种应用比较广泛的热泵系统应用形式、结构组成和设计方法，包括土壤源热泵、地下水源热泵、地表水源热泵、污水源热泵和空气源热泵，并且讲述了热泵机房的工程设计内容和方法；最后介绍了大中型热泵空调系统的工程设计应用案例。

本书注重理论与实践结合，内容全面，应用性较强，可以作为高等院校新能源科学与工程专业、建筑环境与设备工程专业本科生及研究生的教学用书，也可供热能工程技术人员在设计、施工和使用热泵过程中参考。

图书在版编目（CIP）数据

热泵原理与工程设计 / 唐志伟等编著. —北京：
化学工业出版社，2021.9（2025.1重印）
ISBN 978-7-122-39285-5

Ⅰ. ①热… Ⅱ. ①唐… Ⅲ. ①热泵–高等学校–教材
Ⅳ. ①TH3

中国版本图书馆 CIP 数据核字（2021）第 108709 号

责任编辑：李玉晖　　　　　　　　　　　　　文字编辑：陈立璞　林　丹
责任校对：刘　颖　　　　　　　　　　　　　装帧设计：李子姮

出版发行：化学工业出版社（北京市东城区青年湖南街 13 号　邮政编码 100011）
印　　装：北京科印技术咨询服务有限公司数码印刷分部
787mm×1092mm　1/16　印张 20　插页 2　字数 482 千字　2025 年 1 月北京第 1 版第 4 次印刷

购书咨询：010-64518888　　　　　　　　　　售后服务：010-64518899
网　　址：http://www.cip.com.cn
凡购买本书，如有缺损质量问题，本社销售中心负责调换。

定　　价：68.00 元　　　　　　　　　　　　　　　　　　　版权所有　违者必究

前　言

随着经济的快速发展以及人民生活水平的提高，能源与环境问题日益突出，节能环保、低碳减排不仅仅是宣传口号，实际上已经融入了我们的日常生产生活中。热泵技术通过消耗一定的能量（电、燃气等）将热量从低位热源向高位热源进行转移，既可以实现制热，也可以实现制冷，在制热方面节能效果尤其显著，其制热效率是传统制热方式（电热锅炉、燃气锅炉等）的几倍，在节约了一次能源的同时降低了对环境的污染。热泵的低位热源有很多，比如空气、太阳能、地热能以及生产生活中的排热等，可以看出热泵也是一种可再生能源和余热回收利用技术。目前，热泵装置不仅为民用建筑、公共建筑、工厂厂房提供供暖、空调和热水，还在一些工业的生产工艺过程中得到了应用。

本书首先对热泵技术进行了介绍，重点阐述了蒸气压缩式热泵和吸收式热泵的工作原理与结构部件；然后针对不同类型的低位热源，阐述了几种应用比较广泛的热泵系统应用形式、结构组成以及设计方法；最后介绍了大中型热泵空调系统的工程设计应用案例。本书将热泵理论与实践紧密结合，可以作为高等院校新能源科学与工程专业、建筑环境与设备工程专业本科生及研究生的教学用书，也可以为工程技术人员在设计、施工和使用过程中提供参考。

本书共分为 10 章，第 1、2 章由唐志伟编写，第 3、4、5、10 章由张宏宇编写，第 6、7、8 章由牛利敏编写，第 9 章由刘爱洁编写。全书由唐志伟统稿。另外，刘静、陆颖、肖荣晖、王昊等参与了本书的编写工作，在此表示衷心感谢。

本书引用了许多参考文献和工程实例，在此向作者一并致谢。

限于编者学术水平及教学经验，书中难免有不足之处，敬请读者批评指正。

编著者

2021 年 6 月

目　录

第1章 概述

1.1 热泵的热力学原理

1.1.1 热泵的定义

热泵是一种以消耗部分能量为代价使热量从低温热源向高温热源转移的装置。为了便于理解，热泵的工作过程可与水泵相类比，如图 1-1 所示。水泵是通过消耗少量能量将水从低位处输送到所需高位处的，热泵也是通过消耗能量，将热量从低温处向高温处转移，二者达到了相似的效果。

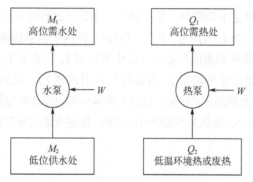

图 1-1 热泵和水泵的工作过程类比

热泵可以把空气、水、土壤、太阳能及生产生活废热中的不可直接利用的低品位热量转换为可利用的高品位热量。根据热力学第一定律和热力学第二定律，高温热源获得的热量应该等于消耗的能量与从低温热源吸收的热量之和，因此，图 1-1 中的 Q_1、Q_2 和 W 满足如下关系式。

$$Q_1 = Q_2 + W \qquad (1\text{-}1)$$

从热泵的能量转换过程可以看出，热泵相对于高温热源是制热，相对于低温热源是制冷，因此热泵兼有制冷和制热的双重功能，但热泵与传统的制冷设备有着明显的不同。首先是使用目的不同，热泵的目的是供热，制冷设备的目的是供冷，目的不同会影响设备机构和流程的设计；其次是二者的工作温度范围也不同，热泵工作温度的下限一般是环境温度，上限根据用户要求而定，而制冷设备工作温度的上限一般是环境温度，下限根据用户要求而定，见图 1-2；最后是对部件和工质的要求不同，由于二者的工作温度区间不同，其工作压力、部件的材料与结构、对工质特性的要求也不同。

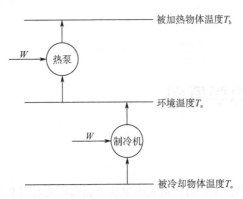

图1-2 制冷机和热泵的工作温度范围

1.1.2 逆卡诺（Carnot）循环

最理想的热泵循环是逆卡诺循环，它由两个可逆绝热过程和两个可逆等温过程组成。逆卡诺循环热泵在温度分别为 T_H（高温）和 T_L（低温）的两个恒温热源间工作。在逆卡诺循环温熵图（图 1-3）中，工质等温膨胀从状态 4 变化到状态 1，同时在 T_L 温度下从低温热源中吸取热量；接着工质被等熵压缩至状态 2，其温度从 T_L 升高到 T_H；随后工质被等温压缩至状态 3，同时在 T_H 温度下向高温热源放出热量；最后工质再经等熵膨胀回到状态 4，温度从 T_H 降低到 T_L，从而完成整个热力循环。由热力学理论可以证明，按逆卡诺循环工作的热泵，其制热性能系数为

$$\mathrm{COP_h} = \frac{T_H}{T_H - T_L} \qquad (1\text{-}2)$$

在相同热源条件下，理想的热泵循环具有最大的制热系数，也是实际循环的比较标准。

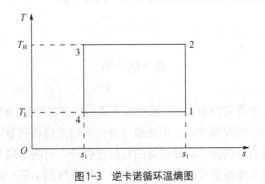

图1-3 逆卡诺循环温熵图

1.1.3　洛伦兹（Lorenz）循环

实际热泵循环中，由于热源质量是有限的，随着热源与工质之间热交换过程的进行，热源的温度会逐渐发生变化。对于工作在两个变温热源之间的理想热泵循环可用洛伦兹循环来描述，它由两个等熵过程和两个工质与热源间温差的传热过程组成。图 1-4 为洛伦兹循环的温熵图。1—2 表示等熵压缩过程；2—3 表示工质的可逆放热过程，其温度由 T_2 降到了 T_3，高温热源的温度由 T_3 升高到了 T_2；3—4 表示等熵膨胀过程；4—1 表示工质的可逆吸热过程，其温度由 T_4 升高到 T_1，低温热源的温度由 T_1 降到 T_4。在循环中为了使工质与热源之间实现无温差的热交换，必须采用理想的逆流式换热器。

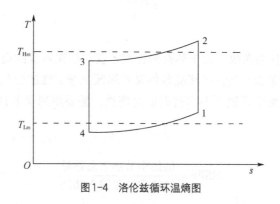

图1-4　洛伦兹循环温熵图

由热力学理论可以证明，洛伦兹循环的制热系数与在平均吸热温度 T_{Lm} 和平均放热温度 T_{Hm} 间工作的逆卡诺循环制热系数相等，即

$$COP_h = \frac{T_{Hm}}{T_{Hm} - T_{Lm}} \tag{1-3}$$

1.1.4　热泵的性能指标

常用的热泵性能评价指标主要有性能系数 COP（Coefficient of Performance）、季节性能系数 HSPF（Heating Seasonal Performance Factor）、综合部分负荷性能系数 IPLV（Integrated Part Load Value）和㶲效率。

（1）热泵的性能系数　热泵的性能系数是评价热泵性能的重要指标之一，制热工况时称为制热系数 COP_h，制冷工况时称为制冷系数 COP_c。

对于消耗机械功的蒸气压缩式热泵而言，制热系数 COP_h 为制热量 Q_h 与输入功率 W 之比，即

$$COP_h = \frac{Q_h}{W} \tag{1-4}$$

根据热力学第一定律，热泵制热量 Q_h 等于从低温热源的吸热量 Q_c 与输入功率 W 之和，而 Q_c 与 W 的比值称为制冷系数 COP_c，因此有

$$COP_h = \frac{Q_c + W}{W} = COP_c + 1 \tag{1-5}$$

对于以消耗热量为代价的吸收式热泵，其经济性指标可用热力系数（Heat Ratio）ξ 来表示，即制热量 Q_h 与输入热能 Q_g 的比值：

$$\xi = \frac{Q_h}{Q_g} \tag{1-6}$$

（2）热泵的季节性能系数　由于热泵的性能不仅与热泵本身的设计和制造有关，还与热泵的运行环境条件紧密相连，而环境条件又随地区及季节性的变化而变化。因此为了进一步评价热泵系统在整个采暖季节运行时的经济性，需要用到季节性能系数 HSPF，可表示为

$$HSPF = \frac{供热季节热泵总热量}{供热季节总输入功耗} \tag{1-7}$$

美国能源部（DOE）制定的测定集中式空调机能耗的统一试验方法中规定，对于热泵的经济性用 HSPF 来表示。美国能源部和美国空调与制冷学会（ARI）还提出了估算 HSPF 值的温度频段方法。

（3）热泵的综合部分负荷性能系数　由于在供冷、供热季的大部分时间内，建筑物的实际冷、热负荷小于设计工况，故空调热泵设备多数时间在部分负荷率下运行。为鼓励企业采用变容量技术，优化空调机组的部分负荷性能，因此才有了综合部分负荷性能系数评价指标。综合部分负荷性能系数 IPLV 的概念最早是由美国空调与制冷学会提出的，用来评价冷水机组的季节运行性能。在 ARI 550/590-92 标准中规定了 IPLV 的计算公式，并在 ARI 550/590-98 标准中给予了修正。

$$IPLV = aA + bB + cC + dD \tag{1-8}$$

式中，A、B、C、D 分别表示机组在负荷率 BLR（机组的实际制冷量与名义制冷量之比）100%、75%、50%和25%时的性能系数 COP；a、b、c、d 分别表示各 COP 对应的权重系数，对应于机组在 4 种负荷率工况下运行的总供冷量的比例。同样道理，IPLV 也可以用来评价热泵机组，通常用 IPLV（H）表示制热工况下的数值。

（4）热泵的㶲效率　根据热力学第二定律，实际热泵循环中进行的热力过程为不可逆过程，如果热泵循环越接近理想循环，则不可逆循环的损失越小。为了准确定量地描述实际热

泵循环的不可逆程度，使用㶲效率来表示热泵循环的热力学完善度。热泵的㶲效率 η_{ex} 定义为热泵的输出㶲 E_{hex} 与消耗能量㶲 E_{eex} 之比，即

$$\eta_{ex} = \frac{E_{hex}}{E_{eex}} \tag{1-9}$$

η_{ex} 值越高说明系统不可逆损失越小，热力学完善度越高，因此㶲效率可以定量地反映出热泵热力过程的不可逆性。

1.2 热泵的节能和环境效益

1.2.1 热泵的节能效益

中国是世界能源消耗大国，据统计，从 1978 年到 2014 年改革开放的 36 年间，能源消耗总量从 6.3 亿吨标准煤增长到 42.6 亿吨标准煤，大约增加了 6.7 倍。但我国人均能源消费水平较低，2014 年中国人均消费量只有 3.05 吨标准煤，不及经合组织（OECD）国家 6.37 吨标准煤的一半。同时我国的能源利用效率低，GDP 能耗强度（单位国内生产总值所消费的能源量）高，大约是世界平均水平的 2.5 倍。我国的节能潜力巨大，为热泵技术的推广应用提供了机遇。应用在供暖系统中的土壤源热泵、水源热泵、空气源热泵等技术，通过消耗一份高位能（电能），可以得到三到四份的有用热能，不但可以降低一次能源的消耗量，而且会给用户带来良好的经济效益。

1.2.2 热泵的环境效益

我国是世界上最大的煤炭生产国和消耗国，2016 年煤炭占全国能源消费的 62%，约占世界煤炭总消费量的 50%。以燃煤为主的能源结构体系带来严重的空气污染问题。使用热泵技术代替传统的采暖技术可大大降低污染物的排放，在供热能力相同的情况下，热泵相比于燃煤锅炉，CO_2 排放量可减少 50%；相比于燃油锅炉，CO_2 排放量可减少 68%，同时也大大降低了 SO_2、NO_x 以及其他可吸入颗粒物的排放。热泵技术的推广应用可以带来良好的环境效益。

1.3 热泵的低位热源

1.3.1 空气

空气作为热泵的低位热源之一，取之不尽，用之不竭，利用技术比较成熟，而且空气源热泵装置的安装和使用也比较方便。不仅可以利用室外环境中的空气，也可以利用建筑物内

部排出的热空气。当建筑物内某些生产、照明设备的散热量较多，具有足够的发热量需要排除时，可将这些热量作为热泵的低位热源加以利用，这样不仅减少了加热新风的热负荷，同时与采用室外空气作为低位热源相比提高了制热系数。

空气源热泵主要的局限性在于其性能的变化与建筑物热负荷需求趋势正好相反，在夏季高温和冬季低温时热泵的效率会大大降低甚至无法工作。此外，由于除霜技术目前还不完善，在寒冷地区和高湿度地区蒸发器的结霜问题成为较大的技术障碍，换热器表面的结霜不但影响传热，而且增加了为除霜产生的能量损失。另外，由于空气的热容量较小，为获得更多的热量，需要的空气量较大，相应的风机及换热器换热面积都比较大，同时会对周边环境产生噪声和热污染。

1.3.2 太阳能

太阳以电磁波的形式向外辐射能量，其波长范围从 0.1nm 以下的宇宙射线直至无线电波的绝大部分，可见光（波长 $400 \sim 780\mu m$）只占整个电磁辐射波的很小部分。在应用太阳能系统时，通常把它看成是温度为 6000K 的黑色辐射体。地球只接受到太阳总辐射量的 22 亿分之一，即有 $1.73 \times 10^{17}W$ 到达地球大气层边缘。由于穿越大气层时发生衰减，最后约有 $8.5 \times 10^{16}W$ 的能量到达地表。这个数量相当于目前全世界总发电量的几十万倍。太阳辐射强度最多不超过 $1000W/m^2$，属于低密度能源，而且受到天气阴晴的影响。因此，利用太阳能需要较大的设备初投资，同时需要解决其间歇性和可靠性的问题。

我国太阳能资源十分丰富，陆地表面每年接受的太阳辐射能约为 $50 \times 10^{18}kJ$。根据接受太阳能辐射强度的大小，全国大致可分为五类地区，表 1-1 给出了各地区的名称和太阳的年辐射总量。约占全国总面积三分之二以上的前三类地区具有利用太阳能的良好条件，四、五类地区太阳能资源也有一定的利用价值。

表1-1 我国太阳能资源的区域划分

地区分类	全年日照时数/h	年辐射量/（GJ/m²）	相当于标准煤/kg	包括的地区	与国外相当的地区
一	2800~3800	6.69~8.36	230~280	宁夏北部、甘肃北部、新疆东南部、青海西部和西藏西部	印度和巴基斯坦北部
二	3000~3200	5.85~6.69	200~230	河北北部、山西北部、甘肃中部、青海东部和新疆南部	印度尼西亚雅加达一带
三	2200~3000	5.02~5.85	170~200	山东、河南、吉林、辽宁、云南等省，河北东南部，新疆北部，广东和福建的南部，江苏北部和北京	美国华盛顿地区
四	1400~2200	4.18~5.02	140~170	湖北、湖南、江西、广西、广东北部，陕西南部，江苏南部和黑龙江	意大利米兰地区
五	1000~1400	3.34~4.18	110~140	四川和贵州	法国巴黎和俄罗斯莫斯科

1.3.3　浅层地热能

地球地壳底部的"软流层"温度可达1000℃以上，而地球表面的大气温度则低于50℃，最低处甚至可达到−50℃，这样大的温差就必然促使热量不断从地球内部流向表面。在我国近700个大地热流监测点上监测到的热流平均值约为70W/m²，全球热流的平均值为87W/m²。全球散逸至空间的能量一年可达1.4×10¹⁸kJ，相当于20世纪70年代以来煤、油、气总消耗量的3~4倍。由于热流的作用，从地球表面到地壳底部形成了比较稳定的温度梯度，从地表向下平均每下降100m，温度就会升高3℃左右。在地表以下几十米到几百米范围内，形成了相对稳定的恒温层，温度一年四季基本保持不变，这个恒温层所含有的热能就称为浅层地热能。浅层地热能虽然储量巨大，但是温度不高，一般在几摄氏度到二十几摄氏度之间，接近常温，所以品位很低，需要借助热泵技术提升品位后才能应用。

浅层地热能的优势是分布广泛，从地下水、地下土壤和江河湖海等地表水中都能够采集到，可根据项目所在地的条件就近提取和利用。浅层地热能储量巨大，据测算，我国近百米内的土壤每年可采集的浅层地热能是我国目前发电装机容量17×10⁸kW的850倍，而百米以内的地下水每年可采集的浅层地热能也有2×10⁸kW。浅层地热能稳定持续，是一种温差势能，其温度一年四季稳定，是很好的热泵低位热源。浅层地热能的不足之处有以下几个方面：一是能量密度不高，需要采集的装置体积较大，带来系统建设成本的提高。二是受采集所在地的水文地质条件影响较大，不同水文地质条件下利用浅层地热能的成本差异较大。三是浅层地热能的采集会受到场地的限制。现在城市建筑的密度越来越大，空地越来越少，使得利用地下水井方式或地埋管方式采集地热能变得十分困难。

浅层地热能属于一种可再生的清洁能源，分布广泛、获取方便，利用热泵技术消耗少部分电能就可以为建筑物供暖空调。利用它可以避免远距离输送和管网建设，可以迅速有效地解决城市周边郊区县、新城区和开发区等热网尚未覆盖地区建筑物的供暖问题。利用浅层地热能可以为各地区的城镇化发展提供能源保障，并进一步推动和促进我国的节能减排和环境保护工作。

1.3.4　余热能

人类在生活和生产过程中每时每刻都要消耗大量的能量，这些能量在被利用之后，并没有消失或减少，而是变成了低品位能量，我们称为余热能。很多余热能仍然有一定的利用价值，借助一定的技术手段就可以把它们变成有用能，如电能、机械能和热能等。根据来源不同，通常把余热能分为生活余热能和工业余热能。

1.3.4.1　生活余热能

城市每天都会产生大量的污废水，随着城市的规模越来越大，每天产生的污水越来越多。城市污水的温度一年四季均比较稳定，受气候影响较小，具有冬暖夏凉的特点。城市污水温度与地域及季节有很大的关系，如在东北地区的哈尔滨、长春、沈阳三个城市，冬季城市污水温度在10℃左右，夏季城市污水温度约22℃；华北地区城市污水冬季最低温度不低于10℃，夏季最高不超过30℃；西南地区，如重庆市，冬季城市污水温度一般为15℃左右，夏季也不超过30℃。城市污水水温还与其来源有关，城市居住区内产生的废热约有40%会进入污水系统中。随着居民生活用热的增多，冬季城市污水温度进一步提高，从而更适宜作为热泵的低位热源。

城市污水一般分为以下几个类型：

(1) 原生污水　城市原生污水就是未经过任何处理的直接取自城市污水排水管道的含有污染物的污水。其成分比较复杂，且具有一定的腐蚀性，同时含有0.2%~0.4%的固体污染物，使用时应注意防腐和过滤。

(2) 再生水　现在我国各主要城市已经将大部分的污水输送到污水处理厂，经过处理后再排放。根据污水处理工艺的要求，经过污水处理厂处理后的再生水全年温度稳定在10~23℃之间，并且水量充足，水质稳定可靠，基本不存在腐蚀和阻塞问题，是非常理想的热泵低位热源。缺点是污水处理厂一般距离市区较远，不利于热量的输送。

(3) 可局部循环利用的特殊污水　洗衣房、浴池、宾馆等产生的废水温度相比于原生污水和再生水要高出很多，具有很大的回收利用潜力。有专家学者对典型浴室和典型气候条件下洗浴废水的温度进行了测试，结果显示若将热水出水温度稳定在42℃左右，在使用后产生的废水温度仍然可以达到36℃，可见能源的利用效率十分低下。开发使用热泵技术进行余热回收，降低洗浴排水温度，不但减少了对环境的热污染，而且提高了能源利用率，将会产生很好的节能减排和社会经济效益。

1.3.4.2　工业余热能

我国在工业领域消耗能源的数量十分巨大，能源的利用效率很低，能源的供应结构以不可再生的煤炭为主，这使我国面临着能源状况十分紧张的局面，而且带来了严重的环境污染。因此，提高能源利用率，减少环境污染是我国能源发展战略的重要内容。工业余热也是一种宝贵的能源资源，充分利用这一资源对于解决我国的能源问题、社会经济的可持续发展问题至关重要。

(1) 工业余热分类　工业余热来源于工业领域的各行各业，由于生产方法、生产工艺、生产设备以及原料、燃料等条件的差别，使得工业余热的形式多种多样，十分复杂。

工业余热按照形态可分为三大类，即可燃性余热、载热性余热和有压性余热。可燃性余热一般指从工艺装置排放出来的可燃废气、废液、废料等。载热性余热主要有烟气余热、冷却介质余热、废汽废水余热以及高温产品和炉渣余热等。有压性余热指排气、排水等有压液体的能量。工业余热按照温度可分为高温余热（高于600℃）、中温余热（300~600℃）和低温余热（低于300℃）。此外，根据行业不同，余热资源也有各自的特点（表1-2）。

表1-2　各行业余热资源情况

行业	余热资源	余热用途	余热可回收率
钢铁冶金行业	烟气、高炉废气、循环冷却水、冲渣水	发电、工艺生产用热、生活用热（供暖、卫生热水）	30%以上
煤矿行业	巷道排水、矿井排风、瓦斯发电机循环冷却水	井筒防冻、生活热水、建筑供暖、制冷	30%以上

行业	余热资源	余热用途	余热可回收率
印染行业	印染废水	生产工艺用热、生活热水、建筑供暖、制冷	40%以上
有色金属行业	循环冷却水、生产污水	生产工艺用热、生活热水、建筑供暖、制冷	40%以上
化工行业	工艺循环冷却水、工业废水、工业废气、烟气、乏汽	生产工艺用热、生活热水、建筑供暖、制冷	30%以上
石油行业	采油污水	生产工艺用热、生活热水、建筑供暖、制冷	30%以上
火力发电行业	烟气、乏汽冷凝余热	城市供热	50%以上

(2) 工业余热特点　工业余热资源有着明显的特点。首先是热量不稳定，不稳定是由工艺生产过程决定的，有的生产是周期性的，有的是间断性的，有的生产过程连续稳定，但热源提供的热量也会随着生产的波动而变化；其次是烟气中含尘量较大，烟尘的物理、化学性质也比较复杂，尤其是当烟气温度高、含尘量大时，更容易黏结和积灰，从而对余热回收设备造成磨损和堵塞；再次是热源具有腐蚀性，余热烟气中常含有燃烧产生的二氧化硫等腐蚀性气体，而且含有各种金属和非金属元素，这些都会对设备的受热面造成腐蚀；最后是工业余热利用会受到安装场地和工艺要求的限制，很多生产工艺对前后工艺设备的连接有一定要求，有的则要求排烟温度保持在一定范围内，这些要求都会与余热回收设备产生一定的矛盾。

(3) 工业余热利用途径　工业中可利用余热的领域主要有空气预热、给水预热、干燥、生产热水或蒸汽、发电、供暖空调等，不同的应用领域采用不同的应用技术，包括热交换技术、热功转换技术、热泵技术等。

1.4　热泵的驱动能源和驱动装置

1.4.1　驱动能源和能源利用系数

目前运行的大部分热泵都是由电能驱动的。除了电驱动热泵之外，还可以利用石油、天然气的燃烧热以及蒸汽或热水来驱动热泵，称为热驱动热泵。电能属于二次能源的范畴，而煤、石油、天然气属于一次能源的范畴。电能是由一次能源转换得到的，在转换过程中会有损失。当热泵的驱动能源不同时，必须用一次能源利用率来评价热泵的效率。电驱动热泵和有热回收的内燃机驱动热泵的能流对比如图1-5所示。

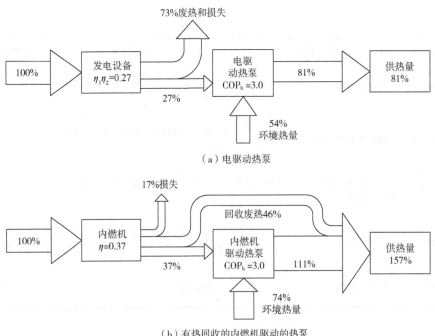

（a）电驱动热泵

（b）有热回收的内燃机驱动的热泵

图1-5　电驱动热泵和有热回收的内燃机驱动热泵的能流对比

对于图 1-5（a）所示的电驱动热泵，如果发电效率为 η_1，输配电效率为 η_2，热泵制热系数为 COP_h，则能源利用系数 $E = \eta_1\eta_2 COP_h$。对于图 1-5（b）所示的内燃机驱动的热泵，如果内燃机的热机效率为 η，热泵制热系数为 COP_h，排气废热和冷却水热量的回收率为 $\eta_{回}$，则能源利用系数 $E = \eta COP_h + \eta_{回}$。

如果将不同驱动能源的热泵，或者热泵与燃煤锅炉、燃气锅炉进行节能性比较，则需要考虑各种效率和系数，将能量折算到同一种一次能源的消耗量。

1.4.2　驱动装置

（1）电动机　电动机是一种方便可靠、技术成熟和价格较低的原动机。家用热泵均采用单相交流电动机，中、大型热泵一般采用三相交流电动机。三相交流电动机的效率比单相交流电动机的效率高。如果采用变频器调节交流电动机转速，则既可以减小启动电流，又能方便地实现热泵的能量调节。热泵也可采用直流电动机驱动，直流电动机可以无级调速且启动转矩大，适用于热泵频繁启动和调速过程。

全封闭压缩机或半封闭压缩机的电动机和压缩机是装在一个壳体中的。一方面当温度低的气体制冷剂通过电动机时具有冷却作用，从而可提高电动机的工作效率，也增加了电动机的使用寿命。另一方面又可使气体制冷剂获得过热而实现干压缩过程，提高热泵装置运行的安全性。

（2）燃料发动机　燃料发动机按热机工作原理不同有内燃机和燃气轮机两种，其效率一般都在 30% 以上。当电力短缺而有燃料利用时，使用燃料发动机对城市的能源平衡有着积极的意义。

内燃机可用液体燃料或气体燃料，根据采用的燃料不同有柴油机、汽油机、燃气机等。内燃机驱动的热泵如果充分利用内燃机的排气和气缸冷却水套的热量，就可以得到比较高的能源利用系数，具有明显的节能效果。另外，还可以利用内燃机排气废热对风冷热泵的蒸发器进行除霜。燃气轮机的功率较大，常用在热电联产与区域供冷供热工程中。在热电联产系统中，一次能源的综合利用效率可达 80%~85%。燃气轮机以天然气为燃料，发电供建筑物使用；废热锅炉回收燃气轮机高温排气的热量产生蒸汽，蒸汽可作为蒸汽轮机的起源；蒸汽轮机产生动力驱动离心式制冷机。蒸汽轮机的背压蒸汽还可用作吸收式制冷机的热源或用来加热生活热水。

（3）燃烧器　燃烧器是使热驱动热泵达到良好使用性能的最重要部件。燃烧器由燃料喷嘴、调风器、火焰监测器、程序控制器、自动点火装置、稳焰装置、风机、燃气阀组等组成。由程序控制器控制燃烧器的整个工作过程。

液体、气体燃料的主要成分是烃类，燃料与空气的充分混合、加热和着火、燃尽等是燃料燃烧时的几个关键过程。燃烧器就是组织燃料与空气混合及充分燃烧，并实现要求的火焰长度、形状的装置。燃烧器的质量和性能对吸收式热泵安全运行至关重要。因此，对燃烧器的基本要求是：

① 在额定燃料的供应条件下，应能通过额定的燃料并将其充分燃烧，达到需要的额定负荷。

② 具有较好的调节性能，即在热力设备由最低负荷至最高负荷时，燃烧器都能稳定地工作，而且在调节范围内应使燃烧器获得较好的燃烧效果。

③ 火焰形状与尺寸应能适应燃烧室的结构形式。

④ 燃烧完全、充分，即尽量降低不完全燃烧损失。

⑤ 减少运行时的噪声和烟气中的有害物质。

⑥ 有利于实现自动化控制。

1.5　热泵的分类

1.5.1　按工作原理分类

热泵按照工作原理可分为蒸气压缩式热泵、吸收式热泵、吸附式热泵、蒸汽喷射式热泵、热电热泵等。

（1）蒸气压缩式热泵　一个基本的蒸气压缩式热泵结构示意如图 1-6 所示，由压缩机、冷凝器、节流机构和蒸发器组成一个封闭回路，由压缩机推动工质在回路中循环。热泵工质在蒸发器中吸收低位热源的热能发生相变，变成低温低压蒸气；之后进入压缩机被压缩，由低温低压蒸气变为高温高压蒸气，并吸收压缩机的驱动能；随后进入冷凝器向高温热源放热，发生相变后变为高温高压液体；然后进入节流机构进行节流降压，变为低压低温气液混合物；最后再进入蒸发器完成一个热泵循环过程。

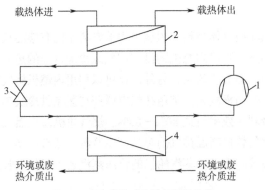

图1-6 蒸气压缩式热泵的结构示意

1—压缩机；2—冷凝器；3—节流膨胀部件；4—蒸发器

（2）吸收式热泵 吸收式热泵结构示意如图1-7所示。由发生器、吸收器、溶液泵和溶液阀共同作用，起到蒸气压缩热泵中压缩机的作用，并和冷凝器、节流装置、蒸发器等部件组成封闭系统，在其中充注液态工质对（循环工质和吸收剂）溶液。吸收剂与循环工质的沸点相差很大，且吸收剂对循环工质有极强的吸收作用。由燃料燃烧或其他高温介质加热发生器中的工质对溶液，产生温度和压力均较高的循环工质蒸气，进入冷凝器并在冷凝器中放热变为液态；之后经过节流装置降压降温再进入蒸发器，在蒸发器内吸收环境热或废热变为低温低压蒸气；最后被吸收器吸收，同时放出吸收热。同时，吸收器和发生器中的浓溶液和稀溶液间也不断通过溶液泵和溶液阀进行质量和热量交换，维持溶液成分和温度的稳定，使系统连续运行。

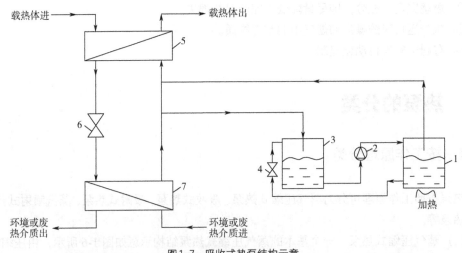

图1-7 吸收式热泵结构示意

1—发生器；2—溶液泵；3—吸收器；4—溶液阀；5—冷凝器；6—节流膨胀阀；7—蒸发器

（3）吸附式热泵 吸附式热泵结构示意如图1-8所示。一个基本的吸附式热泵由内充吸附剂的吸附床、冷凝器、储液器、节流机构和其他控制阀门组成。吸附剂通常为多孔性固体，在一定条件下对循环工质有很强的吸附作用，同时在一定条件下循环工质可以轻易地脱离吸附剂（称为脱附）。在工作过程中由驱动热源加热吸附床中吸附了循环工质的吸附剂，吸附床中的温度和压力升高，产生循环工质气体并经单向阀进入冷凝器；在工质排出后，停止驱动热源，并将待加热水通入吸附床开始冷却吸附剂。循环工质进入冷凝器后由气态变为液态，并放热给待加热水，进入储液器，再经过节流机构降温降压进入蒸发器，在蒸发器中吸收低位热源热量变为工质蒸气。此时吸附床中的吸附剂已经被冷却，压力和温度均已经降低，循环工质又可被吸附剂吸附，同时放出吸附热，使被加热水温度升高；待吸附达到饱和后，再停止被加热水，而又使驱动热源进入，使吸附剂的温度、压力又升高，循环工质解吸，开始下一个循环。

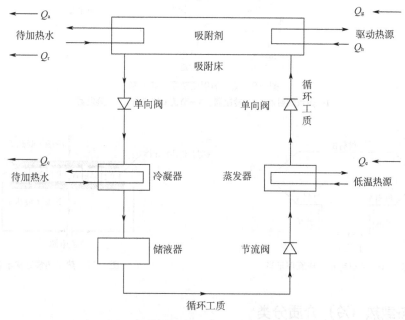

图1-8　基本的间歇型吸附式热泵结构示意

Q_a—吸附剂吸附工质的吸附热；Q_r—吸附剂降温时放出的显热；Q_g—吸附剂解吸出工质的解吸热；Q_h—吸附剂被加热升温时所需的显热；Q_c—循环工质在冷凝器中的冷凝放热；Q_e—循环工质在蒸发器中的蒸发吸热

（4）蒸汽喷射式热泵　蒸汽喷射式热泵结构示意如图1-9所示。从喷嘴高速喷出工作蒸汽形成一个低压区，使蒸发器中的水能在低温下蒸发并吸收低位热源的热量，之后被工作蒸汽压缩，在冷凝器中冷凝并向外界放热。该类热泵主要应用于食品化工等领域的浓缩工艺过程，并通常在结构上和浓缩装置设计成一体。其优点是可以充分利用工艺中的富余蒸汽驱动运行，且没有运动部件，工作可靠，但制热系数较低。

（5）热电热泵　热电热泵的基本原理是珀尔贴效应，工作原理示意如图1-10所示。当两种不同金属或半导体材料组成电路且通以直流电时，则两种材料的一个接点吸热，另一个接点放热。利用这种效应的热泵称为热电热泵。由于半导体材料的珀尔贴效应比较显著，实际的热电热泵大多是由半导体材料制成，结构示意如图1-11所示。热电热泵的优点是没有运动部件，吸热和放热端可随电流方向灵活转换，结构紧凑，缺点是制热系数低。一般在特殊场合（科研仪器、宇航设备等）或微小型装置中使用。

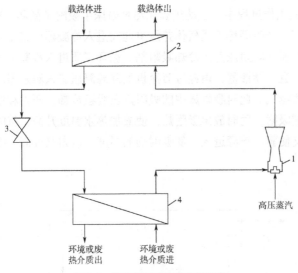

图1-9 蒸汽喷射式热泵结构示意

1—蒸汽喷射器；2—冷凝器；3—节流膨胀部件；4—蒸发器

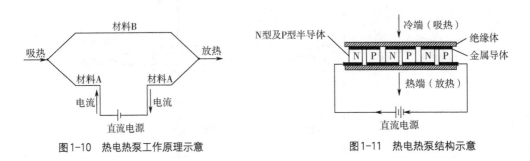

图1-10 热电热泵工作原理示意   图1-11 热电热泵结构示意

1.5.2 按载热（冷）介质分类

（1）水-水热泵 将水作为热泵与高温热源和低温热源之间热交换的传热介质。冷凝器和蒸发器均采用热泵工质-水换热器，在冷凝器中热泵工质将热量传递给水，再由水输送给高温热源；在蒸发器中热泵工质从水中吸收热量，水再从低温热源吸收热量，从而实现热泵制冷、制热的功能。水-水热泵结构示意如图1-12所示。

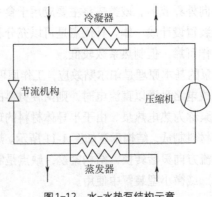

图1-12 水-水热泵结构示意

（2）水-空气热泵　将水和空气作为热泵与高温热源和低温热源之间热交换的传热介质。其中一个换热器为热泵工质-水换热器，另一个换热器为热泵工质-空气换热器。水-空气热泵结构示意如图1-13所示。

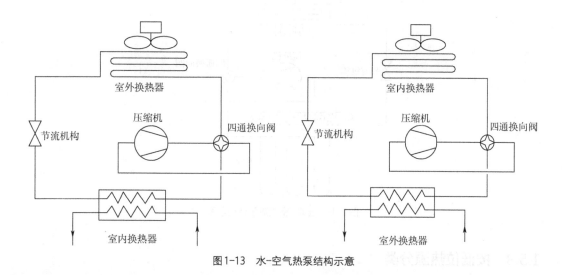

图1-13　水-空气热泵结构示意

（3）空气-空气热泵　将空气作为热泵与高温热源和低温热源之间热交换的传热介质。两个换热器均为热泵工质-空气换热器。空气-空气热泵结构示意如图1-14所示。

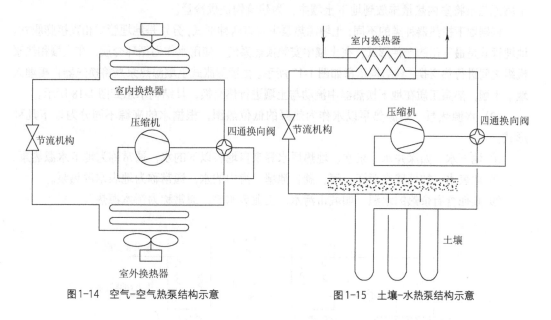

图1-14　空气-空气热泵结构示意　　　　　图1-15　土壤-水热泵结构示意

（4）土壤-水热泵　这种热泵采用了一个热泵工质-水换热器和一个热泵工质-土壤换热器。热泵工质-土壤换热器是一种埋于地下的盘管换热器。土壤-水热泵结构示意如图1-15所示。

（5）土壤-空气热泵　这种热泵与土壤-水热泵的主要区别就是用热泵工质-空气换热器代

替热泵工质-水换热器。土壤-空气热泵结构示意如图1-16所示。

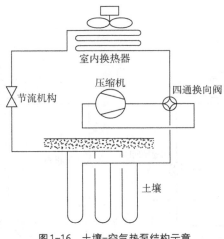

图1-16　土壤-空气热泵结构示意

1.5.3　按低位热源分类

（1）土壤源热泵　土壤源热泵是一种以浅层地热能作为冷热源的既可供热又可供冷的高效节能空调系统。在冬季，土壤源热泵收集地下土壤中的低位热能为建筑物供暖；在夏季，土壤源热泵将室内热量排放到地下土壤中，为建筑物提供冷量。

根据地下换热器种类的不同，土壤源热泵主要有两种形式，分别是地埋管式和直接膨胀式。地埋管式是最常用的一种形式，在土壤中安装换热系统，使用水作为循环介质，在土壤和热泵机组之间进行热交换，其结构示意如图1-17所示。直接膨胀式土壤源热泵是将换热器直接埋入地下土壤，热泵工质在地下换热器中流动与土壤进行热交换，其结构示意如图1-18所示。

（2）水源热泵　水源热泵以水作为热泵的低位热源，根据水的来源不同分为以下几种形式。

①　地下水　如深井水、泉水、地热尾水等来自地表以下的水，通常称为地下水源热泵。

②　地表水　如地球表面江、河、湖、池塘、海中的水，通常称为地表水源热泵。

③　其他含有余热的水源　如城市污水、工业废水等，通常称为污水源热泵。

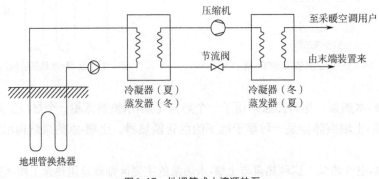

图1-17　地埋管式土壤源热泵

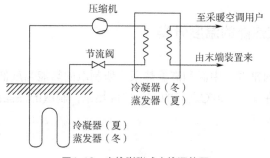

图1-18 直接膨胀式土壤源热泵

（3）空气源热泵 空气源热泵以室外空气作为热泵的低位热源，又称为风冷热泵，这种热泵广泛地应用于住宅和商业建筑中。根据换热介质的不同，也分为水-空气型和空气-空气型，如图1-13和图1-14所示。冬夏季工况转换时，通过给四通换向阀通电或断电，改变热泵工质的流动方向，从而改变室内和室外换热器的功能（冷凝器变蒸发器，蒸发器变冷凝器），实现供冷和供暖切换的目的。

（4）太阳能热泵 根据太阳能集热器与热泵的组合形式，太阳能热泵系统可分为直接膨胀式和非直接膨胀式两种。在直接膨胀式系统中，太阳能集热器与热泵蒸发器合二为一，热泵工质直接在集热器中吸收太阳辐射能，如图1-19所示。

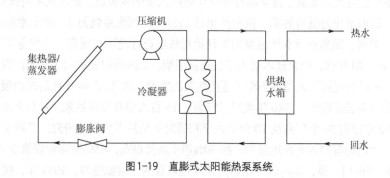

图1-19 直膨式太阳能热泵系统

非直接膨胀式太阳能热泵系统的太阳能集热器与热泵机组蒸发器分开，通过集热介质（水或者防冻液）在集热器中吸收太阳辐射能，并在蒸发器中将热量传递给热泵工质，如图1-20所示。

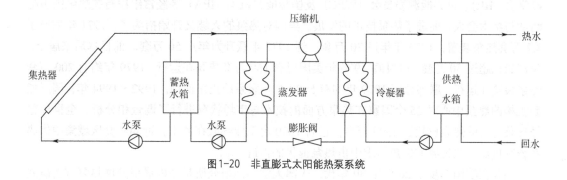

图1-20 非直膨式太阳能热泵系统

1.5.4　按热泵制取热能的温度分类

按制热温度可分为常温、中温和高温热泵。所制取的热能温度低于 40℃的称为常温热泵；制取的热能温度在 40～100℃之间的称为中温热泵；制取的热能温度高于 100℃的称为高温热泵。

1.6　热泵的发展历程与政策支持

热泵的理论基础起源于 1824 年法国著名物理学家卡诺（S.Carnot）发表的著名论文。英国的开尔文教授于 1852 年发表的论文中首次提出并描述了关于热泵的设想，当时称为热量倍增器（Heat Multiplier）。

20 世纪 20～30 年代，热泵的应用研究不断拓展。1927 年，英国在苏格兰安装了第一台用氨作为工质的家用空气源热泵。1931 年，美国南加利福尼亚安迪生公司洛杉矶办公楼，将制冷设备用于供热，这是大容量热泵的最早应用。1937 年，在日本的大型建筑物内安装了两台采用 194kW 透平式压缩机的带有蓄热箱的热泵系统，以井水作为热源，制热系数达 4.4。1938～1939 年，瑞士苏黎世议会大厦安装了夏季制冷冬季供热的大型热泵装置。该装置采用离心式压缩机，R12 作工质，以河水作为低位热源，输出热量达 175kW，制热系数为 2，输出水温 60℃。在此之后，美国、英国、瑞典及日本等国家相继开始对热泵进行设计与研究，并取得了许多成果。

20 世纪 40～60 年代，热泵技术进入了快速发展期。二战的爆发影响了热泵的发展进程，同时战时能源的短缺又促进了大型供热和工艺用热泵的发展。20 世纪 40 年代后期出现了许多更加具有代表性的热泵装置设计，1940 年美国已安装了 15 台大型商业用热泵，并且大都以井水作为热源。到 1950 年已有 20 个厂商及 10 余所大学和研究单位从事热泵的研究，各种空调与热泵机组相继面世。当时拥有的 600 台热泵中，约 50%用于房屋供暖，45%为商业建筑空调，仅 5%用于工业。1950 年前后，英、美两国开始研究采用地埋管的土壤源热泵。1957 年，美军决定在建造大批住房项目中用热泵代替燃气供热，使热泵的生产形成了一个高潮。至 20 世纪 60 年代初，美国安装的热泵机组已近 8 万台。直至 60 年代末 70 年代初，由于过快的增长速度造成的热泵制造质量较差、设计安装水平低、维修及运行费过高等不利因素使热泵的发展进入了低谷。

1973 年，能源危机的爆发又一次推动了世界范围内热泵的发展。一些国际组织如国际制冷学会（IIR）、世界能源委员会（WEC）及国际能源机构（IEA）等经常组织有关热泵的国际活动与学术会议，促进了热泵技术的发展。美国对热泵的兴趣又开始抬头了，1971 年生产了 8.2 万套热泵装置，1976 年年产 30 万套，到 1977 年跃升为年产 50 万套。而日本后来居上，年产量已超过 50 万套。据报道，1976 年美国已有 160 万套热泵在运行，1979 年约 200 万套热泵装置在运行，联邦德国 1979 年约有 5000 个热泵系统正常使用。1992～1994 年，国际能源机构的热泵中心对 25 个国家在热泵方面的技术与市场状况进行了调查和分析。全世界已经安装运行的热泵已超过 5500 万台，已有 7000 台工业热泵在使用，近 400 套区域集中供热系统在供热，全世界的供热需求中由热泵提供的占近 2%。

热泵在我国起步于 20 世纪 50 年代，天津大学热能研究所是国内最早开展热泵方面研究的单位。20世纪60年代，热泵在我国工业上开始得到广泛应用。热泵式空调器、热泵型窗式空调器、水冷式热泵空调器及恒温恒湿热泵式空调机等相继诞生。进入80年代，我国热泵技术的应用研究有许多的进展。广州能源研究所设计并在东莞建造了一套用于加热室内游泳池的热泵，该低温加热系统由太阳房和水-水热泵组成，制热系数达5～6，用25～40m深井中的24℃地下水作热源。1984年，上海704研究所、开封通用机器厂和无锡第四织布厂联合试制了双效型第一类吸收式热泵；1985年，上海空调机厂和上海冷气机厂试制成功国内生产的第一批热泵型立柜式空调机系列；1989年，青岛建筑工程学院建立了国内第一个土壤源热泵实验室；1999年，上海通用机械技术研究所首次进行了第二类吸收式热泵的模拟试验；同年，上海交通大学、上海第一冷冻机厂及上海溶剂厂联合研制了350kW第二类吸收式热泵。

20世纪90年代我国逐步形成了完整的热泵工业体系。热泵式家用空调器厂家约有300家；空气源热泵冷热水机组生产厂家约有40家，水源热泵生产厂家约有20家，国际知名品牌热泵生产商纷纷在中国投资建厂。我国成为空调用热泵的生产大国，产品的质量也与世界知名品牌相距不远。

进入21世纪，我国热泵技术的研究不断创新。热泵理论研究工作比以前显著地加大了深度与广度，对空气源热泵、水源热泵、土壤源热泵、水环热泵及各类复合式热泵系统等进行了系统研究。热泵的变频技术、计算机仿真与优化技术、制冷剂替代技术、空气源热泵和除霜技术、土壤源热泵地埋管的传热模拟、各种热泵系统的优化设计与自动控制技术等都取得了实质性的进展。2000～2003年热泵专利总数287项，年平均为71.75项，是1989～1999年专利平均数的4.9倍。同时，热泵文献增多，热泵技术研究更加活跃，创新性成果累累。热泵方面的实际工程全国各地均有，且呈现出逐年增多的趋势。

热泵的发展不仅与国家国民经济总体发展及热泵本身技术发展有关，还与能源的结构和供应以及政策导向密切相关。热泵技术是我国建筑节能的重要技术之一，符合经济与社会的可持续性发展战略，它在工业应用的同时，更多地将在供暖和空调应用上发挥越来越重要的作用。我国热泵行业的快速发展离不开政府的大力支持，无论是在国家层面，还是在地方政府层面都出台了一系列的政策推动热泵技术的应用发展。

（1）国家层面的政策和法规 近年来，国家高度重视环境污染的防治工作。2013年国务院发布了《大气污染防治行动计划》，随后国家发改委、环保部、国家能源局、财政部、住建部等中央多个部门联合发布了与推动热泵应用相关的多项政策和措施（表1-3）。这些政策和措施主要涉及以下几个方面的内容：

① 积极发展绿色建筑，政府投资的公共建筑、保障性住房等要率先执行绿色建筑标准，新建建筑要严格执行强制性节能标准。

② 大力推动清洁能源的利用，北方地区严厉禁止散煤使用，推动"煤改电""煤改气"的应用。

③ 推动工业余热的综合利用，鼓励"热-电-冷"三联供，继续做好工业余热供暖，大力发展热泵、蓄热及中低温余热利用技术，进一步提升余热利用效率和范围。

④ 在北方居民供暖领域，燃气（热力）管网覆盖范围以外的学校、商场、办公楼、农村等场合，积极推进各种类型电供暖。根据气温、水源、土壤等条件特性，结合电网架构能力，因地制宜推广使用空气源、水源、地源热泵供暖发挥电能高品质优势，充分利用低温热源热量，提升电能取暖效率。

⑤ 在长江中下游地区推广热泵供暖。

⑥ 推广热泵烘干技术的应用,如在茶叶、烟草、槟榔、木材等生产制造领域。

⑦ 要求各地方政府根据自身实际情况,有效利用大气污染防治专项资金等资金渠道,通过奖励、补贴等方式,对符合条件的电能替代项目、电能替代技术研发予以支持。

表1-3 推动热泵应用的国家层面的政策和法规

序号	发布机构	政策法规名称	发布时间	涉及热泵的内容
1	国务院	《大气污染防治行动计划》	2013 年 9 月 10 日	积极发展绿色建筑,新建建筑要严格执行强制性节能标准,推广使用地源热泵、空气源热泵等技术和装备
2	国家能源局	《2016 年能源工作指导意见》	2016 年 3 月 22 日	在居民采暖、工农业生产等领域,因地制宜发展热泵等项目,有序替代散烧煤炭和燃油
3	国家发改委、国家能源局、财政部、环保部等八部门	《关于推进电能替代的指导意见》	2016 年 5 月 16 日	在居民采暖领域,燃气(热力)管网覆盖范围以外的学校、商场、办公楼、农村地区,大力推广热泵、分散电采暖替代燃煤采暖
4	环保部	《民用煤燃烧污染综合治理技术指南(试行)》	2016 年 10 月 22 日	在清洁能源电采暖技术方面,鼓励使用热泵技术,逐步减少使用直接电热式采暖技术
5	环保部、国家发改委、财政部、国家能源局等十部门	《京津冀及周边地区 2017 年大气污染防治工作方案》	2017 年 2 月 17 日	将"2+26"城市列为北方地区冬季清洁取暖规划首批实施范围,加大工业低品位余热、热泵等利用
6	财政部、住房城乡建设部、环境保护部、国家能源局	《关于开展中央财政支持北方地区冬季清洁取暖试点工作的通知》	2017 年 5 月 16 日	中央财政支持试点城市推进清洁方式取暖替代散煤燃烧取暖,并同步开展既有建筑节能改造,实现试点地区散烧煤供暖全部"销号"和清洁替代,形成示范带动效应
7	国家能源局综合司	《关于开展北方地区可再生能源清洁取暖实施方案编制有关工作的通知》	2017 年 6 月 6 日	因地制宜应用各类热泵供暖技术
8	环保部、发改委、工信部、公安部、财政部、住建部等十六部门	《京津冀及周边地区 2017—2018 年秋冬季大气污染综合治理攻坚行动方案》	2017 年 8 月 21 日	2017年10月底前,"2+26"城市完成以电代煤、以气代煤300万户以上;加强联防联控,严格执法监管,强化监察问责
9	国家发改委、国家能源局、财政部、环保部等十部门	《北方地区冬季清洁取暖规划(2017—2021年)》	2017 年 12 月 5 日	根据气温、水源、土壤等条件特性,结合电网架构能力,因地制宜推广使用空气源、水源、地源热泵供暖发挥电能高品质优势,充分利用低温热源热量,提升电能取暖效率

(2)地方政府层面的政策和法规　在推动热泵应用国家层面的政策影响下,各个地方政府也出台了多项的配套政策和激励措施(表1-4),对采用热泵等清洁能源利用方式给予大力扶持和补贴。

表1-4　2017年推动热泵应用的地方政府层面的政策和法规

序号	发布机构	政策法规名称	发布时间	涉及热泵的内容
1	河南省人民政府办公厅	《河南省"十三五"能源发展规划》	2017年1月4日	鼓励在新建公共建筑和住宅校区开展热泵供暖制冷,"十三五"期间,新增热泵供暖制冷面积3000万平方米,到2020年,新增热泵供暖制冷面积累计达到5500万平方米
2	天津市发改委	《天津市供热发展"十三五"规划》	2017年2月4日	不再新扩建燃煤供热锅炉房,新建建筑优先采用可再生能源,其中新建住宅优先采用热泵,新建公建有供冷、供热需求的,优先采用热泵作为冷、热源。规划"十三五"期间,主城区热泵供热面积309万平方米,滨海新区热泵供热面积为70万平方米,在有条件的地方积极发展空气源热泵等其他可再生能源,与天然气分布式能源相结合,满足周边地区供热需求
3	北京市人民政府办公厅	《2017年北京市农村地区村庄冬季清洁取暖工作方案》	2017年2月11日	对使用空气源热泵取暖的,市财政按照取暖面积每平方米100元的标准进行补贴,区财政在配套同等补贴资金的基础上,可进一步加大补贴力度,减轻住户负担
4	河北省住房和城乡建设厅	《河北省城镇供热"十三五"规划》	2017年4月25日	充分利用低品质的资源,大力发展电能驱动的污水源、空气源及地源热泵,蓄热式电锅炉等供热方式。有资源条件的地区发展区域性的生物质发电供热
5	安徽省人民政府办公厅	《安徽省能源发展"十三五"规划的通知》	2017年4月30日	推广热泵系统、冷热联供等技术应用,扩大地热能和空气能利用。在商用流通领域,推广集中式热泵、电蓄冷空调
6	浙江省环境保护厅	《浙江省2017年大气污染防治实施计划》	2017年5月19日	积极发展绿色建筑,建设建筑要严格执行强制性节能标准,推广使用太阳能热水系统、地源热泵、空气源热泵、光伏建筑一体化、"热-电-冷"三联供等技术和装备
7	宁夏回族自治区发改委	《宁夏回族自治区能源发展"十三五"规划》	2017年5月21日	推广应用热泵、电蓄冷空调、蓄热电锅炉等蓄能技术,实施蓄能供暖供电
8	云南省人民政府	《云南省"十三五"节能减排综合工作方案》	2017年5月30日	公共机构加快整治小型燃煤锅炉,实施以电代煤、以气代煤,加大推广太阳能光伏、光热等可再生能源应用,推广热泵技术
9	山西省住房和城乡建设厅	《关于全面加快城市集中供暖建设推进冬季清洁取暖的实施意见》	2017年6月20日	积极发展其他清洁能源供热,鼓励有条件的地区发展生物质能、地热能、太阳能、水源热泵、空气源热泵等可再生能源方式供热,有效替代散烧采暖
10	吉林省人民政府办公厅	《吉林省人民政府办公厅转发省能源局等部门关于推进电能清洁供暖实施意见的通知》	2017年6月20日	鼓励各地结合实际情况,因地制宜发展水源、土壤源、污水源或空气源热泵供暖
11	山东省人民政府办公厅	《关于推进农村地区供暖工作的实施意见》	2016年11月23日	对农村幼儿园、中小学、卫生室、便民服务中心等热负荷不连续的公共服务设施,推广碳晶、石墨烯发热器材、电热膜、户用空气源热泵、蓄能式电暖器、发热电缆等电能采暖模式

第2章 蒸气压缩式热泵

2.1 蒸气压缩式热泵循环

2.1.1 蒸气压缩式热泵工作过程

一个完整的压缩式热泵循环系统主要由压缩机、膨胀阀、蒸发器、冷凝器和四通换向阀组成。压缩机是系统的心脏，用来压缩循环工质并将其从低温低压处输送到高温高压处；膨胀阀对工质起节流降压作用，并能调节循环工质的流量；蒸发器是输出冷量的设备，经膨胀阀节流降压的循环工质在其中蒸发并吸收被冷却物体的热量，达到制冷的目的；冷凝器是热量输出设备，它将工质从蒸发器吸收的热量以及压缩机做功所转换的热量传递给冷却介质，以达到制热的目的。

根据热力学第二定律，压缩机所消耗的功起到补偿作用，使循环工质不断从低温环境吸热并向高温环境放热，进行周而复始的工作。图2-1是热泵系统工作原理。

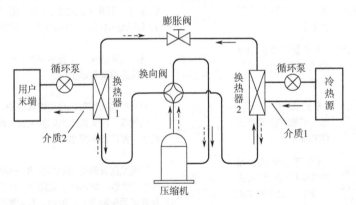

图 2-1　热泵系统工作原理

在图 2-1 中介质 1、2 为与热泵系统进行热交换的循环介质（水或乙二醇溶液）。在热泵系统循环中实线箭头和虚线箭头分别表示热泵在制冷和制热时的工质（制冷剂）流向。

制冷时，介质 2 在换热器 1（蒸发器）中与系统工质进行热交换，系统工质吸热变成低温低压蒸气后进入压缩机，被压缩成高温高压气体，在换热器 2（冷凝器）中与介质 1 进行热交换，释放热量变成高压低温的液体，然后高压、低温工质经过膨胀阀的节流作用变成低温、低压的液体（准确地说应该是气、液两相），最后又回到换热器 1（蒸发器）与介质 2 进行热交换。系统就这样周而复始地循环工作，介质 2 吸收的冷量用来为建筑物供冷。

制热时，介质1在换热器2（蒸发器）中与系统工质热交换，系统工质吸热变成低压蒸气后进入压缩机，被压缩成高温高压气体，在换热器1（冷凝器）中与介质2热交换，释放热量变成低温、高压液体，然后经过膨胀阀的节流作用变成低温、低压的两相流体，最后又回到换热器2（蒸发器）与介质1进行热交换。系统就这样周而复始地循环工作，介质2吸收的热量用来为建筑物供暖。

2.1.2 蒸气压缩式热泵的循环

（1）压（p）-焓（h）图　利用热泵工质的压-焓图可以较全面地反映工质的综合性质，且使热泵工作过程和循环的表达更加直观、方便，如图2-2所示。

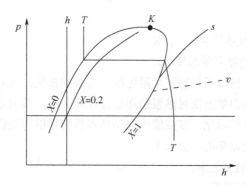

图2-2　热泵工质的压（p）-焓（h）图

图2-2中的特征点、线及工质的状态分区如下。

临界点：图中K点工质的压力、温度、比体积分别称为临界压力、临界温度和临界比体积。

水平线：为等压线。

垂直线：为等焓线。

饱和液线：为K点左下方曲线，即$X=0$（X代表干度）线。该线上各点状态均为饱和液，且越接近临界点，压力越高；越向下，压力越低。

饱和气线：为K点右下方曲线，即$X=1$线。该线上各点状态均为饱和气，且越接近临界点，压力越高；越向下，压力越低。

等干度线：饱和液线与饱和气线下的一组曲线，如$X=0.2$的等干度曲线。等干度线上各点的干度相同。

等容线：为饱和气线右侧虚线，该线上各点比体积相同。

等熵线：为饱和气线右上侧实线，该线上各点熵相同。

等温线：等温线在饱和气线右下侧为向右下延伸的实线，在饱和气线与饱和液线之间的部分为水平线，在饱和液线左上侧部分为近似垂直线。

过冷区：为饱和液线左侧区域，在此区域内各点状态为过冷液。

过热区：为饱和气线右侧区域，在此区域内各点状态为过热蒸气。

超临界区：临界点上方区域。

湿蒸气区：为临界点下方，在饱和液线与饱和气线之间的区域。湿蒸气区内各点的干度在 0 ~ 1 之间。

(2) 理想循环　当低温热源的温度与高温热源的温度为定值时，工作在两个热源之间、完全可逆（没有任何损失）、热力学效率最高的热泵循环称为逆卡诺循环。蒸气压缩式热泵的理想循环就是逆卡诺循环，由于循环在理想状态下进行，因此其效率最高，是热泵循环研究的最高目标，也是计算和比较热泵热力学完善度的基准。

蒸气压缩式热泵理想循环的制热系数为

$$\text{COP}_{\text{h,carnot}} = \frac{T_{\text{S}}}{T_{\text{S}} - T_{\text{L}}} \tag{2-1}$$

式中　T_{S} ——高温热源的热力学温度，K；

　　　T_{L} ——低温热源的热力学温度，K。

(3) 理论循环　由于热泵工作时不可避免地存在各种损失，实际循环与理想循环有着一定的差距。为了便于用热力学方法对热泵循环进行计算分析，找出某些规律性的东西，可以把实际热泵循环进行适当的简化，变成能代表循环本质特性的理论循环。

蒸气压缩式热泵理论循环的含义如下：

① 循环基于特定的热泵工质。

② 工质的压缩为等熵过程。

③ 工质的冷凝为等压等温过程。

④ 工质节流前后的焓值相等。

⑤ 工质的蒸发为等压等温过程。

将蒸气压缩式热泵理论循环在压焓图上表示，如图 2-3 所示。

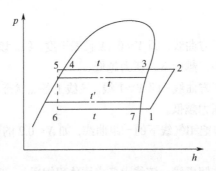

图2-3　单级蒸气压缩式热泵循环在 p-h 图上的表示（压力 p 采用对数坐标）

点 1 是工质进入压缩机的状态。蒸发压力下的等压线与吸气温度下的等温线相交的交点就是点 1 的状态。

点 2 是工质出压缩机（也就是进冷凝器）时的状态。过程 1—2 即为工质在压缩机内的压缩过程。理想情况下此过程中工质与外界没有热量交换，为等熵过程。点 2 的压力即为冷凝压力。因此，冷凝压力下的等压线与通过点 1 的等熵线交点即为理想状态下点 2 的状态。

点 5 是工质在冷凝器中冷凝和冷却成为过冷液体的状态。过程 2—3—4—5 表示工质在冷凝器内气态冷却（2—3）、气态冷凝（3—4）和液态冷却（4—5）的过程。在这一过程中，压力始终保持不变。因此，冷凝压力下的等压线与过冷温度下的等温线交点即为点 5 的状态。

点 6 是工质出节流阀（即进蒸发器）时的状态。过程 5—6 为绝热节流过程。该过程中，工质的压力由冷凝压力降至蒸发压力，工质的温度由过冷温度降至蒸发温度。有一部分液体工质转化为蒸气，故进入两相区。绝热节流前后工质的焓值不变。所以，过点 5 的等焓线与蒸发压力下的等压线交点即为点 6 的状态。由于节流过程是不可逆过程，因此在图 2-3 上用虚线表示。

过程 6—7—1 表示工质在蒸发器内汽化吸热（6—7）和吸热升温（7—1）的过程。在这一过程中工质的压力保持不变，不断从低温热源吸取热量变为过热蒸气。

（4）实际循环

① 实际蒸气压缩式热泵工作过程与理论循环的假设不同。蒸气压缩式热泵机组中，工质的实际工作过程与上述各循环中的假设条件均有一定偏离，具体表现如下。

压缩机中：工质流经压缩机的进、排气阀时有压力损失；工质在压缩过程中与气缸壁有热交换；压缩机活塞与气缸壁有摩擦损失；压缩机与环境有热交换；工质在气缸中流动时有能量耗散；少量润滑油汽化与工质混合等。由于上述因素，压缩机中压缩过程开始时工质的状态不再是蒸发器出口处工质蒸气的状态，压缩过程也不再是等熵过程，而是熵增过程。

冷凝器中：工质流经冷凝器时有流动阻力产生的压力降，导致工质的冷凝温度随冷凝过程的进行而不断降低；与环境有少量热交换产生热损失。

蒸发器中：工质在蒸发器中流动时也产生压力降，导致蒸发温度不断降低，并有热损失。

节流阀或毛细管中：工质与环境有少量热交换。当采用膨胀机时，主要的不可逆损失与压缩机中相似。

各部件间要有管路连接，工质流经管路时产生阻力损失（压力降），并有热损失。

② 实际循环在压（p）-焓（h）图上的表示。基于以上原因，蒸气压缩式热泵的实际循环和理论循环有一定偏差，其示意图如图 2-4 所示。

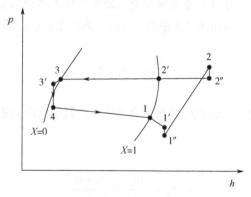

图 2-4　实际循环在 p–h 图上的表示

③ 实际循环的状态点和过程分析参照图 2-4。实际循环中的典型状态点和过程如下：

1 点、1′点、2 点、2′点、3 点、3′点、4 点与前面循环中的状态相同，实际循环中的 1″点表示工质流经压缩机吸气阀后的低压低温过热蒸气状态，2″点表示工质流经压缩机排气阀后的高压高温过热蒸气状态。

过程 1″→2：实际压缩过程，过程线向右倾斜，表示该过程为熵增过程。在蒸发压力、冷凝压力、压缩机进气状态相同时，实际压缩过程的排气温度要高于等熵压缩过程。

过程 2→2″：压缩后高压高温过热蒸气经过压缩机排气阀的过程。

过程 2″→2′：高压高温过热蒸气在冷凝器中的降温过程。

过程 2′→3：高压中温饱和蒸气在冷凝器中的冷凝过程，其压力和冷凝温度逐渐降低。

过程 3→3′：高压中温饱和液在冷凝器中的过冷过程。

过程 3′→4：高压中温过冷液经节流阀的降压降温过程。

过程 4→1：低压低温湿蒸气在蒸发器中的蒸发过程，其压力和蒸发温度逐渐降低。

过程 1→1′：低压低温饱和蒸气从蒸发器中到压缩机吸气阀进口处的加热过程。

由图 2-4 可见，蒸气压缩式热泵实际循环比理论循环更加偏离卡诺循环，当低温热源温度和高温热源温度相同时，其制热效率也明显低于卡诺循环和理论循环。

2.1.3　蒸气压缩式热泵理论循环热力计算

在选定热泵工质和循环形式之后即可进行热力计算。热力计算的目的主要是根据实际热泵循环的工作条件（通常称为工况），计算实际循环的性能指标、制热量、压缩机的容量和功率及蒸发器、冷凝器等热交换器的热负荷，为热泵系统的选择计算提供数据。

（1）热力计算参数　在对单级蒸气压缩式热泵进行分析和计算时，常用到以下物理量。

① 单位质量吸热量　每千克工质在蒸发器中从低温热源吸取的热量称为单位质量吸热量，用 q_e 表示，单位为 kJ/kg。它可由图 2-3 中点 1 与点 6 的焓差表示，即

$$q_e = h_1 - h_6 \tag{2-2}$$

② 单位理论压缩功　压缩机输送每千克工质所消耗的理论功称为单位理论压缩功，用 w_o 表示，单位为 kJ/kg。它可由图 2-3 中点 2 与点 1 的焓差表示，即

$$w_o = h_2 - h_1 \tag{2-3}$$

③ 单位实际压缩功　压缩机输送每千克工质所消耗的实际功称为单位实际压缩功，用 w_e 表示，单位是 kJ/kg，即

$$w_e = \frac{w_o}{\eta_i \eta_m} = \frac{h_2 - h_1}{\eta_e} \tag{2-4}$$

式中　η_i——考虑不可逆损失的指示效率；

η_{m} ——考虑摩擦的机械效率;

η_{e} ——压缩机的轴效率。

对于封闭式压缩机所消耗的单位功通常用电动机输入的单位功 w_{el} 来表示,即

$$w_{\mathrm{el}} = \frac{w_{\mathrm{e}}}{\eta_{\mathrm{mo}}} = \frac{w_{\mathrm{o}}}{\eta_{\mathrm{e}}\eta_{\mathrm{mo}}} = \frac{h_2 - h_1}{\eta_{\mathrm{el}}} \tag{2-5}$$

式中　η_{mo} ——电动机的效率;

　　　η_{el} ——压缩机的总效率。

④ 单位理论制热量　压缩机输送每千克工质蒸气在冷凝器中放出的理论热量称为单位理论制热量,用 q_{co} 表示,单位是 kJ/kg。它可用图 2-3 中点 2 与点 5 的焓差表示,即

$$q_{\mathrm{co}} = h_2 - h_5 \tag{2-6}$$

⑤ 单位实际制热量　压缩机输送每千克工质蒸气在冷凝器中放出的实际热量称为单位实际制热量,用 q_{c} 表示,单位是 kJ/kg。它可根据热力学第一定律,用能量平衡关系求出,即

$$q_{\mathrm{c}} = q_{\mathrm{e}} + w_{\mathrm{e}} \tag{2-7}$$

⑥ 工质循环流量　在分析热泵的工作状况时,有时需要算出工质在系统中的循环流量 G,即

$$G = \frac{V_{\mathrm{h}}\lambda}{v_1} \tag{2-8}$$

式中　V_{h} ——压缩机的理论输气量,m³/s;

　　　λ ——压缩机的输气系数,即实际输气量与理论输气量之比;

　　　v_1 ——压缩机吸气状态下工质的比体积,m³/kg。

⑦ 热泵制热量　每一台热泵的制热量 Q_{c} 都可由工质循环流量和单位实际制热量相乘求得,即

$$Q_{\mathrm{c}} = q_{\mathrm{c}}G \tag{2-9}$$

⑧ 压缩机的实际功率　压缩机的轴功率为

$$P_{\mathrm{e}} = w_{\mathrm{e}}G \tag{2-10}$$

对于封闭式压缩机，则为

$$P_{el} = w_{el}G \qquad (2\text{-}11)$$

⑨ 热泵实际制热系数　为了考核和比较热泵循环的先进性，还需要知道实际的制热系数

$$COP_h = \frac{q_c}{w_e} \qquad (2\text{-}12)$$

对于封闭式压缩机，则为

$$COP_h = \frac{q_c}{w_{el}} \qquad (2\text{-}13)$$

(2) 计算例题　以 R22 为工质的蒸气压缩式热泵，其蒸发温度为 0℃，冷凝温度为 45℃，冷凝器出口处工质过冷度为 5℃，蒸发器出口处工质过热度为 10℃，制热量为 5kW，计算该热泵过冷过热循环的各性能指标及节流后湿蒸气干度与密度。

计算过程如下：

① 在 $p\text{-}h$ 图上画出过冷过热循环，如图 2-5 所示。

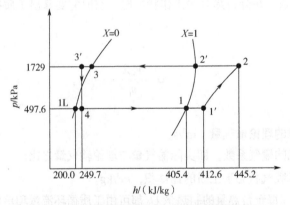

图2-5　过冷过热循环在 $p\text{-}h$ 图上的表示

② 确定循环中各关键点物性参数。

蒸发温度为 0℃时对应的蒸发压力为

$$p_1 = p_4 = p_{1'} = p_{1L} = 497.6\text{kPa}$$

冷凝温度为 45℃时对应的冷凝压力为

$$p_2 = p_{2'} = p_3 = p_{3'} = 1729 \text{kPa}$$

温度为0℃时饱和蒸气的性质为

$$h_1 = 405.4 \text{kJ/kg}$$
$$v_1 = 0.0471 \text{m}^3/\text{kg}$$

温度为0℃时饱和液的性质为

$$h_{1L} = 200.0 \text{kJ/kg}$$
$$v_{1L} = 0.778 \times 10^{-3} \text{m}^3/\text{kg}$$

蒸发压力（497.6kPa）下过热度为10℃的过热蒸气性质为

$$h_{1'} = 412.6 \text{kJ/kg}$$
$$v_{1'} = 0.0496 \text{m}^3/\text{kg}$$
$$s_{1'} = 1.778 \text{kJ/(kg·K)}$$

冷凝压力（1729kPa）下过冷度为5℃的过冷液的焓为

$$h_{3'} = h_3 - C_{pL}\Delta T_{sc} \approx 249.7 \left(\text{kJ}/\text{kg} \right)$$

节流后（4点）的焓为

$$h_4 = h_{3'} = 249.7 \text{kJ}/\text{kg}$$

压缩机出口处（2点）的性质为

$$s_2 = s_{1'} = 1.778 \text{kJ/(kg·K)}$$
$$p_2 = 1729 \text{kPa}$$
$$h_2 = 445.2 \text{kJ/kg}$$
$$T_2 = 75℃$$

③ 性能指标计算。
单位质量吸热量

$$q_e = h_{1'} - h_4 = 412.6 - 249.7 = 162.9 \left(\text{kJ}/\text{kg} \right)$$

单位容积吸热量

$$q_{ev} = \frac{q_e}{v_{1'}} = \frac{162.9}{0.0496} = 3284 \left(kJ/m^3 \right)$$

单位质量制热量

$$q_c = h_2 - h_{3'} = 445.2 - 249.7 = 195.5 \left(kJ/kg \right)$$

单位容积制热量

$$q_{cv} = \frac{q_c}{v_{1'}} = \frac{195.5}{0.0496} = 3942 \left(kJ/m^3 \right)$$

单位质量耗功量

$$w_e = h_2 - h_{1'} = 445.2 - 412.6 = 32.6 \left(kJ/kg \right)$$

制热系数

$$COP_h = \frac{q_c}{w_e} = \frac{195.5}{32.6} = 6.0$$

热泵中工质的循环流量

$$G = \frac{Q_c}{q_c} = \frac{5.0}{195.5} = 0.0256 \left(kg/s \right)$$

热泵吸热量

$$Q_e = q_e G = 162.9 \times 0.0256 = 4.166 \left(kW \right)$$

热泵耗功量

$$W = w_e G = 32.6 \times 0.0256 = 0.834 \left(kW \right)$$

节流膨胀后干度

$$X = \frac{h_{3'} - h_{1L}}{h_1 - h_{1L}} = \frac{249.7 - 200.0}{405.4 - 200.0} = \frac{49.7}{205.4} = 0.24$$

节流后湿蒸气的比体积

$$v_4 = X v_1 + (1 - X) v_{1L}$$
$$= 0.24 \times 0.0471 + (1 - 0.24) \times 0.778 \times 10^{-3} = 0.01190 \left(\text{m}^3 / \text{kg} \right)$$
$$\rho_4 = \frac{1}{v_4} = \frac{1}{0.01190} = 84.03 \left(\text{kg/m}^3 \right)$$

工作在 45℃和 0℃之间的卡诺循环制热系数

$$\text{COP}_{\text{h,carnot}} = \frac{T_c}{T_c - T_e} = \frac{273 + 45}{45 - 0} = 7.07$$

热力学完善度

$$\xi = \frac{\text{COP}_h}{\text{COP}_{\text{h,carnot}}} = \frac{6.0}{7.07} = 0.85$$

2.2 蒸气压缩式热泵工质

2.2.1 热泵工质的发展历程

在蒸气压缩式热泵系统中，热泵工质在各部件间循环流动，来实现热泵从低温热源吸热而向高温热源放热的目的。从本质上说，热泵工质的功能与制冷剂在制冷系统中的功能相同。特别是对那些只用一种工作流体且具有制冷和制热功能的机组来说，热泵工质就是制冷剂。所以，制冷剂的发展历程也就是热泵工质的发展历程。

从历史上看，制冷剂的发展经历了三个阶段，即早期工质阶段（1830～1930 年）、氯氟烃 CFCs 与含氢氯氟烃 HCFCs 工质阶段（1930～1990 年）、氢氟烃 HFCs 和以天然工质为主的绿色环保工质阶段（1990 年至今）。

1834 年，美国人珀金斯发明的世界上第一台制冷机的工质是二乙醚。1866 年，二氧化碳被用作工质。1872 年，英国人波义耳发明的制冷机以氨为工质。1876 年二氧化硫被用作工质，二氧化硫冰箱于 1925 年左右在美国处于鼎盛时期。1878 年开始使用氯甲烷，它用于家用冰箱的高峰期是 1935 年前后。1912 年，四氯化碳被用作工质。1924 年凯瑞（W. H. Carrier）和沃特菲尔（R. W. Waterfall）详细分析了当时许多工质的情况后，最终选择了二氯乙烷异构体作为离心式压缩机的工质。1926 年，还曾使用二氯甲烷工质。早期的工质几乎都是可燃的或有毒的，有些还有很强的腐蚀性和不稳定性，并且有些压力过高经常引发事故。第一次世界大战结束以后，选择工质的注意力转向了更安全和性能更好的方面。

1930 年，梅杰雷（T. Midgley）和他的助手在亚特兰大举行的美国化学学会年会上发表了第一份关于有机氟化合物工质的文章，文中说明了如何根据所要求的沸点，将碳氢化合物氟化或氯化，并说明了化合物成分将如何影响可燃性和毒性。他们评价了单碳族 15 种含氢、氯和氟的化合物，最终选出了氯氟烃 12（CFC12，R12），并于 1931 年得到商业化。1932 年，氯氟烃 11（CFC11，R11）也被商业化，R114 于 1933 年，R113 于 1934 年，R22 于 1936 年，R13 于 1945 年，R14 于 1955 年陆续出现，1961 年又开始使用 R502。美国杜邦公司大量生产这些卤代烃，并注册了氟利昂（Freon）商标。这一类工质的特点是安全、稳定且热工性能良好，显著地改善了制冷机和热泵的性能。"氟利昂"几乎已达到了相当完善的地步，而成为 20 世纪在制冷空调和热泵系统中得到广泛应用的工质。

2.2.2　热泵工质的分类及编号

2.2.2.1　热泵工质的基本类型

热泵工质的基本类型如表 2-1 所示。

表2-1　热泵工质的基本类型

工质类型	编码系列	典型工质
甲烷类有机化合物	000系列	R11，R12，R13，R22，R23，R32
乙烷类有机化合物	100系列	R123，R124，R125，R134a，R142b，R143a
丙烷类有机化合物	200系列	R227ea，R236fa，R245ca，R245fa，R290
环烷类有机化合物	300系列	RC318
非共沸有机混合物	400系列	R404A，R407C，R410A
共沸有机混合物	500系列	R500，R502，R503，R507，R508
碳氢有机化合物	600系列	R600，R600a，R610，R611
无机化合物	700系列	R717，R718，R729，R744
不饱和有机化合物	1000系列	R1270

2.2.2.2　热泵工质的命名（编码）方法

热泵工质命名的基本规则为：以大写字母 R 开头，后接三位数字；三位数字的编码方法随工质类型不同而异。

(1) 有机物纯工质　其三位数字的确定方法为：个位数字表示工质分子中氟原子的数目，十位数字表示分子中氢原子的数目加 1，百位数字表示分子中碳原子的数目减 1，当百位数字为 0 时可不写。根据工质中含有碳原子数量的不同，有如下编码规则。

1）含有一个碳原子 含一个碳原子的工质（000 系列，为甲烷 CH₄ 中的氢原子被 F、C 等原子取代得到的一类有机物）较简单，按上述规则即可得到工质代码与工质分子结构简式的对应关系，如 R22，分子结构简式为 $CHClF_2$；R32，分子结构简式为 CH_2F_2。

2）含有两个碳原子 含两个碳原子的工质（100 系列，为乙烷 CH₃—CH₃ 中的氢原子被 F、Cl 等原子取代得到的一类有机物），由于 F、Cl 等原子在分子中取代位置的不同，可有几个同分异构体；区分同分异构体的方法是先按基本规则写出三位数字，再按分子结构的不对称程度在代码后加上 a、b、c 等。不对称程度是分别把两个碳原子上取代原子的相对原子质量之和比较，差值最小的不注，按小到大，依次标注 a、b、c 等。其中取代原子是指基团中除碳原子之外的其他各原子，碳、氢、氟、氯原子的相对原子质量分别为 12、1、19、35.5。以二氯一氟乙烷为例，分子式为 $C_2H_3Cl_2F$，按基本规则三位数字应为 141，可有三个同分异构体。其分子结构简式和完整代码如表 2-2 所示。

表2-2 二氯一氟乙烷的命名示例

分子结构简式	$CH_3—CFCl_2$		$CH_2F—CHCl_2$		$CH_2Cl—CHFCl$	
取代原子的相对原子质量之和	3	90	21	72	37.5	55.5
差值	87		51		18	
工质代码	R141b		R141a		R141	

3）含有三个碳原子 含有三个碳原子的工质（200 系列，为丙烷 CH₃—CH₂—CH₃ 中的氢原子被 F、Cl 等原子取代得到的一类有机物）同分异构体更多。为区分不同的同分异构体，先按基本规则写出三位数字，再在数字代码后加两个英文小写字母进行区别。英文小写字母的规定法则如下：第一个英文小写字母表示分子式中中间碳原子上是何种取代基，规定如表 2-3 所示。第二个英文小写字母在中间碳原子上取代基相同时，按第一个和第三个碳原子上各自取代基相对原子质量之和的差异大小顺序，分别以 a、b、c 表示，计算方法与乙烷类衍生物相似。

表2-3 丙烷衍生物类热泵工质第一个英文小写字母的规定

中间原子基团	—CCl₂—	—CClF—	—CF₂—	—CHCl—	—CHF—	—CH₂—
规定小写字母	a	b	c	d	e	f

以五氟丙烷为例，分子式为 $C_3H_3F_5$，按基本规则三位数字应为 245，可有五个同分异构体。其分子结构简式和完整代码如下：

$CHF_2—CH_2—CF_3$，中间基团为 CH₂，按规定第一个小写字母为 f；中间基团为 CH₂ 的同类中无异构体，故第二个小写字母为 a，由此可得该工质的完整代码为 R245fa。

$CHF_2—CHF—CHF_2$ 中，中间基团为 CHF，按规定第一个小写字母为 e；中间基团为 CHF 的同类中，该工质第一个和第三个碳原子上各自取代基相对原子质量之和的差为 0，故第二个小写字母为 a，由此可得该工质的完整代码为 R245ea。

$CH_2F—CHF—CF_3$ 中，中间基团为 CHF，按规定第一个小写字母为 e；中间基团为 CHF 的同类中，该工质第一个和第三个碳原子上各自取代基相对原子质量之和的差为 36，故第二个小写字母为 b，由此可得该工质的完整代码为 R245eb。

$CH_2F—CF_2—CHF_2$ 中，中间基团为 CF_2，按规定第一个小写字母为 c；中间基团为 CF_2 的同类中，该工质第一个和第三个碳原子上各自取代基相对原子质量之和的差为 18，故第二个小写字母为 a，由此可得该工质的完整代码为 R245ca。

$CH_3—CF_2—CF_3$ 中，中间基团为 CF_2，按规定第一个小写字母为 c；中间基团为 CF_2 的同类中，该工质第一个和第三个碳原子上各自取代基相对原子质量之和的差为 54，故第二个小写字母为 b，由此可得该工质的完整代码为 R245cb。

4）含有四个碳原子　含有四个碳原子的直链烷烃衍生物（300 系列，一般为正丁烷 $CH_3—CH_2—CH_2—CH_3$ 中的氢原子被 F 原子取代得到的一类有机物）其数字代码仍按基本规则得到，同分异构体用三个英文小写字母区分。第一个小写字母表示第一个碳原子（通常是含氟多的）上为何种取代基，具体规定如表 2-4 所示。第二个小写字母、第三个小写字母分别表示第二个、第三个碳原子上是何种取代基，规定与丙烷衍生物相似。

表2-4　正丁烷衍生物命名第一个小写字母的规定

基团	$CF_3—$	$CHF_2—$	$CH_2F—$	$CH_3—$
规定小写字母	m	p	q	s

以 $CF_3—CH_2—CF_2—CH_3$ 为例，分子式为 $C_4H_5F_5$，三位数字代码为 365，小写字母代码的确定方法为：

第一个碳原子基团为 CF_3，代码为 m；第二个基团为 CH_2，代码为 f；第三个基团为 CF_2，代码为 c，故其完整代码为 R365mfc。

再以 R4310mee 为例，从数字代码可知其中碳原子数为 4+1 = 5（个），氢原子数为 3−1 = 2（个），氟原子数为 10 个，故该工质为十氟戊烷，分子式为 $C_5H_2F_{10}$。从小写字母编码可知：第一个小写字母"m"表示 CF_3，第二个小写字母"e"表示 CHF，第三个小写字母"e"表示 CHF，故可写出该工质分子结构简式的前半部为 $CF_3—CHF—CHF—$；其中有 3 个碳原子、2 个氢原子、5 个氟原子，与数字代码分子式 $C_5H_2F_{10}$ 相比，还缺 2 个碳原子、5 个氟原子未表示，则基团应是 $—CF_2—CF_3$，故该工质的完整分子结构式应为 $CF_3—CHF—CHF—CF_2—CF_3$。

5）含有四个以上碳原子　含有四个以上碳原子且有侧链的烷烃衍生物，其三位数字仍按基本原则获得，同分异构体的代码法则规定如表 2-5 所示。

表2-5　带侧链基团的规定小写字母

基团	$>CF—$	$>CH—$	$>C<$
规定小写字母	y	z	t

以 2-甲基-1,1,1,2,3,3-六氯丙烷为例，分子式为 $C_4H_4F_6$，三位数字编码为 356。其结构简

式如下：

$$CF_3 \text{—} CF \text{—} CHF_2$$
$$|$$
$$CH_3$$

$CF_3\text{—}$，用"m"表示；$CH_3\text{—}$，用"s"表示；$>CF\text{—}$，用"y"表示。因此其完整代码为R356msy。

对环状衍生物，在工质数字编号前加 C，如$\text{—}CF_2\text{—}CF_2\text{—}CF_2\text{—}CF_2\text{—}$（全氟环丁烷），编号为 RC318；对环丙烷的卤代烃衍生物，用所连接原子的质量总和最大的碳原子作为中心碳原子，对这些化合物，第一个后缀字母舍去。

（2）碳氢有机化合物（600 系列）　600 系列中，包括烷、醚、酯、胺类等。其中正丁烷代码为 R600，异丁烷代码为 600a；含氧有机化合物用 610 表示（如乙醚 $C_2H_5OC_2H_5$ 为 610，甲酸甲酯 $HCOOCH_3$ 为 611）；含氮有机化合物用 630 表示（如甲基胺以 630 表示，乙基胺用631 表示）。

（3）不饱和有机物　当工质分子中含不饱和键时，将分子中不饱和键的数目作为工质数字编码 R 后的第一位。如丙烯（$CH_3\text{—}CH\text{=}CH_2$），由于分子中无氟原子，所以个位为 0；分子中有 6 个氢原子，故十位为 6+1=7；分子中含 3 个碳原子，故百位为 3−1=2；分子中有一个不饱和键，故 R 后第一位加 1 表示。因此，丙烯的编码为 R1270。

工质中含 Br、I 等原子时，仍采用相同规则编码，但在原来氯-氟化合物的识别编号后面加字母 B 表示溴原子的存在，字母 B 后的数字表示溴原子的个数；加字母 I 表示碘原子的存在，字母 I 后面的数字表示碘原子的个数。

（4）无机化合物　无机化合物按 700 序号编号，编号规则为化合物的相对分子质量加上700 即得工质代码，如 CO_2 为 R744，NH_3 为 R717，水为 R718，空气为 R729。当两种或多种无机工质具有相同的相对分子质量时，用 A、B、C 等字母予以区分。

（5）混合工质　非共沸混合工质依应用先后次序在 400 序号中顺次编码；共沸混合工质依应用先后次序在 500 序号中顺次编码。为区别组分相同而质量分数不同的混合工质，可在识别编号之后加上大写字母 A、B、C 等后缀。

在非技术性应用场合，工质也可用类别缩写加数字编号表示，例如由碳氟氯组成的纯工质用"CFC-数字编码"表示，如 R12 也可写为 CFC-12；由碳氢氟氯组成的纯工质用"HCFC-数字编码"表示，如 R22 也可写为 HCFC-22；由碳氢氟组成的纯工质用"HFC-数字编码"表示，如 R134a 也可写为 HFC-134a；碳氢化合物用"HC-数字编码"表示，如 R290（丙烷）也可写为 HC-290；醚类氟化物用"HFE-数字编码"表示（也可简写为 E + 数字编码），如CHF_2OCHF_2 可写为 HFE-134（也可简写为 E134）；混合工质由组分编号及其质量分数表示（组分按标准沸点由低到高次序写出），如工质 R22 和 R12 按质量比 90/10 组成混合工质时，可表示为 R22/R12（90/10），三元混合工质可表示为 HCFC-22/HFC-152a/CFC-114（36/24/40）。此外，对个别特殊工质，也可直接用分子式表示，如 CF_3I 等。

2.2.3　对热泵工质的要求

对制冷剂的诸多要求原则上也适用于热泵工质。但由于热泵工质更注重它本身的节能和环保的特殊性，因此主要从热物理性质和环境特性方面对热泵工质提出更高的要求。

（1）工质热物理性质方面的要求　工质的热物理性质是指工质在与热有关的运动中所表现出的性质，一般可以分为两大类：平衡态的热力学性质（简称"热力学性质"）和非平衡态的迁移性质（简称"输运性质"）。热力学性质主要包括压力、温度、比体积、密度、压缩因子、比热容、热力学能（内能）、焓、熵、声速、焦-汤系数、等熵指数、压缩指数、表面张力等。输运性质是指工质的输运量（如动量、能量、质量）在传递过程中所表现的性质，例如，黏度、热导率、扩散系数等。工质的热物理性质研究一般都是建立在精确的实验数据基础上，然后归纳成半理论半经验或纯经验的方程式来推算流体的其他参数。在科学研究中，详尽精确的热物性数据是必不可少的，甚至作为理论体系的验证基准。

具有优良热力学性质的热泵工质在给定的温度区间内运行时有较高的循环效率。第一，希望热泵工质的临界温度高于冷凝温度。热泵循环的工作区越远离临界点，则热泵循环的节流损失越小，制热量及制热系数越高。第二，在热泵的工作温度区间内应有合适的饱和压力。从热泵运行的冷凝温度看，希望饱和压力不要太高，这样可以减少热泵部件承受的工作压力，降低对密封性的要求和工质渗漏的可能性。另外，希望有较低的标准沸点，如沸点较高则可能在低的蒸发温度下使热泵系统出现真空，从而有可能造成空气的渗入导致循环的效率降低。第三，工质的比热容小可减少节流损失；等熵指数低可降低压缩的排气温度；较大的单位容积制热量可使压缩机尺寸紧凑；气相比焓随压力变化小则可降低同样压力比下的压缩机耗功。

在传热学方面，工质应有较高的热导率和放热系数以及在相变过程中具有良好的传热性能，这样能提高蒸发器和冷凝器的传热效率，减少它们的传热面积。在流动阻力方面，希望有较低的黏度及较小的密度，以降低工质在管路系统中的流动阻力，可以降低压缩机的耗功率和缩小管道口径。

（2）工质的环境特性要求　工质的环境特性主要体现在两个方面，即对臭氧层的破坏和温室效应。热泵工质的使用不能造成对大气臭氧层的破坏及引起全球气候变暖。工质对臭氧层的破坏能力用大气臭氧损耗潜能值（Ozone Depletion Potential，ODP）的大小来表示，工质的温室效应用全球温室效应潜能值（Global Warming Potential，GWP）的大小来表示。这两者都是相对值，ODP 以 CFC-11 为比较基准，规定其为 1；GWP 以 CO_2 为比较基准，规定其为 1。通常累计的时间基准为 100 年。常用工质的大气寿命、ODP 值、GWP 值（100 年时间区间）见表 2-6。

表2-6　常用工质的大气寿命、ODP值、GWP值统计表

工质编号	分子结构简式	大气寿命/年	ODP	GWP
氯氟烃类（CFCs）				
R11	CCl_3F	45	1.0	4600
R12	CCl_2F_2	100	0.82	10600
R13	$CClF_3$	640	1.0	14000
R113	$CCl_2F—CClF_2$	85	0.9	6000
R114	$CClF_2—CClF_2$	300	0.85	9800
R115	$CClF_2—CF_3$	1700	0.4	7200

工质编号	分子结构简式	大气寿命/年	ODP	GWP
含氢氯氟烃类（HCFCs）				
R21	$CHCl_2F$	2.0	0.01	210
R22	$CHClF_2$	11.9	0.034	1700
R123	$CHCl_2-CF_3$	1.4	0.012	120
R124	$CHClF-CF_3$	6.1	0.026	620
R141b	CH_3-CCl_2F	9.3	0.086	700
R142b	CH_3-CClF_2	19	0.043	2400
氢氟烃类（HFCs）				
R23	CHF_3	260	0.0	1200
R32	CH_2F_2	5.0	0.0	550
R125	CHF_2-CF_3	29	0.0	3400
R134	CHF_2-CHF_2	10.6	0.0	1000
R134a	CH_2F-CF_3	13.8	0.0	1300
R143	CH_2F-CHF_2	3.8	0.0	300
R143a	CH_3-CF_3	52	0.0	4300
R152a	CH_3-CHF_2	1.4	0.0	120
R227ea	$CF_3-CHF-CF_3$	33	0.0	3500
R236ea	$CHF_2-CHF-CF_3$	7.8	0.0	710
R236fa	$CF_3-CH_2-CF_3$	220	0.0	9400
R245cb	$CH_3-CF_2-CF_3$	1.8	0.0	
R245ca	$CH_2F-CF_2-CHF_2$	6.6	0.0	560
R245eb	$CH_2F-CHF-CF_3$	6	0.0	350
R245fa	$CHF_2-CH_2-CF_3$	7.2	0.0	950
R254cb	$CH_3-CF_2-CHF_2$	1.6	0.0	
R365mfc	$CH_3-CF_2-CH_2-CF_3$	11	0.0	850
R43-10meec	$CF_3-CHF-CHF-CF_2-CF_3$	17.1	0.0	1300
碳氢化合物类（HCs）				
R50	CH_4	12.0	0.0	23
R170	CH_3-CH_3		0.0	约20
R290	$CH_3-CH_2-CH_3$	<1	0.0	3
R600	$CH_3-CH_2-CH_2-CH_3$		0.0	约20
R600a	$CH(CH_3)_2CH_3$		0.0	约20

工质编号	分子结构简式	大气寿命/年	ODP	GWP
R601	$CH_3—CH_2—CH_2—CH_2—CH_3$	≪1	0.0	11
R1270	$CH_3—CH=CH_2$		0.0	约20
全氟代烷烃类（FCs）				
R14	CF_4	50000	0.0	5700
R116	$CF_3—CF_3$	10000	0.0	11900
R218	$CF_3—CF_2—CF_3$	2600	0.0	8600
R1216	$CF_2=CF—CF_3$	5.8	0.0	2
RC318	$—CF_2—CF_2—CF_2—CF_2—$	3200	0.0	10000
R51-14	$CF_3—CF_2—CF_2—CF_2—CF_2—CF_3$	3200	0.0	7400
其他有机化合物类				
R12B1	$CBrClF_2$	11	5.1	1300
R13B1	$CBrF_3$	65	12.0	6900
R30	CH_2Cl_2	0.46	0.0	10
R40	CH_3Cl	1.3	0.02	16
R160	$CH_3—CH_2Cl$	<1	0.0	
R1311	CF_3I	<0.1	0.0	1
R7146	SF_6	3200	0.0	23900
E125	$CHF_2—O—CF_3$	150	0.0	14900
E134	$CHF_2—O—CHF_2$	26.2	0.0	6100
E143a	$CH_3—O—CF_3$	4.4	0.0	750
E170	$CH_3—O—CH_3$	0.015	0.0	1
E236ea1	$CHF_2—O—CHF—CF_3$	4.2	0.0	
E245ca2	$CH_2F—CF_2—O—CHF_2$	3~10	0.0	
E245cb1	$CH_3—O—CF_2—CF_3$	4.7	0.0	160
E245fa1	$CHF_2—O—CH_2—CF_3$	6.1	0.0	640
E254cb1	$CH_3—O—CF_2—CHF_2$	0.49	0.0	
E347mcc3	$CH_3—O—CF_2—CF_2—CF_3$	6.4	0.0	485
E347mmy1	$CF_3—CF—(OCH_3)—CF_3$	3.4	0.0	330
无机化合物类				
R717	NH_3	<1	0.0	0
R718	H_2O		0.0	<1

工质编号	分子结构简式	大气寿命/年	ODP	GWP
R729	空气		0.0	0.0
R744	CO_2	120	0.0	1
共沸混合物类				
R500	R12/R152a（73.8/26.2）		0.605	7900
R501	R22/R12（75/25）		0.231	3900
R502	R22/R115（48.8/51.2）		0.221	4500
R503	R23/R13（40.1/59.9）		0.599	13000
R504	R32/R115（48.2/51.8）		0.207	4000
R505	R12/R31（78/22）		0.642	
R506	R31/R114（55.1/44.9）		0.387	
R507A	R125/R143a（50/50）		0.0	3900
R508A	R23/R116（39/61）		0.0	12000
R508B	R23/R116（46/54）		0.0	12000
R509A	R22/R218（44/56）		0.015	5600
非共沸混合物类				
R400	R22/R114（50/50）		0.835	10000
R400	R22/R114（60/40）		0.832	10000
R401A	R22/R152a/R124（53/13/34）		0.027	1100
R401B	R22/R152a/R124（61/11/28）		0.028	1200
R401C	R22/R152a/R124（33/15/52）		0.025	900
R402A	R125/R290/R22（60/2/38）		0.013	2700
R402B	R125/R290/R22（38/2/60）		0.020	2300
R403A	R290/ R22/R218（5/75/20）		0.026	3000
R403B	R290/ R22/R218（5/56/39）		0.019	4300
R404A	R125/R143a/R134a（44/52/4）		0.0	3800
R405A	R22/R152a/R142b/RC318（45/7/5.5/42.5）		0.018	5200
R406A	R22/R600a/R142b（55/4/41）		0.036	1900
R407A	R32/R125/R134a（20/40/40）		0.0	2000
R407B	R32/R125/R134a（10/70/20）		0.0	2700
R407C	R32/R125/R134a（23/25/52）		0.0	1700

工质编号	分子结构简式	大气寿命/年	ODP	GWP
R407D	R32/R125/R134a（15/15/70）		0.0	1500
R407E	R32/R125/R134a（25/15/60）		0.0	1400
R408A	R125/R143a/R22（7/46/47）		0.016	3000
R409A	R22/R124/R142b（60/25/15）		0.039	1500
R409B	R22/R124/R142b（65/25/10）		0.033	1500
R410A	R32/R125（50/50）		0.0	2000
R410B	R32/R125（45/55）		0.0	2100
R411A	R1270/R22/R152a（1.5/87.5/11）		0.030	1500
R411B	R1270/R22/R152a（3/94/3）		0.032	1600
R412A	R22/R218/R142b（70/5/25）		0.035	2200
R413A	R218/R134a/R600a（9/88/3）		0.0	1900
R414A	R22/R124/R600a/R142b（51/28.5/4/16.5）		0.032	1900
R414B	R22/R124/R600a/R142b（50/39/1.5/9.5）		0.031	1300
R415A	R22/R152a		0.026	1350
R415B	R22/R152a		0.007	440
R416A	R134a/R124/R600（59/39.5/1.5）		0.010	1000
R418A	R290/R22/R152a		0.032	1600

　　近几年专家学者们指出，在评价替代工质的环境特性时，不但要看其ODP、GWP值的大小，更要比较它们的总当量变暖影响（Total Equivalent Warming Impact，TEWI）。

　　总当量变暖影响（TEWI）是一个评价温室效应的综合指标，可以描述为直接温室效应（Direct Warming Impact）和间接温室效应（Indirect Warming Impact）两个部分。直接温室效应是指制冷空调装置中制冷剂的泄漏和装置维修或报废时工质的排放对大气温室效应的影响，可以表示为排入大气的工质质量与其GWP值的乘积。间接温室效应是指制冷空调装置在使用寿命中因耗能引起的CO_2排放量所对应的温室效应。从TEWI的定义可知，它不同于GWP，不是工质的特性参数。TEWI不仅受工质本身特性的影响，而且还受到诸如制冷装置的设计寿命、密封程度、使用期限、消耗能源的产生途径等因素的影响。能解决系统的泄漏和制冷剂的再利用等问题，也就降低了工质的直接温室效应；提高系统运行效率从而降低能耗，也就降低了工质的间接温室效应。总当量变暖影响（TEWI）综合了温室气体的 GWP 和实际耗能装置的效率对温室效应的影响，可以更客观、公正地评价工质的温室效应。

1999 年，美国 Arthur D Little 公司提出寿命期气候性（Life Cycle Climate Performance，LCCP）指标。LCCP 的概念与 TEWI 指标基本相同，但考虑到了生产氟烃化合物及其原料时的耗能（如电能和各种燃料）所伴随的影响，以及生产这些物质过程中不易收集造成的作为温室气体的任何副产品排放所产生的影响。LCCP 评价指标利于研究和比较各种制冷空调系统使用不同工质对全球气候变暖的影响。联合国环境规划署、美国和欧洲一些国家认为评价制冷空调设备对全球气候变暖的影响，更为关注的应是它们的 LCCP 指标。

（3）其他方面的要求

① 应具有良好的化学稳定性　热泵工质应不燃烧、不爆炸，高温下不分解，对金属和其他材料不会产生腐蚀和侵蚀作用，以保证热泵能长期可靠地运行。

② 对人的生命和健康应无危害　不具有毒性、窒息性和刺激性。制冷剂的毒性分为 6 级，1 级毒性最大，6 级毒性很小（表 2-7）。6 级只是在浓度高的情况下才会对人体造成危害，危害也只是窒息性质的。同级毒性中 a 等的毒性比 b 等大。

表2-7　工质毒性分级标准

级别	条件		产生的结果
	工质蒸气在空气中的体积分数/%	作用时间/min	
1	0.5~1.0	5	致死
2	0.5~1.0	60	致死
3	2.0~2.5	60	开始死亡或成重症
4	2.0~2.5	120	产生危害作用
5	20	120	不产生危害作用
6	20	120以上	不产生危害作用

③ 具有一定的吸水性　当系统中渗进极少的水分时，不至于在低温下"冰塞"而影响系统的正常运行。

④ 经济性好　要求热泵工质应易于购买且价格便宜。

⑤ 溶解于油的性质从正反两方面分析　如工质能和润滑油互溶：其优点是为机件润滑创造良好条件，在蒸发器和冷凝器的传热面上不易形成油膜而阻隔传热；缺点是使蒸发温度有所提高，使润滑油黏度降低，工质沸腾时泡沫多，蒸发器中的液面不稳定。如工质难溶于油：其优点是蒸发温度比较稳定，在制冷设备中制冷剂与润滑油易于分离；其缺点是蒸发器和冷凝器的热交换面上形成很难清除的油垢影响传热效率。

上述对热泵工质的要求仅作为选择工质时的参考。因为要选择十全十美的热泵工质实际上做不到，目前能作为热泵工质用的物质或多或少都存在一些缺点。所以实际使用中只能根据用途和工作条件，保证一些主要的要求，而不足之处可采取一定措施弥补。

2.2.4 常用热泵工质

虽然有很多种工质适用于空调用制冷系统,但随着人们对环境的关注以及新型工质的出现,目前在热泵机组中使用的工质主要是以下几种。

(1) R22 R22 在空调用热泵装置中被广泛采用。R22 在大气压下的沸点为-40.8℃,凝固温度为-160℃;能工作的最低蒸发温度为-80℃,通常冷凝压力不超过 1.6MPa。

R22 对电绝缘材料的腐蚀性较 R12 大,毒性比 R12 较大。R22 不燃烧也不爆炸,在大气中的寿命约 20 年。R22 能够部分地与矿物油相互溶解,其溶解度随矿物油的种类而变化,随温度的降低而减小。为了防止发生冰塞现象,要求水在 R22 中的质量分数不大于 0.0025%,系统中也必须配干燥过滤器。

R22 无色、无味,而且安全可靠,是一种良好的工质。但是,R22 属于 HCFC 类工质将被限制和禁止使用。

(2) R134a R134a 是一种 R12 的氢氟烃替代工质。其相对分子质量为 102.03,大气压下沸点为 26.25℃,凝固点为-101℃,临界温度为 101.05℃,临界压力为 4.06MPa。R134a 无毒、不燃、不爆,是一种安全的工质,其 ODP 值为 0,GWP 值为 1430,对臭氧层无破坏作用,但有一定的温室效应。

R134a 的热力性质和 R12 非常接近。R134a 与 R12 相比,在相同的蒸发温度下其蒸发压力略低,在相同的冷凝温度下其冷凝压力略高。R134a 的等熵指数比 R12 小,所以在同样的蒸发温度和冷凝温度下其排气温度较低。R134a 的单位体积制冷量略低于 R12,其理论循环效率也比 R12 略有下降。R134a 冷凝和蒸发过程的表面换热系数比 R12 要高 15% ~ 35%。

水在 R134a 中的溶解度比 R2 更小,因此在系统中需要采用与 R134a 相溶的干燥剂,如 XH-7 或 XH-9 型分子筛。R134a 的化学稳定性很好,对电绝缘材料的腐蚀程度比 R12 更稳定,毒性级别与 R12 相同。R134a 与传统的矿物油不相溶,但能完全溶解于多元醇酯类 (POE) 合成润滑油。R134a 在大气中的寿命为 8 ~ 11 年。

(3) R142b R142b 在大气压力下的沸点为-9.25℃,具有较高的制热系数。与 R12 相比,其排气温度略低,容积制热量较小。当冷凝温度高达 80℃时其冷凝压力仅为 1.4MPa,系统采用 R142b 后的供热温度可高于 R2 或 R22 的供热温度,因此适用于在高环境温度下工作的空调或热泵装置。

R142b 具有一定的可燃性,当它与空气混合后其体积分数为 10.6% ~ 15.1%时会发生爆炸。它的毒性与 R22 相近。R142b 对大气臭氧层的破坏作用比 R22 还小,许多国家和地区正在将其作为一种过渡性的替代物进行研究和使用。

(4) R227ea R227ea 是一种很有前途的热泵工质。其相对分子质量为 170.04,大气压下沸点为 18.3℃,临界温度为 102.8℃,临界压力为 2.94MPa;对臭氧层破坏潜值为零,无毒,而且具有抑制燃烧的作用,可作为一种阻燃组分与可燃工质组成混合物用于热泵,也可以纯工质形式用于热泵。

R227ea 在常温常压下稳定,不与钢、生铁、黄铜、纯铜、锡、铅、铝等金属反应。水在 R227ea 中的溶解度 (25℃) 为 0.06%。其与聚亚烷基二醇 (PAG)、多元醇酯类 (POE) 润滑油互溶性良好。R227ea 在室温下与丁基橡胶、聚乙烯、聚苯乙烯、聚丙烯、ABS、聚碳酸酯、尼龙不发生明显的线膨胀、增重和硬度变化。但与氟橡胶（Viton A）不相溶，使聚四氟乙烯增重明显，使聚甲基丙烯酸甲酯发生部分溶解、变形。

（5）R407C R407C 由不破坏臭氧层的 HFC 类物质 R32/R125/R134a 三元混合而成，各组分的质量百分配比为 23:25:52。这种三元混合制冷剂属于非共沸混合物。三组分中只有 R32 可燃，但当其含量较小时混合物基本不燃。

R407C 在标准大气压下，其泡点温度为−43.4℃，露点温度为−36.1℃。由于 R407C 的泡点、露点温度差较大，在使用时最好将换热器做成逆流形式，以充分发挥非共沸混合工质的优势。与其他 HFC 工质一样，R407C 不能与矿物油互溶，但能溶于聚酯类合成润滑油。

R407C 的制冷性能与 R22 很相近，是新开发的 R22 替代工质。因此，用 R407C 替换空调系统的 R22 时，只要将润滑油改换就可以了，不需要更换压缩机。

（6）氟利昂 R410A R410A 由质量分数 50% 的 R32 和 50% 的 R125 组成，当由质量分数 45% 的 R32 和 55% 的 R125 组成时称为 R410B。R410A 属于近共沸工质，它的泡点与露点温差仅 0.2℃，具有与共沸混合工质类似的优点。与 R22 相比，排气压力较高，但它的制冷性能比 R22 要优越。它的单位容积制冷量比 R22 大，制冷系数也比 R22 略高。所以，使用 R410A 的热泵系统具有更小的体积、更高的能量利用率。

与其他 HFC 工质一样，R410A 不能与矿物油互溶，但能溶于聚酯类合成润滑油。R410A 中无有毒组成成分，只要空气中的含量不超过 1000×10^{-6}，对人体就不会有伤害。

2.3 蒸气压缩式热泵的基本部件

2.3.1 蒸气压缩式热泵压缩机

2.3.1.1 热泵压缩机工况

在蒸气压缩式热泵系统中使用的压缩机有很多类型，其功能和工作原理与蒸气压缩式空调制冷系统中的压缩机是相同的。不同点在于热泵用压缩机工况变化范围较大，运行条件比空调制冷用压缩机要恶劣。热泵用压缩机名义工况如表 2-8 所示。

表2-8 热泵用压缩机的名义工况（美国空调与制冷协会 ARI 520-85，环境温度35℃）

热泵类型	工质蒸发温度/℃	工质冷凝温度/℃	压缩机吸气温度/℃	节流前过冷温度/℃
空气源（制冷）	7.2	54.4	18.3	46.1
空气源（高温制热）	−1.1	43.3	4.4	35
空气源（低温制热）	−15	35	−3.9	26.7
水源（制冷和制热）	7.2	48.9	18.3	40.6

2.3.1.2 热泵压缩机的分类及基本特性

(1) 压缩机分类

1) 按工作原理分类

① 容积型　用机械方法使工质密封空间体积变小，使其压力升高的压缩机。

② 速度型　用机械方法使工质气体获得很高速度，再在扩张通道内使工质动能转变为压力能，从而提高工质压力的压缩机。

基于工作原理的常用压缩机分类如图 2-6 所示。

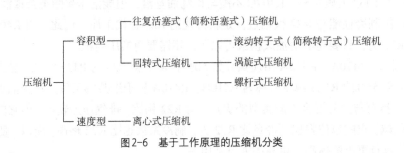

图 2-6　基于工作原理的压缩机分类

2) 按热泵工质分类　按照热泵工质的不同，相应的压缩机为 R22 压缩机、R134a 压缩机、R717 压缩机、R744 压缩机、R404A 压缩机等。

3) 按压缩机的密封形式分类

① 封闭式压缩机　压缩机和电动机封闭在一个壳体内，壳体的两个部分焊接在一起，无法再打开。其结构紧凑，无工质泄漏危险，但压缩机或电动机出现故障时维护难度很大。

② 半封闭式压缩机　压缩机和电动机封闭在一个壳体内，壳体的两个部分通过螺栓紧固在一起，可以打开。其结构紧凑，基本无工质泄漏危险，压缩机或电动机出现故障时可维修。

③ 开启式压缩机　压缩机的驱动轴伸出其壳体外，再与电动机等驱动装置通过联轴器连接，对工质和驱动装置具有良好的适应性；压缩机的驱动轴与压缩机壳体之间需采用适宜的轴封结构，但不能完全防止热泵工质的泄漏。

(2) 常用压缩机的基本特性

常用压缩机的基本特性如表 2-9 所示。

表 2-9　常用压缩机的基本特性

压缩机类型	常用制热量范围/kW	基本特性
活塞式压缩机	0.3~500	应用广泛，适用性好，零部件多，结构复杂
转子式压缩机	0.5~15	零部件少，可靠性好，加工精度和系统清洁度要求高
涡旋式压缩机	3~100	零部件少，可靠性好，加工要求高，耐液及耐杂质性好
螺杆式压缩机	100~1500	零部件少，可靠性好，加工要求高，耐液及耐杂质性好
离心式压缩机	>300	零部件少，结构简单，大制热量、工况较稳定时效果好

2.3.1.3 活塞式压缩机

（1）基本结构与工作原理　活塞式压缩机利用气缸中活塞的往复运动来压缩气缸中的气体，通常是利用曲柄连杆机构将原动机的旋转运动变为活塞的往复直线运动，故也称为往复式压缩机，其结构如图 2-7 所示。图中画出了压缩机的主要零部件及其组成：压缩机的机体由气缸 1 和曲轴箱 5 组成，气缸体中装有活塞 3，曲轴箱中装有曲轴 2，通过连杆 4 将曲轴和活塞连接起来；在气缸顶部装有吸气阀 8 和排气阀 10，通过吸气腔 7 和排气腔 11 分别与吸气管 6 和排气管 12 相连。当曲轴被原动机带动旋转时，通过连杆的传动，活塞在气缸内做上、下往复运动，并在吸排气阀的配合下，完成对工质（制冷剂）的吸入、压缩和输送。活塞式压缩机的工作循环分为 4 个过程，如图 2-8 所示。

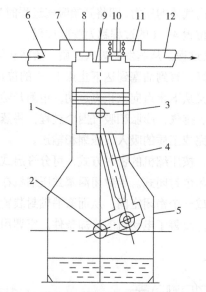

图 2-7　单缸压缩机示意图

1—气缸体；2—曲轴；3—活塞；4—连杆；5—曲轴箱；6—吸气管；7—吸气腔；8—吸气阀；9—气缸盖；10—排气阀；
11—排气腔；12—排气管

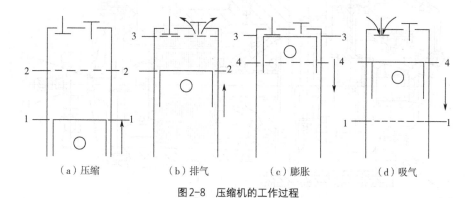

（a）压缩　　　　　（b）排气　　　　　（c）膨胀　　　　　（d）吸气

图 2-8　压缩机的工作过程

1）压缩过程　通过压缩过程，将热泵工质（制冷剂）的压力提高。当活塞处于最下端位置时，气缸内充满了从蒸发器吸入的低压蒸气，吸气过程结束；活塞在曲轴-连杆机构的带动下开始向上移动，此时吸气阀关闭，气缸工作容积逐渐减小，处于缸内的工质受压缩，温度和压力逐渐升高。活塞移动到2—2位置，气缸内的蒸气压力升高到略高于排气腔中的工质压力时，排气阀开启，开始排气。工质在气缸内从吸气时的低压升高到排气压力的过程称为压缩过程。

2）排气过程　通过排气过程，工质进入冷凝器。活塞继续向上运动，气缸内工质的压力不再升高，工质不断地通过排气管流出，直到活塞运动到最高位置3—3时排气过程结束。工质从气缸向排气管输出的过程称为排气过程。

3）膨胀过程　通过膨胀过程，将工质的压力降低。活塞运动到上止点时，由于压缩机的结构及制造工艺等原因，气缸内仍有一些空间，该空间的容积称为余隙容积。排气过程结束时，在余隙容积中的气体为高压气体。活塞开始向下移动时，排气阀关闭，吸气腔内低压气体不能立即进入气缸，此时余隙容积内的高压气体因容积的增加而压力下降，直至气缸内气体的压力降至稍低于吸气腔内气体的压力，即将开始吸气过程时为止，此时活塞处于位置4—4。活塞从位置3—3移动到位置4—4的过程称为膨胀过程。

4）吸气过程　通过吸气过程，从蒸发器吸入工质。活塞从位置4—4向下运动时，吸气阀开启，低压气体被吸入气缸，直到活塞到达下止点1—1的位置。该过程称为吸气过程。

完成吸气过程后，活塞又从下止点向上止点运动，重新开始压缩过程，如此周而复始，循环不已。压缩机经过压缩、排气、膨胀和吸气四个过程，将蒸发器内的低压蒸气吸入，使其压力升高后排入冷凝器，完成工质的吸入、压缩和输送。

(2) 活塞式压缩机结构　按压缩机的密封方式，可分开启式、半封闭式和全封闭式。热泵压缩机一般都是半封闭式和全封闭式。半封闭活塞式压缩机在结构上最明显的特征在于电动机外壳和压缩机曲轴箱构成一个密闭空间，从而取消轴封装置，并且可以利用吸入的低温工质蒸气来冷却电动机绕组，改善了电动机的冷却条件。空调用热泵机组采用的半封闭活塞式压缩机结构见图2-9。

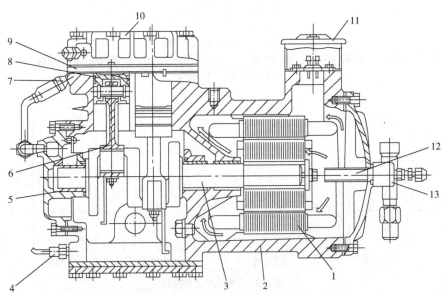

图2-9　半封闭活塞式压缩机结构

1—电动机；2—壳体转子；3—曲轴；4—加热器；5—轴承；6—连杆组件；7—排气截止阀；8—活塞组件；9—阀板组件；10—气缸盖；11—电器盒；12—吸气过滤器；13—吸气截止阀

图 2-10 是全封闭活塞式压缩机结构简图。全封闭活塞式压缩机的结构特点在于压缩机与电动机共用一个主轴，二者组装在一个密闭钢制壳内，故结构紧凑，噪声低。全封闭活塞式热泵压缩机的气缸多数为卧式排列，电动机轴垂直安装。压缩机主轴为偏心轴，下端开设偏心油道，靠主轴高速旋转离心上油；活塞为平顶，不装活塞环，仅有两道环形槽，使润滑油充满其中，起密封和润滑作用。连杆为整体式，直接套在偏心轴上。气阀结构往往采用各种形状的簧片阀（舌形、马蹄形、条形）。簧片阀结构简单、余隙容积小、阀片质量轻、启闭迅速、噪声低。但簧片阀的阀隙通流面积小，对材质和加工工艺要求高。

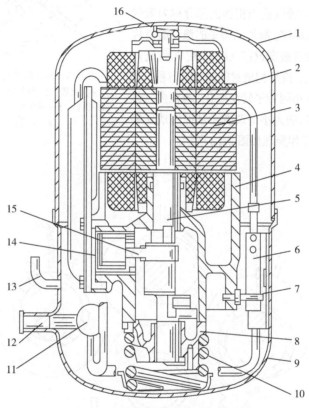

图 2-10　全封闭活塞式压缩机结构

1—上壳体；2—电动机转子；3—电动机定子；4—机体；5—曲轴；6—抗扭弹簧组；7—抗扭螺杆；8—轴承座；9—下壳体；10—下支撑弹簧；11—排气汇集管；12—排气总管；13—工艺管；14—气阀组；15—活塞连杆组；16—上支撑弹簧

2.3.1.4　滚动转子式压缩机

滚动转子式压缩机（又称为滚动活塞压缩机）属于回转式压缩机，其历史十分悠久。20世纪60年代以前，受到机械加工水平的限制，生产的滚动转子式压缩机与往复压缩机相比并没有明显的竞争力。20世纪60年代以后，精密加工技术的迅速发展，使得滚动转子式压缩机技术也逐渐完善起来，特别是在20世纪70年代以后在国内外有了很大的发展。由于滚动转子式压缩机简化了结构，完善了冷却、润滑系统，使其在小型制冷及热泵装置中具有很大的优越性，被广泛应用于家用空调器和小型商业制冷装置。

（1）工作原理　图 2-11 所示为滚动转子式制冷压缩机主要结构示意图。滚动转子式制冷压缩机主要由气缸、滚动转子、偏心轴、滑片和气缸两侧端盖等零部件组成。从图2-11中可以看出，圆筒形气缸2的径向开设有吸气孔口和排气孔口，其中排气孔口上装有簧片排气阀。滚动转子3装在曲轴4上，转子沿气缸内壁滚动，与气缸间形成一个月牙形的工作腔；它的两端由气缸盖封着，构成压缩机的工作腔。滑片7（又称滑动挡板）靠弹簧的作用力使其端部与转子紧密接触，将月牙形工作腔分隔为两部分；与吸气孔口相通的部分称为吸气腔，而另一侧称为压缩腔。滑片随转子的滚动沿滑片槽道做往复运动，端盖被安置在气缸两端，与气缸内壁、转子外壁、切点、滑片构成封闭的气缸容积，即基元容积；其容积大小随转子转角变化，容积内气体的压力则随基元容积的大小而改变，从而完成压缩机的工作过程。其工作原理如图2-12所示。

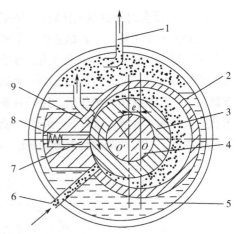

图2-11　滚动转子式压缩机结构示意图
1—排气管；2—圆筒形气缸；3—滚动转子；
4—曲轴；5—润滑油；6—吸气管；7—滑片；
8—弹簧；9—排气阀

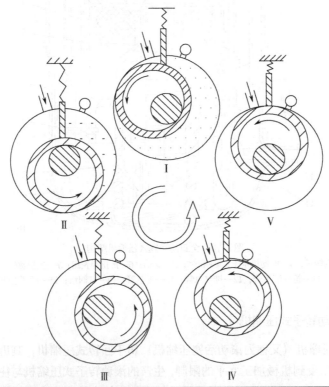

位置	I	II	III	IV	V
左侧	吸气	吸气	吸气	吸气	吸气结束
右侧	压缩	压缩	开始排气	排气结束	与左侧连通

图2-12　滚动转子式压缩机工作原理图

（2）主要结构形式及其特点　从密闭方式来看，滚动转子式压缩机有电动机与压缩机共主轴且置于同一个密闭壳体内的全封闭式结构，主轴通过轴封装置伸出机体之外的开启式结构，而半封闭式结构很少采用。小型全封闭式又有卧式和立式两种形式，前者多用于冰箱，但现在已经很少应用了，后者多用于房间空调器。

一台较典型的立式全封闭滚动转子式压缩机结构如图2-13所示。压缩机构位于电动机的下方，制冷工质经储液器由机壳8下部的吸气管直接吸入气缸1，以减少吸气的有害过热。储液器12起到气液分离、储存制冷剂液体和润滑油及缓冲吸气压力脉动的作用。高压气体经消声器3排入机壳8内，再经电动机转子6和定子7间的气隙从机壳上部排出，并起到了冷却电动机的作用。润滑油在机壳底部，在离心力的作用下沿曲轴5的油道上升至各润滑点。气缸与机壳焊接在一起使结构紧凑，用平衡块13消除不平衡的惯性力。滑片弹簧没有采用通常的圆柱形而是采用圈形，使气缸结构更加紧凑。

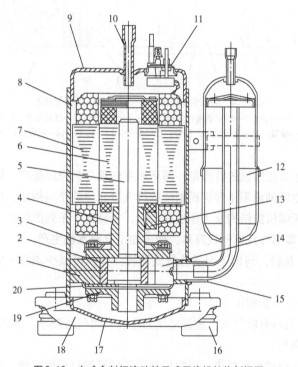

图2-13　立式全封闭滚动转子式压缩机结构剖视图

1—气缸；2—滚动转子；3—消声器；4—上轴承座；5—曲轴；6—转子；7—定子；8—机壳；9—顶盖；10—排气管；11—接线柱；12—储液器；13—平衡块；14—滑片；15—吸气管；16—支撑垫；17—底盖；18—支撑架；19—下轴承座；20—滑片弹簧

图2-14所示为卧式全封闭滚动转子式压缩机结构剖视图。该机器最显著的特点是供油系统，其供油泵由安装在主轴承上的吸油流体二极管11、安装在辅轴承上的排油流体二极管9及供油管6组成，润滑油借助滑片8的往复运动经吸油流体二极管11被吸入泵室，通过排油流体二极管9排入供油管6中，再进入曲轴1的轴向油道，通过径向分油孔供应到需要润滑的部位。流体二极管之所以能代替吸油（或排油）阀，是因为其反向流动阻力比正向流动阻

力大，故在吸油行程中大部分油沿吸油路径吸过来。另外，二极管向机壳的底部张开，当油面很低时也能吸得进油，从而保证稳定的油量供应。

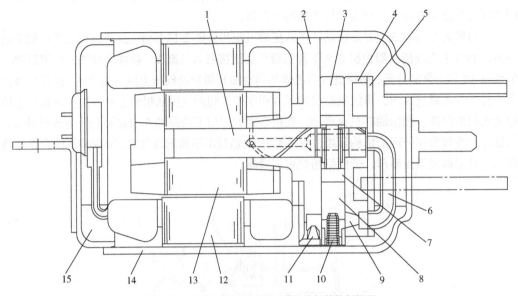

图2-14　卧式全封闭滚动转子式压缩机结构剖视图

1—曲轴；2—主轴承座；3—气缸；4—辅轴承座；5—排气罩；6—供油管；7—滚动转子；8—滑片；9—排油流体二极管；10—弹簧；11—吸油流体二极管；12—定子；13—转子；14—机壳；15—润滑油

全封闭滚动转子式压缩机的特点是：圆环形主轴承与机壳焊接成一体，可以减少气缸的变形；排气消声器由辅轴承和用薄钢板制成的排气罩之间的空间构成，起屏蔽降噪作用。

从滚动转子式压缩机的结构及工作过程来看，它具有一系列的优点：

① 结构简单，零部件几何形状简单，便于加工及流水线生产；

② 体积小，重量轻，与同工况的往复式比较，体积可减少40%~50%，重量也可减少40%~50%；

③ 因易损件少，故运转可靠；

④ 效率高，因为没有吸气阀，故流动阻力小，且吸气过热小，所以在制冷量3kW以下的场合使用时尤为突出。

但滚动转子式压缩机也有缺点：因为只利用了气缸的月牙形空间，所以气缸容积利用率低；因单缸的转矩峰值很大，故需要较大的飞轮矩；滑片做往复运动，依然是易损零件；还存在不平衡的旋转质量，需要平衡质量来平衡。

由于它的优点突出，小型全封闭滚动转子式压缩机的应用越来越广泛。主要用于房间空调器和除湿机，其输入功率范围为2.2kW以下；双缸滚动转子式压缩机主要用于单元式空调机，其输入功率可以达到4.5kW；小型全封闭卧式滚动转子式压缩机主要用于小型装置，其功率范围通常在375W以下。

2.3.1.5　涡旋式压缩机

(1) 工作原理　涡旋式压缩机的关键工作部件包括一个固定涡旋体(简称静盘)和与之啮

合、相对运动的运动涡旋体（简称动盘），如图 2-15、图 2-16 所示。动、静涡旋体的型线均是螺旋形，动盘相对静盘偏心并相差 180° 对置安装。理论上它们会在轴向的几条直线上接触（在横截面上则为几个点接触），涡旋体型线的端部与相对的涡旋体底部相接触，于是在动、静盘间形成了一系列月牙形空间，即基元容积。在动盘以静盘中心为旋转中心并以一定的旋转半径做无自转的回转平动时，外圈月牙形空间便会不断向中心移动，使基元容积不断缩小，同时在其外侧未封闭的基元容积则不断扩大。每个基元容积的变化过程都是类似的，仅有相位角的差异。因此，每个基元容积在动盘的旋转过程中均做周期性的扩大与缩小，从而实现气体的吸入、压缩和排出。制冷剂气体从静盘外侧开设的吸气孔进入动、静盘间最外圈的月牙形空间，随着动涡旋体的运动，气体被逐渐推向中心空间，其容积不断缩小而压力不断升高，从而实现了气体的压缩。在静盘顶部中心部位开有排气孔，当月牙形空间与中心排气孔相通时，高压气体被排出压缩机。

图 2-15　运动涡旋体（动盘）

图 2-16　固定涡旋体（静盘）

（2）工作过程　图 2-17 所示为涡旋式制冷压缩机的工作过程。在图 2-17（a）所示位置动盘中心 O_2 位于静盘中心 O_1 的右侧，涡旋密封啮合线在左右两侧，涡旋外圈部分刚好密封，此时最外圈两个月牙形空间充满气体，完成了吸气过程（阴影部分）。随着曲轴的旋转，动盘做回转平动，而动、静涡旋体仍保持良好的啮合，使外圈两个月牙形空间中的气体不断向中心推移，容积不断缩小，压力逐渐升高，进行压缩过程。图 2-17（b）~（f）为曲轴转角 θ 每间隔 120° 的压缩过程。当两个月牙形空间汇合成一个中心腔室并与排气孔相通时，压缩过程结束，如图 2-17（g）所示；并开始进入图 2-17（g）~（j）所示的排气过程。中心腔室的空间消失时，排气过程结束，如图 2-17（j）所示。图 2-17 中示出的涡旋圈数为三圈，最外圈两个封闭的月牙形工作腔完成一次压缩及排气的过程，曲轴旋转了三周（即曲轴转角 θ 为 1080°），涡旋体外圈分别开启和闭合三次，完成了三次吸气过程，也就是每当最外圈形成了两个封闭的月牙形空间并开始向中心推移成为内工作腔时，另一个新的吸气过程开始形成。因此，在涡旋式压缩机中，吸气、压缩、排气等过程是相继在不同的月牙形空间中同时进行的。外侧空间与吸气口相通，始终进行吸气过程；中心部位空间与排气孔相通，始终进行排气过程；中间的月牙形空间则一直在进行压缩过程。所以涡旋式制冷压缩机基本上是连续地吸气和排气，并且从吸气开始至排气结束需经动涡旋体的多次回转平动才能完成。

（3）涡旋式压缩机的特点　在制冷量相同的条件下，涡旋式压缩机与往复式压缩机及滚动转子式压缩机相比具有许多优点，可概括为效率高、振动小、噪声低、可靠性及寿命高等。

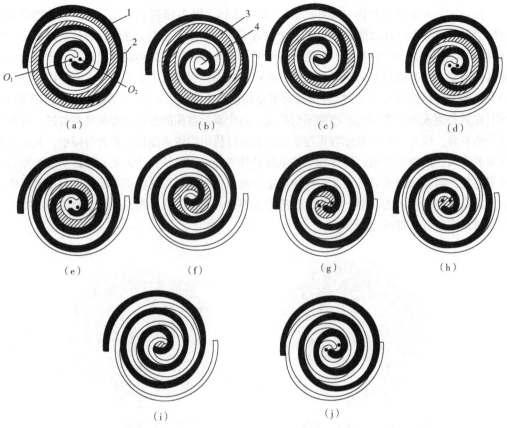

图2-17 涡旋式压缩机的工作过程
1—动涡旋体；2—静涡旋体；3—压缩腔；4—排气孔

1）效率高 涡旋式压缩机的吸气、压缩、排气过程是连续单向进行的，因而吸入气体的有害过热小，气体泄漏少；没有余隙容积中气体的膨胀过程，容积效率高，通常高达95%以上；动涡旋体上的所有点均以几毫米的回转半径做同步转动，所以运动速度低，摩擦损失小；没有吸气阀，也可以不设置排气阀，所以气流的流动损失小。涡旋式压缩机的效率比往复式约高10%。

2）力矩变化小、振动小、噪声低 因涡旋式压缩的压缩过程较慢，一对涡旋体中几个月牙形空间可同时进行压缩过程，故曲轴转矩变化小，涡旋式的转矩仅为滚动转子式和往复式的1/10，压缩机运转平稳；又因为涡旋式压缩机吸气、压缩、排气是连续进行的，所以进排气的压力脉动很小，于是振动和噪声都小。

3）结构简单、体积小、重量轻、可靠性高 涡旋式压缩机与滚动转子式压缩机及往复式压缩机的零件数目之比为1∶3∶7，体积比往复式压缩机小40%，质量轻15%；又由于没有吸气阀和排气阀，易损零件少，加之有轴向、径向间隙可调的柔性机构，能避免液击造成的损失及破坏，即使在高转速下运行也能保持高效率和高可靠性，其最高转速可达1300r/min。

涡旋式压缩机的缺点是需要高精度的加工设备、检验设备和精确的装配技术，制造成本和价格高于其他类型的压缩机。

（4）涡旋式压缩机的结构

1）涡旋式压缩机的总体结构　总体上，涡旋式压缩机分为高压腔和低压腔两大类，视壳内处于排气压力还是吸气压力而定。两类压缩机各有其优势和缺陷，图 2-18 为这两类压缩机典型结构的示意图。

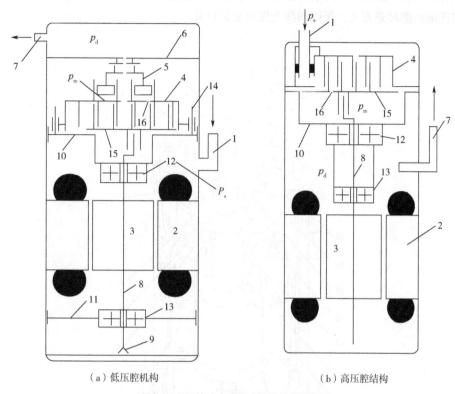

（a）低压腔机构　　　　　　　　　　　（b）高压腔结构

图2-18　涡旋式压缩机典型结构示意图

1—吸气管；2—定子；3—转子；4—固定涡旋盘；5—轴向浮动结构；6—隔板；7—排气管 8—轴承；9—油泵；10—机架；11—下轴承支架；12—上轴承；13—下轴承；14—滑动销；15—运动涡旋盘；16—中间压力孔；p_d—排气压力；p_m—中间压力；p_s—吸气压力

图 2-19 所示为在空调器中使用的全封闭涡旋式压缩机结构，其壳体内压力为排气压力。制冷剂气体从机壳顶部吸气管 1 直接进入涡旋体四周，被封在最外月牙形空间的气体，随着动涡旋体的回转平动而被内移压缩，压力逐渐升高；高压气体由静涡旋体 5 的中心排气孔 2 排入排气腔 4，并通过排气通道 6 被导入机壳下部去冷却电动机 11，且将润滑油分离出来，高压气体则由排气管 19 排出压缩机。采用排气冷却电动机的结构减少了吸气过热度，提高了压缩机的效率，又因机壳内是高压排出气体，使得排气压力脉动很小，因此振动和噪声都小。该机的主要结构仍然由静涡旋体、动涡旋体、曲轴、机座、十字连接环和机壳等组成。为了轴向力的平衡，在动涡旋体下方设有背压腔 8。背压腔由动涡旋体上的背压孔 17 引入处于吸排气压力之间的中间压力，由背压腔 8 内气体压力形成的轴向力和力矩作用在动涡旋体的底部，以平衡各月牙形空间内气体对动涡旋体所施加的轴向力和力矩，以便在涡旋体端部维持着最小的摩擦力和最小磨损的轴向密封。在曲柄销轴承处和曲轴通过机座处，装有转动密封

15，以保持背压腔与机壳间的密封。

　　该机的润滑系统采用压差供油方式。封闭机壳下部润滑油池12中的润滑油，经过滤器从曲轴中心油道进入中间压力室，又随被压缩气体经中心压缩室排到封闭的机壳中，在此期间润滑了涡旋型面，同时润滑了轴承14和16及十字连接环18等，也冷却了电动机。润滑油经过油气分离后流回油池，因为润滑油与气体的分离在机壳中进行，其分离效果好，而压差供油又与压缩机的转速无关，所以润滑及密封更加可靠。

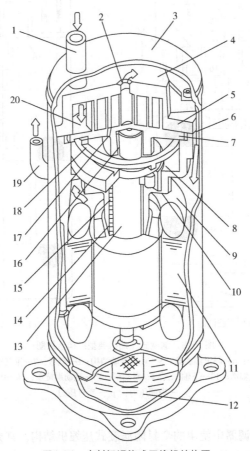

图2-19　全封闭涡旋式压缩机结构图

1—吸气管；2—排气孔；3—机壳；4—排气腔；5—静涡旋体；6—排气通道；7—动涡旋体；8—背压腔；9—电动机腔；10—机座；11—电动机；12—润滑油池；13—曲轴；14，16—轴承；15—密封；17—背压孔；18—十字连接环；19—排气管；20—吸气腔

　　图2-20所示为一台立式全封闭涡旋式压缩机的剖视图，其机壳内压力为吸气压力。该压缩机采用离心式油泵23供油，润滑油通过曲轴轴向的偏心油道22及曲轴17上的径向油孔分配到各润滑部位。为防止压缩机启动时油池中的油起泡形成的油雾大量进入压缩室，在机壳下部设有油雾阻止板21，以保持油池的油量。采用轴向推力轴承6承受轴向力。偏心套装置8用以调整动静涡旋体的径向间隙。涡旋体轴向密封是通过在涡旋体端面安装的密封条37实现的。

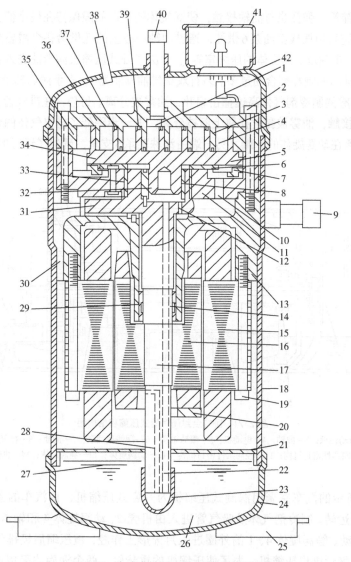

图 2-20 立式全封闭涡旋式压缩机的剖视图

1,28—排气孔；2,19—螺栓；3—静涡旋体；4—压缩室；5—动涡旋体；6—推力轴承；7—十字连接环；8—偏心套装置；9—吸气管；10—排油孔；11—主轴承座；12,14—油孔；13—辅轴承座；15—电动机定子；16—电动机转子；17—曲轴；18—机壳；20—曲轴的平衡块；21—油雾阻止板；22—偏心油道；23—油泵；24—下盖；25—支脚；26—油池；27—润滑油；29—辅轴承；30—排油；31—曲轴的平衡块；32—动涡旋体轴销；33—主轴承；34—底板；35—吸气孔；36—端板；37—密封条；38—工艺管；39—密封槽；40—排气管；41—连接箱；42—上盖

图 2-21 所示是一台卧式全封闭涡旋式压缩机，它适用于压缩机高度受到限制的机组。制冷剂气体直接由吸气管 1 进入涡旋体外部空间，经压缩后由排气孔通过排气阀 15 排入机壳，冷却电动机后经排气管 8 排出。该机的特点是：采用高压机壳及降低吸气过热并控制排气管中润滑油的排放。为防止自转采用十字连接环机构，它安装在动涡旋体与主轴承之间；轴向柔性密封机构 10 由止推环和一个波形弹簧构成，波形弹簧置于十字连接环内部。该机构可以防止液击，也可使动涡旋体型线端部采用的尖端沟槽密封更可靠。径向柔性密封机构 11 采用滑动轴套结构，在曲轴最上端端面开有长方形孔，其内装有偏心轴承（即滑动轴套），并在孔

的内部压一个弹簧，弹簧也与曲轴接触，使涡旋体的径向间隙保持在最小值，减少气体周向泄漏。润滑系统采用摆线型油泵6供油，通过曲轴中心上的孔供给各个需要润滑和密封的部位（偏心轴承、主轴承、涡旋体的压缩室等），解决了卧式压缩机润滑油进入各润滑部位的困难，也避免了排出的制冷剂含油过多。装有双重排油抑制器9，支承滚珠轴承5的隔板是带风扇形的板，含油雾的制冷剂气体高速撞击扇叶，油雾被分离。另外，在排气管上装有罩，制冷剂气体与罩相接触，油雾被黏附在罩上而被分离，进一步降低了排出气体的含油量。曲轴由滑动轴承2支承在动涡旋体的一端，另一端由滚珠轴承5支承，确保了运行的平稳。

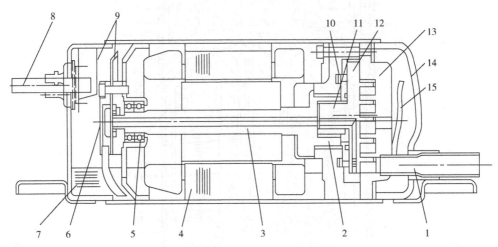

图2-21　卧式全封闭涡旋式压缩机结构图

1—吸气管；2—滑动轴承；3—曲轴；4—电动机；5—滚珠轴承；6—摆线型油泵；7—油池；8—排气管；9—双重排油抑制器；10—轴向柔性密封机构；11—径向柔性密封机构；12—动涡旋体；13—静涡旋体；14—机壳；15—排气阀

图2-22所示的汽车空调用涡旋式压缩机为开启式压缩机，由汽车的主发动机通过带轮驱动压缩机运转。制冷剂气体从吸气管进入由机壳2、动涡旋体4和轴承座12组成的吸气腔，然后经动、静涡旋体4、1的外圈进入月牙形工作腔，被压缩后经排气阀3排入排气腔，再通过排气管排出压缩机。为了使压缩机的重量轻，两个涡旋体采用铝合金制造，动涡旋体的涡旋体和内端面经硬质阳极发蓝处理，确保其耐磨性；静涡旋体的内端面镶嵌耐磨板，以防动涡旋体顶端密封将其磨损。采用径向柔性密封机构5调节两个涡旋体间的径向间隙，以确保径向密封减少周向泄漏；球形连接器13一方面承受作用于动涡旋体上的轴向力，另一方面防止动涡旋体的自转；设置排气阀是为了防止高压气体回流导致效率降低，及防止电磁离合器9脱开时曲轴倒转，也可以适应变工况运行；轴封11为双唇式，位于两个轴承之间，辅轴承10采用油脂润滑，主轴承7和涡旋体的润滑是依靠吸入气体内所含的润滑油。

2) 喷气增焓涡旋式压缩机　喷气增焓技术就是为了解决空调器在寒冷地区冬季制热时制热量不足、效率低下、排气温度过高等问题而开发出来的一种技术。图2-23所示为谷轮公司开发的喷气增焓涡旋式压缩机结构图。这种压缩机上开有一蒸气喷气口（辅助进气口）位于压缩过程中间的某个位置，可以将处于某一中间压力和中间温度的制冷剂气体引入压缩机。

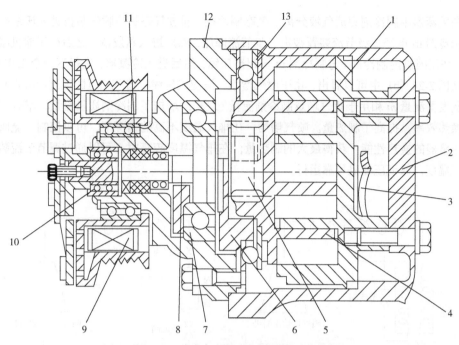

图2-22　汽车空调用涡旋式压缩机结构图

1—静涡旋体；2—机壳；3—排气阀；4—动涡旋体；5—径向柔性密封机构；6—平衡块；7—主轴承；8—曲轴；9—电磁离合器；10—辅轴承；　11—轴封；12—轴承座；13—球形连接器

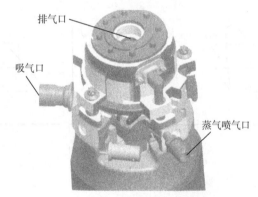

图2-23　喷气增焓涡旋式压缩机结构图

这种压缩机的制冷系统也需要做相应的改变。典型的喷气增焓系统有两种类型：经济器系统和闪发器系统，如图2-24（a）所示。

在使用经济器的系统中，从冷凝器出来的制冷剂分为两部分，一部分是制冷剂 m，另一部分是用于喷气增焓的制冷剂 i。制冷剂 m 直接进入经济器，而制冷剂 i 必须通过节流装置降压后进入同一经济器。两部分制冷剂在经济器中进行热交换，制冷剂 m 通过向制冷剂 i 释放热量成为过冷制冷剂，然后经节流装置节流降压，再进入蒸发器蒸发被压缩机吸气口吸入。制冷剂 i 在经济器中吸收制冷剂 m 释放的热量，温度升高，焓值增加，通过气态制冷喷气装置与制冷剂 m 混合，再一起被压缩后，进入冷凝器，进行下一个工作循环。

在使用闪蒸器的系统中，从冷凝器出来的制冷剂都进入一级节流装置降压后进入闪蒸器。在闪蒸器中制冷剂完成气液分离，气态制冷剂 i 通过气态制冷喷气装置进入压缩机；而液态制冷剂 m 再经二级节流装置被进一步节流降压，然后进入蒸发器，之后被压缩机吸气口吸入。在压缩机内制冷剂 i 与制冷剂 m 一起被压缩，然后进入冷凝器，进行下一个工作循环。

从图 2-24（b）中可以看出，由于喷气增焓，涡旋式压缩机排气口（即经过冷凝器）的流量为蒸发器流量 m 和用于喷气增焓制冷剂流量 i 之和，增加了制冷剂质量流量，增强了冷凝器的换热效率，提高了制热量。喷气增焓，在排气温度不高的情况下，可以控制节流阀优化中间经济器的换热性能，获得最大的制热量；在排气温度较高时，可以通过调节节流装置控制排气温度，保证压缩机可靠运行。

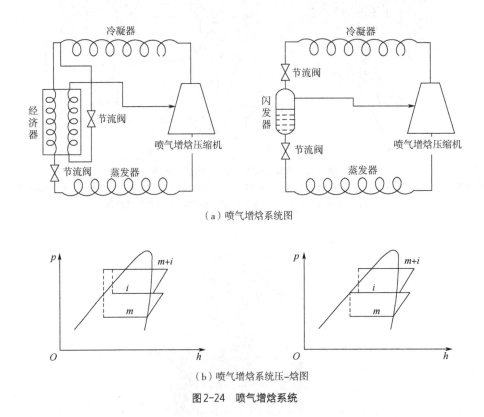

（a）喷气增焓系统图

（b）喷气增焓系统压-焓图

图2-24　喷气增焓系统

2.3.1.6　螺杆式压缩机

（1）双螺杆式压缩机　双螺杆压缩机是一种容积型回转式压缩机，结构简单、紧凑，易损件少，在高压缩比工况下容积效率高。但由于目前大都采用喷油式螺杆压缩机，润滑系统比较复杂，辅助设备较大。

1）双螺杆式压缩机的基本结构　半封闭双螺杆式压缩机的基本结构如图 2-25 所示。主要部件是：阳、阴转子，机体，轴承，平衡活塞及能量调节装置。压缩机的工作气缸容积由转子齿槽与气缸体、吸排气端座构成。吸气端座和气缸体的壁面上开有吸气口（分轴向吸气口和径向吸气口），排气端座和气缸体内壁上也开有排气口，而不像活塞式压缩机那样设吸气、排气阀。压差供油是利用排气压力和轴承处压力的差来供油的，不设置油泵，简化了润滑供油系统。喷油的作用是冷却气缸壁、降低排温、润滑转子，并在转子及气缸壁面之间形成油膜密封。螺杆式压缩机运转时，由于转子上作用着轴向力，必须采用平衡措施，通常在两转子的轴上设置推力轴承。径向轴承3采用圆柱轴承，推力轴承4则用滚子推力轴承来承受转子轴向推力。由于滚动轴承的间隙比滚动轴承小，从而能减小转子啮合间隙，减少泄漏损失。吸入气体先经过电动机15，冷却了电动机后再进入气缸被压缩排出。在排气壳内设置除油雾器5，将油滴从气体中分离出来，因此不需要在系统中另设油分离器。采用移动滑阀方式进行压缩机输气量无级调节。

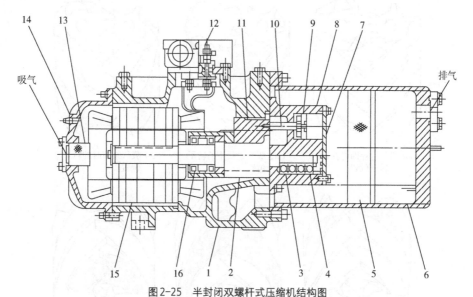

图2-25　半封闭双螺杆式压缩机结构图

1—主机体；2—转子；3—轴承；4—主轴承；5—除油雾器；6—排气壳；7—端面盖板；8—排气侧盖；9—油活塞；10—活塞体；11—滑阀；12—接线柱；13—吸气过滤器；14—电动机盖；15—电动机；16—轴承

2）工作原理　螺杆式（双螺杆）压缩机转子的齿相当于活塞，转子的齿槽、机体的内壁面和两端端盖等共同构成的工作容积，相当于活塞式压缩机的气缸。机体的两端设有呈对角线布置的吸、排气孔口。随着转子在机体内的旋转运动，使工作容积由于齿的侵入或脱开而不断发生变化，从而周期性地改变转子每对齿槽间的容积，来达到吸气、压缩和排气的目的。互相啮合的转子，在每个运动周期内，分别有若干个相同的工作容积依次进行相同的工作过程，这一工作容积，称为基元容积。它由转子中的一对齿面、机体内壁面和端盖形成，只需研究其中一个工作容积的整个工作循环，就能了解压缩机工作的全貌。

螺杆式制冷压缩机的运转过程从吸气过程开始，然后气体在密封的基元容积中被压缩，最后由排气孔口排出。因此，工作过程可以分为吸气、压缩和排气三个过程，如图2-26所示。阴、阳转子和机体之间形成的呈V字形的一对齿间容积（基元容积）的大小，随转子的旋转而变化，同时，其空间位置也不断移动。

① 吸气过程　图2-26（a）~（c）所示为压缩机吸气过程即将开始、吸气进行中和吸气结束时转子的位置。阳转子按逆时针方向旋转，阴转子按顺时针方向旋转，图中的转子端面是吸气端面。压缩机转子旋转时，阳转子的一个齿连续地脱离阴转子的一个齿槽，齿间容积逐渐扩大，并和吸气孔口连通；气体经吸气孔口进齿间容积，直到齿间容积达到最大值时，

与吸气孔口断开，齿间容积封闭，吸气过程结束。图 2-26（a）所示为吸气开始时刻，在这一时刻，这一对齿前端的型线完全啮合，且即将与吸气孔口连通。随着转子继续运转，由于齿的一端逐渐脱离啮合而形成了齿间容积，并进一步扩大，形成一定的真空，气体在压差作用下流入齿间容积，如图 2-26（b）阴影部分所示。图 2-26（c）所示状态是齿间容积达到最大，齿间容积在此位置与吸气口断开，吸气过程结束。

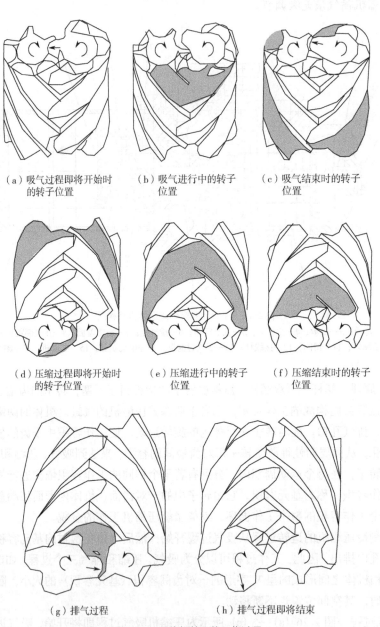

（a）吸气过程即将开始时 　（b）吸气进行中的转子 　（c）吸气结束时的转子
　　的转子位置　　　　　　　　　位置　　　　　　　　　　位置

（d）压缩过程即将开始时 　（e）压缩进行中的转子 　（f）压缩结束时的转子
　　的转子位置　　　　　　　　　位置　　　　　　　　　　位置

（g）排气过程　　　　　　　　（h）排气过程即将结束

图 2-26　压缩机转子的工作过程

　　② 压缩过程　图 2-26（d）～（f）所示是压缩过程即将开始、压缩进行中和压缩结束时转子的位置，图中转子端面是排气端面。吸气结束，压缩机的转子继续旋转，在阴、阳转子

齿间容积连通之前，阳转子齿间容积中的气体，受阴转子齿的侵入开始压缩，如图 2-26（d）所示；经某一转角后，阴、阳转子齿间容积连通，形成"V"字形的齿间容积对（基元容积），随两转子齿的互相挤入，基元容积被逐渐推移，容积也逐渐缩小，实现气体的压缩过程，如图 2-26（e）所示；压缩过程直到基元容积与排气孔口相连通时为止，如图 2-26（f）所示，此刻排气过程开始。

③ 排气过程　图 2-26（g）、(h) 所示是压缩机的排气过程。齿间容积与排气孔连通后，排气即将开始。随着转子旋转时基元容积不断缩小，将压缩后气体送到排气管，如图 2-26（g）所示。此排气过程延续到该容积最小时为止，也就是齿末端的型线完全啮合，封闭的齿间容积为零。

随着转子的连续旋转，上述吸气、压缩、排气过程循环进行，各基元容积依次陆续工作，构成了螺杆式制冷压缩机的工作循环。

从以上过程的分析可知，两转子转向互相迎合的一侧，即凸齿与凹齿彼此迎合嵌入的一侧，气体受压缩并形成较高压力，称为高压力区；相反，螺杆转向彼此相背离的一侧，即凸齿与凹齿彼此脱开的一侧，齿间容积扩大形成较低压力，称为低压力区。此两区域借助于机壳、转子相互啮合的接触线而隔开，可以粗略地认为两转子的轴线平面是高、低压力区的分界面。另外，由于吸气基元容积内的气体随转子旋转，由吸气端向排气端做螺旋运动，因此吸气、排气孔口要呈对角线布置。吸气孔口位于低压力区的端部，排气孔口位于高压力区的端部。

（2）单螺杆式压缩机　单螺杆式压缩机又称为蜗杆式压缩机，最早由法国的辛麦恩（Zimmern）提出，由于具有结构简单、零部件少、重量轻、效率高、振动小和噪声低等优点，开始用于空压机。20 世纪 70 年代中期，荷兰 Grasso-SeaCon BV 公司成功地把单螺杆式压缩机研制成型号为 MS10 的制冷压缩机后，很快在中小型制冷空调和热泵装置上得到应用。目前，单螺杆式压缩机有开启式和半封闭式两种，电动机匹配功率为 20 ~ 1000kW。

1）工作原理　开启式单螺杆压缩机的结构如图 2-27 所示。单螺杆转子 1 的齿间凹槽、星轮 3 和气缸内壁组成一独立的基元容积，犹如往复式压缩机的气缸容积，转动的星轮齿片

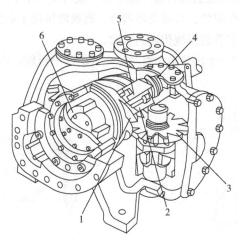

图 2-27　开启式单螺杆压缩机结构

1—螺杆转子；2—内容积比调节滑阀；3—星轮；4—轴封；5—输气量调节滑阀；6—轴承

作为活塞，随着转子和星轮不断移动，基元容积的大小周期性变化。单螺杆式压缩机也没有吸排气阀，其工作过程如图 2-28 所示。图 2-28（a）是吸气过程，阴影齿槽表示制冷剂已经充满该基元容积，这时该基元容积的转子齿槽吸气端进气口与吸气腔相通，并且处于吸气即将终了状态。当螺杆转子继续转动时，星轮的齿片和转子齿槽相啮合，隔开吸气腔，吸气结束。图 2-28（b）是压缩过程，随着转子旋转，基元容积也做旋转运动，星轮齿片相对地往排气端推移，阴影的基元容积连续缩小，气体被压缩而压力提高，直至基元容积与排气口刚要接通为止。在压缩过程中，吸入一定量的润滑油，以达到密封、冷却和润滑等目的。图 2-28（c）是排气过程，其阴影部分基元容积同径向和轴向排气孔相通，此时，转子旋转，基元容积继续变小，但里面气体压力不会提高，仅把气体送到排气管道，直至容积中气体排尽为止。

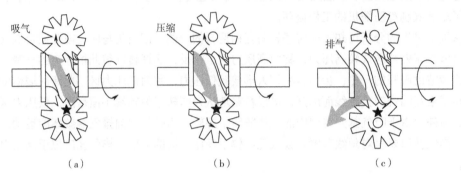

图2-28　单螺杆式压缩机的工作原理图

由上述可知，单螺杆式压缩机同双螺杆式压缩机的相同之处是内压缩终了的压力往往会小于或大于排气压力，造成内压缩不足，多消耗了一部分功。单螺杆式压缩机与双螺杆式压缩机的不同之处是两侧对称配置的星轮分别构成双工作腔，各自完成吸气、压缩和排气工作过程，所以单螺杆式压缩机一个基元容积在转子旋转一周内完成两个吸气、压缩和排气工作过程。

2）单螺杆式压缩机的优点

① 螺杆转子齿数与相匹配的星轮齿片数之比一般为 6∶11，这样减少了排气脉动，从而使排气平稳；加上左右两个星轮，造成交替啮合，有效地排出了正弦波。与双螺杆压缩机相比，降低了噪声和气体通过管道系统传递的振动。

② 单螺杆压缩机具有一个转子和左右对称布置的两个星轮。由图 2-29 可见，转子两端

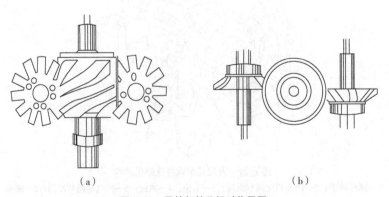

图2-29　星轮与转子相对位置图

受到大小几乎相等、方向相反的轴向力，省去了转子平衡活塞；单螺杆式压缩机转子两侧的星轮使转子的径向力相互平衡，这样几乎消除了轴承的磨损。而双螺杆压缩机转子受到较大的轴向力和径向力，造成转子端面磨损和轴承磨损。

③ 星轮齿片与转子齿槽相互啮合，不受气体压力引起的传递动力作用，因此可用密封性和润滑性好的树脂材料，使得星轮齿片与转子齿槽啮合间隙接近零，减少压缩过程中的内泄漏和外泄漏，从而提高容积效率和降低输入功率。

④ 螺杆转子旋转一周可完成两次压缩过程，压缩速度快，泄漏时间短，有利于提高容积效率。

2.3.1.7 离心式压缩机

（1）特点　离心式压缩机是一种速度型压缩机，具有适应温度范围宽广、清洁无污染、安装操作简便、效率高等优点。离心式压缩机多应用在 1000～4500kW 容量以上的中、大型空气调节系统和石油化学工业中。离心式压缩机具有以下特点：

① 与容积式压缩机相比，在具有相同输出能力时，其外形尺寸小、重量轻、占地面积小。

② 运转时惯性力小、振动小，故基础简单。目前在小型组装式离心机组中应用的单级高速离心式压缩机，压缩机组可直接安装在单筒式的蒸发器/冷凝器之上，无需另外设计基础，安装方便。

③ 离心式压缩机中的易磨损零、部件很少，连续运转时间长，维护周期长，使用寿命长，维修费用低。

④ 容易实现多级压缩和多种蒸发温度。采用中间抽气时，压缩机能得到较好的中间冷却，减少功耗。

⑤ 工作时，制冷剂中混入的润滑油极少，所压缩的气体一般不会被润滑油污染，同时提高了冷却器的传热性能，并且可以省去油分离装置。

⑥ 离心式压缩机运行的自动化程度高，可以实现制热和制冷量的自动调节，调节范围大，节能效果较好。

（2）结构及工作过程　单级离心式压缩机结构示意图如图 2-30 所示。离心式压缩机主要由吸气室、叶轮、扩压器、弯道、回流器、蜗壳、主轴、轴承、机体及轴封等零件构成。叶轮是压缩机中最重要的部件。叶轮的结构如图 2-31 所示，通常由轮盘 3、轮盖 2 和叶片 4 组成。轮盖通过多条叶片与固定在主轴 1 上的轮盘连接，形成多条气流通道。气流在叶轮中的流动是一个复合运动，气体在叶轮进口外的流向基本是轴向的，进入叶片入口时转为径向。离心式压缩机和容积式压缩机的不同在于它不是靠工作容积减小提高气体的压力，而是利用旋转着的叶轮对气体做功，把能量传递给连续流动的工质蒸气，依靠工质蒸气本身的动能变化来提高气体的压力。工作时，电动机通过增速箱带动主轴高速旋转，从蒸发器出来的工质蒸气经吸气室进入由叶片构成的叶

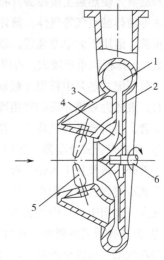

图 2-30　单级离心式压缩机结构示意图
1—蜗壳；2—扩压器；3—机体；4—叶轮；5—导流叶片能量调节装置；6—主轴

轮通道。由于叶片的高速旋转产生离心力作用，将工质气体自叶轮中心向四周抛出，致使叶轮进口处形成低压，气体不断被吸入。叶轮使气体获得动能和压力能，流速和压力得到提高。高速气流进入通流截面逐渐扩大的扩压器，气流逐渐减速而增压，即将气体的动能转化为压力能，压力进一步增大。当被压缩的气体从扩压器流出后，蜗室将气体汇集起来，由排气管输送到冷凝器中去，完成压缩过程。

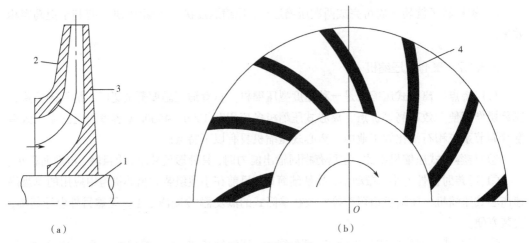

（a）　　　　　　　　　　　　　（b）

图2-31　叶轮结构图

1—主轴；2—轮盖；3—轮盘；4—叶片

2.3.2　蒸气压缩式热泵换热器

2.3.2.1　冷凝器

冷凝器是使热泵工质冷凝并将热量通过高温载热介质输送给热用户的部件，其载热介质可为水等液体或空气等气体。液体为载热介质时，传热系数高，结构紧凑，但需防腐防垢且定期清洗，适用于大中型装置。以气体为载热介质时，不需消耗水，安装与使用方便，但传热系数低，体积和重量较大，占用空间大，传热表面积灰也需定期清除，适用于中小型装置。

蒸气压缩式热泵中常用冷凝器的基本特点如下。

（1）液体为载热介质的常用冷凝器　液体为载热介质的冷凝器中，液体一般为水，但在部分场合，也可能是有机液体、盐类溶液等。

① 立式壳管式冷凝器　多用于氨为工质的热泵中，适于立式安装（可装于室外），热泵工质走管外，蒸气从上入壳，液体从下出壳；水走管内，由上向下，在管内成膜状流动。立式壳管式冷凝器占地面积小，传热管容易清洗，但水流量大，传热系数低于卧式，体积通常较卧式大，多用于大、中型装置。

② 卧式壳管式冷凝器　热泵工质通常走管外，上进下出；水通常走管内，下进上出，且水一般在内部走偶数个流程（4～10个），便于取下一侧端盖进行清洗和维护。传热管可为光管或外翅片管（如滚轧低翅片管，即螺旋管，管内外面积比为3左右）。部分低翅片传热管参数如表2-10所示。

表2-10 卧式壳管式冷凝器中低翅片传热管的参数

坯管直径×壁厚/mm	翅片节距/mm	翅片厚度/mm	翅片高度/mm	基管内直径/mm	基管外直径/mm	翅顶圆直径/mm	斜翅倾角/(°)	每米管长管外总面积/m²	换热增强系数
$\phi16\times1.5$	1.25	0.223	1.50	11.0	12.86	15.86	—	0.150	1.350
$\phi16\times1.5$	1.50	0.350	1.50	11.0	13.00	16.00	—	0.131	1.347
$\phi16\times1.5$	1.20	0.400	1.35	10.4	12.40	15.10	—	0.139	1.384
$\phi19\times1.5$	1.10	0.250	1.50	14.0	15.90	18.90	20	0.179	1.480
$\phi19\times1.5$	1.34	0.250	1.45	14.0	15.85	18.75	20	0.152	1.457

以氨作为工质的卧式冷凝器传热管常用 $\phi25\sim32$mm 无缝钢管，水速 $0.8\sim1.5$m/s 时，传热系数为 $930\sim1160$W/($m^2\cdot K$)，热流密度为 $4100\sim5300$W/m^2。以氟利昂作为工质的卧式冷凝器传热管可采用钢管或铜管，用铜管时传热系数可提高约 10%，铜管在外侧加翅片后，传热系数约为光管的 $1.5\sim2$ 倍；此外，采用铜管时水侧污垢热阻约为钢管的一半，水流速可提高到 2.5m/s 以上。

卧式壳管式冷凝器中，水侧温升 $4\sim6$℃；热泵工质与水的传热温差当以氨作为工质时约 $3\sim7$℃，以氟利昂作为工质时为 $5\sim10$℃。

③ 套管式冷凝器　套管式冷凝器由外套管内布置一根或多根传热内管组合而成。套管式冷凝器的外管多用无缝钢管，内管可用铜管或钢管；内管的数目多于 1 根时，可加工成螺旋形以强化传热。部分套管式冷凝器（氟利昂工质）的组合规格如表2-11所示。

表2-11　部分氟利昂工质套管式冷凝器的组合规格　　　　　　　　　　　　　　　　单位：mm

外管（无缝钢管）	内管（纯铜管或低螺纹管）
$\phi25\times2.0$	$\phi12\times1.0$，1根
$\phi32\times2.5$	$\phi16\times1.5$，1根或 $\phi9.52\times0.35$，3根
$\phi51\times3.0$	$\phi16\times1.5$，3根或 $\phi9.52\times0.35$，7根

热泵工质通常在内管与外管之间的环形空间里流动，上入下出；水在内管中流动，下入上出，多为逆流布置。套管式冷凝器的传热系数高、结构紧凑、制造简单、价格较低。逆流布置使热泵工质出冷凝器过冷度大，水温升大，但清洗困难，下部管间充满工质液体，传热面积得不到充分利用。传热管较长时，热泵工质及水侧流动阻力较大，必要时可几个套管式换热器并联。

④ 板式冷凝器　由不同板状传热表面焊接或压紧（热泵工质通道必须焊接，载热介质通道可焊接或胶垫密封）组成，板间分别形成工质通道和水通道。承压能力一般不超过 4MPa，焊接板式（焊接+胶垫密封）换热器使用温度约为-40~120℃，钎焊板式（全焊接）换热器使用温度约为-160~225℃。

热负荷和操作参数相同时，其传热系数约为壳管式冷凝器的 $1.1\sim1.7$ 倍（流道的当量直径小，流动扰动大，较小雷诺数时即可形成紊流），工质蓄存量约为壳管式冷凝器的 20%~

40%，重量约为相同传热面积壳管式换热器的25%，且结构紧凑、体积小、组合灵活。但板片制造要求高、造价较高，板片之间间隙较小，对载热介质侧水质要求高，且需注意温度较高时可能较易产生水垢、堵塞等问题。

⑤ 螺旋板式冷凝器 螺旋板式冷凝器的螺旋本体由两张平行的钢板卷制而成，构成一对同心的螺旋通道。中心部分用隔板将两个通道隔开，两端用密封条焊住或装有可拆卸的封头，最外一圈通道端部焊上渐扩形进水管（以氟利昂作为工质时可用铜板卷制，为增强承压能力，外侧一般焊有钢板壳体）。水从螺旋板外侧接管切向进入，与工质流向相反，由外向中心做螺旋运动，最后由中间接管流出。工质蒸气由中央上端进气管进入，由中心向外做螺旋形流动，冷凝后液体由底部出液支管汇集到出液总管排出。

与卧式壳管式冷凝器相比，螺旋式冷凝器具有较好的传热效果，以氨作为工质在相同流速时传热系数约提高50%；以氟利昂作为工质的鼓泡式螺旋板式冷凝器传热系数可达2300W/（m²·K）以上，其结构紧凑、体积小，铜材消耗可减少27%，钢材消耗可减少51%，总重量可减少42%，但其内部泄漏后不易发现，维修困难，承压能力较差，水侧阻力也较大。

⑥ 沉浸式冷凝器 沉浸式冷凝器也称水箱式冷凝器，通常由盘管和水箱组成，盘管沉浸在盛有水的容器内。热泵工质在管内流动，通常上进下出；水在管外流动，可为自然对流或通过搅拌、循环、鼓泡等方式强化。箱中水的流速为0.2~0.4m/s时，传热系数约为200~400W/（m²·K）。沉浸式冷凝器的动力消耗少，有一定蓄能作用，结构简单、制造方便，但传热系数较低，占用空间较大，传热管材料消耗多。

（2）气体为载热介质的常用冷凝器 气体为载热介质的冷凝器中，气体一般为空气，但在某些场合，如热泵干燥装置中，也可能是氮气等。

① 强制对流式冷凝器 强制对流式冷凝器多为翅片管式，气体走翅片侧，热泵工质走管内，翅化系数（单位长度传热管翅片侧传热面积与管内表面积之比）约20。

传热管一般为铜管，直径为6~19mm，壁厚0.3~1.0mm；翅片一般为铝片，片厚0.1~0.4mm，片距2~4mm。部分传热管及翅片规格如表2-12所示。

表2-12 部分翅片管结构参数 单位：mm

纯铜内螺纹管规格	翅片厚度	翅片节距	纯铜内螺纹管规格	翅片厚度	翅片节距
$\phi 7 \times 0.42$	0.15~0.20	1.8~2.2	$\phi 12.7 \times 0.80$	0.20~0.30	2.2~3.0
$\phi 9.52 \times 0.50$	0.15~0.20	1.8~2.2	$\phi 15.8 \times 1.0$	0.20~0.30	2.2~3.5

翅片管换热器的传热管布置可顺排或叉排（叉排时多采用正三角形排列），管间距约为传热管外径的2.5倍（传热管直径10mm时，管间距25mm；传热管直径12mm时，管间距35mm）；通常用轴流风机使空气吹过翅片管，沿空气流动方向的管排数为2~8排。

空气进入冷凝器的迎面风速为1.5~3.5m/s，进出口温差约8~10℃，工质冷凝温度与空气进口温度之差约15℃，热泵工质与载热介质之间的平均传热温差为10~15℃，传热系数为25~50W/（m²·K）。

翅片管式换热器结构简单，维护工作少，不消耗水，不需水配管，可装于室外，节省机房面积，但体积大，热泵工质与载热介质间的传热温差大，风机及翅片表面需定期维护。

② 自然对流式冷凝器　自然对流式冷凝器有竖管式、横管式、平板式、丝管式等形式，工质在管内流动，空气在管外自然循环。丝管式在传热管两侧焊有直径1.4～1.6mm的钢丝，钢丝间距4～10mm，钢丝方向与热空气上升方向一致；传热管可为复合钢管（钢管外面镀铜），传热系数可达 15～18W/（m²·K）。

空气自然对流式冷凝器不消耗水，无噪声，不需动力，但传热面积大，热泵工质流动阻力大，热泵工质与载热介质间也需有较大的传热温差。

典型冷凝器的传热系数和热流密度推荐值见表2-13。

表2-13　典型冷凝器的传热系数和热流密度推荐值

工质	形式	传热系数/[W/(m²·K)]	热流密度/(W/m²)	相应条件
氨	立式水冷凝器	700～900	3500～4000	（1）水温升 ΔT_W=2～3℃ （2）传热温差 ΔT_M=4～6℃ （3）单位面积水量1～1.7m³/(m²·h) （4）传热管为光钢管
	卧式水冷凝器	800～1100	4000～5000	（1）水温升 ΔT_W=4～6℃ （2）传热温差 ΔT_M=4～6℃ （3）单位面积水量0.5～0.9m³/(m²·h) （4）水速 V_F=0.8～1.5m/s （5）传热管为光钢管
	套管式水冷凝器	930～1050	3500～4100	传热温差 ΔT_M=4～6℃
	板式水冷凝器	2000～2300		（1）使用焊接板式或经特殊处理的钎焊板式 （2）板片为不锈钢片 （3）水速 V_F=0.2～0.6m/s
	螺旋板式水冷凝器	1400～1600	7000～9000	（1）水温升 ΔT_W=3～5℃ （2）传热温差 ΔT_M=4～6℃ （3）水速 V_F=0.6～1.4m/s
	空气为载热介质	14～35	140～350	
氟利昂	卧式壳管式水冷凝器	800～1200（R22、R134a、R404A）（以翅片管表面积计算；采取强化传热管等措施后可达1400～1600）	5000～8000	（1）水温升 ΔT_W=4～6℃ （2）传热温差 ΔT_M=7～9℃ （3）水速 V_F=1.5～2.5m/s （4）低肋铜管，肋化系数≥3.5
	套管式水冷凝器	800～1200（R22、R134a、R404A）	7500～10000	（1）水速 V_F=1～2m/s （2）传热温差 ΔT_M=8～11℃ （3）低肋铜管，肋化系数≥3.5
		1050～1450（R22）	8000～12000	（1）管内水流速 V_F=2～3m/s （2）水进出口温差 ΔT_W=8～11℃ （3）低肋铜管，肋化系数≥3.5

工质	形式		传热系数/ [W/(m²·K)]	热流密度 /(W/m²)	相应条件
氟利昂	板式水冷凝器		1800～2500 （R22、R134a、 R404A）		（1）钎焊板式 （2）板片为不锈钢片 （3）水速 V_f=0.2～0.6m/s
	空气介质	自然对流	6～10	45～85	
		强制对流	30～40 （以翅片管外表面积计算）	250～300	（1）迎风风速 V_f=2.5～3.5m/s （2）迎风温差 ΔT_M=8～12℃ （3）铝平翅片套铜管 （4）冷凝温度与进风温度≥15℃

注：表中所列传热系数值，除括号内注明外，均以工质侧表面积为基准。

2.3.2.2 蒸发器

（1）液体为载热介质的蒸发器

① 满液式壳管式蒸发器 满液式壳管式蒸发器通常为卧式，热泵工质在管外，下入上出；载热介质在管内，下入上出，一般为多程式。

壳程中的工质液体充满高度，当以氨作为工质时约为壳体直径的 70%～80%；当以氟利昂作为工质时约为壳体直径的 55%～65%。上部空间用于气液分离，或设置专门的分离器，壳体长径比约为 4～8。

管程中的传热管以氨作为工质时多用无缝钢管，以氟利昂作为工质时用铜管，通常外加翅片（低翅螺纹管）。传热管为光管、管内载热介质流速约 1.0～1.5m/s 时，传热系数约 460～520W/（m²·℃），热流密度为 2300～2600W/m²；传热管为低翅螺纹管、管内载热介质流速为 2～2.5m/s 时，传热系数约 520～800W/（m²·℃）。满液式蒸发器中热泵工质与传热面接触充分，传热系数较高，流动阻力小，清洗方便，但工质充注量大，液态热泵工质产生的静液柱会使下部管外的蒸发温度升高，工质与润滑油互溶时润滑油回油困难，不宜应用在车、船等移动场合，载热介质易冻结且可能使传热管胀裂损坏。

② 干式壳管式蒸发器 干式壳管式蒸发器一般为卧式，热泵工质在管内流动，下入上出，且在管内全部蒸发完；载热介质在管外壳侧流动，进出口多在同一侧（如均在壳的上侧）。

传热管为直管时，多采用内翅（纵翅）紫铜管；为 U 形管时，可采用小直径光管。管内工质流速高，润滑油不易在蒸发器内积聚，工质侧传热效果好。由于工质在蒸发过程中体积不断增大，后一流程的管路数应逐步递增。管程数一般为偶数，当采用直管时，需注意在端部转变时气液分离可能使下一管程中各管中工质流量分布不均。干式蒸发器中管内工质液量约为管内容积的 20%～30%。以外表面计算的传热系数，铝翅芯直管可达 1150～1400W/（m²·℃），小直径光管可达 1040～1150W/（m²·℃），小直径内螺纹管可达 1200～1800W/（m²·℃）。

对干式蒸发器而言，影响传热的主要热阻在管内的热泵工质侧，因此，可在管内采用微细内翅方法进行强化。内翅通常为纵翅，但沿管轴线方向有一定的螺旋角。在中小型装置中，管内沿内圆一周的微翅数目约为 60 ~ 70，翅高（翅顶与翅根的半径差）约 0.1 ~ 0.2mm，螺旋角约 10° ~ 30°。与光管相比，具有内翅片的强化管内的工质蒸发换热系数可增加 2 ~ 3 倍，压降则只增加 1 ~ 2 倍，强化效果明显，而管重量增加很少，单位传热负荷的成本降低，且可用于干式壳管式蒸发器、空气强制对流翅片管式蒸发器等不同蒸发器。典型微翅管的几何参数如表 2-14 所示。

表2-14　典型微翅管的几何参数

几何参数	ϕ12.7mm管				ϕ9.52mm管		
	光管	微翅管一	微翅管二	微翅管三	微翅管一	微翅管二	微翅管三
D_o/mm	12.7	12.7	12.7	12.7	9.52	9.52	9.52
D_{max}/mm	10.9	11.7	11.7	11.7	8.92	8.92	8.92
δ_T/mm	0.90	0.50	0.50	0.50	0.30	0.30	0.30
H_b/mm	—	0.30	0.20	0.15	0.20	0.16	0.15
N	—	60	70	60	60	60	60
β/ (°)	—	18	15	25	18	15	25
A_{iF}/A_{iG}	1.0	1.51	1.33	1.39	1.55	1.38	1.43

注：D_o 为管外表面直径；D_{max} 为管内翅根处圆直径；δ_T 为管外表面圆半径与管内翅根处圆半径之差；H_b 为翅高（管内翅根处圆半径与翅顶处圆半径之差）；N 为内圆一周中微翅数目；β 为纵翅螺旋角；A_{iF}/A_{iG} 为微翅管内表面积与相同 D_{max} 的光管内表面积之比。

热泵工质为 R22 且蒸发压力 0.5 ~ 0.6MPa 时，微内翅传热管的蒸发换热增强因子 EF（微翅管表面换热系数与其当量直径的光滑管的表面换热系数比值，使用时先算出光管内蒸发换热系数，再乘以增强因子，即为微内翅传热管内的表面换热系数）随质量流速的变化如图 2-32 所示（图中管标号与表 2-14 中相同）。

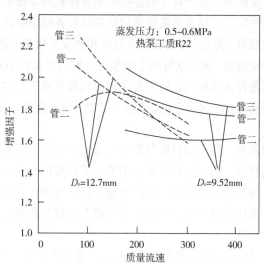

图2-32　R22微内翅传热管增强因子与质量流速的关系

干式卧式壳管式蒸发器的壳程内设置折流板，块数取奇数，且使载热介质横向流过传热管簇时流速约为 0.3～2.4m/s（当传热管为钢管时，流速应不超过 1m/s）。干式壳管式蒸发器工质充注量少（约为满液式的 30%)，回油方便，载热介质冻结危险小，多采用膨胀阀供液，比满液式的浮球供液相对可靠，但折流板、内翅片管等使其结构复杂，清洗难度大。

③ 套管式蒸发器　结构和套管式冷凝器相似。在内外管之间走载热介质，在内管中走工质，两者在蒸发器中逆向流动。热泵工质通常经节流阀由上面喷入管内，蒸发而成的蒸气由下面排出。套管式蒸发器结构简单，体积小，传热系数高，制作简单，但对载热介质的清洁度要求高，维修困难，不易清洗。

④ 板式蒸发器　与焊接板式冷凝器结构相似，仍分为两种结构：半焊接板式蒸发器（也称双板式蒸发器）和全焊接板式蒸发器（也称钎焊板式蒸发器）。

板片表面可制成波形、人字形及其他异形（如点支撑形板片），用于强化传热，增强板片之间的支撑强度；其板片厚度 0.5mm 左右，板距 2～5mm，可承压 3MPa。负荷相同时与壳管式相比，体积约为其 1/6～1/3，重量约为其 1/5～1/2，工质蓄存量约为其 1/7。热负荷和水流速相同时，板式蒸发器传热系数约为 2000～6000W/（m²·℃)，约为壳管式的 2～5 倍。

工作参数相同时，板片对传热系数有明显影响。点支撑形板片是在板上冲压出交错排列的一些半球形或平头凸点，载热介质在板间流道内呈网状流动，流阻较小，传热系数可达 4650W/（m²·℃)；水平直波纹形板片，其断面形状呈梯形，传热系数可达 5800W/（m²·℃)；人字形板片属于典型网状流板片，将波形布置成人字形，不仅刚性好，而且传热性能良好，传热系数也可达 5800W/（m²·℃)。但实际应用中由于载热介质侧水垢和热泵工质侧油垢的影响，传热系数明显下降，选用时可按实际传热系数 2100～3000W/（m²·℃）进行估算。

板式蒸发器传热系数高，组合灵活，工质充注量少，结构紧凑，可靠性好，易于批量生产，但维修困难，制造复杂，价格较高。此外，板式蒸发器中由于流道较窄，对载热介质水质要求很高，水垢也不易清除，进水管上通常需有过滤器和软化水装置，但最大的问题是局部冻结，如水侧流道不畅更易发生冻胀损坏。出现冻结是因为板式蒸发器中局部载热介质温度低于 0℃，通常有两种可能：一种可能是设备装在室外时环境温度低于 0℃，这可通过加装保温材料和主动加热措施解决。另一种可能是在机组开停机等非稳态运行或故障运行时，载热介质侧流量太小或局部阻塞；热泵工质侧流道堵塞或在各流道中分布不均；各种原因引起的蒸发温度较长时间过低等。为此，可在载热介质侧和热泵工质侧分别采取必要的保护措施。

载热介质侧的保护措施有：在进水管路上安装过滤网且可去除 1mm 以上的杂质；在进水或进出水管路上设置流量开关或压力、压差开关，出现非正常工况时机组停机；在进水或进出水管路上设置温度传感器，进水管上应设置大于 7℃，出水管上应设置大于 2℃，不满足该条件时机组停机。

热泵工质侧保护措施有：在压缩机排气管与蒸发器进液管之间加装工质蒸气旁通，当蒸发温度降至某值时此阀打开，防止板式蒸发器中的工质温度进一步下降；在压缩机吸气管路上装吸气压力控制阀，当蒸发压力降至某值时此阀关闭，可防止相应的蒸发温度过低；在冷凝器和储液器之间装冷凝压力控制阀，当冷凝压力降至某值时此阀关闭，使冷凝液占用部分传热面积而使冷凝压力回升。

⑤ 旋板式蒸发器　结构与螺旋板式冷凝器相似，具有体积小、传热系数高等优点，但制造复杂，维修困难，载热介质有冻结危险。

⑥ 沉浸式蒸发器　沉浸式蒸发器也称水箱型蒸发器，是将传热管浸没在箱内的载热介质液体中，热泵工质在管内，载热介质在管外。

沉浸式蒸发器可分立管式、螺旋管式、盘管式和蛇管式等类型，其中，立管式、螺旋管式属于满液式蒸发器，盘管式和蛇管式属于非满液式蒸发器。

立管式也称直管式，氨为工质的立管式蒸发器，全部由无缝钢管制成，每个管组有上下两个水平集管，上集管的一端焊接有一个气液分离器，下集管的一端与集油器连通；蒸发器管组可一组，也可多组并联。立管式蒸发器结构简单，操作管理方便，但体积大，占地面积大，焊接工作量大，焊接点易发生腐蚀和泄漏，金属耗量大。当载热介质为淡水，流速 0.5 ~ 0.5m/s 时，传热系数 520 ~ 580W/（m² · ℃）；传热温差为 5℃时，热流密度 2600 ~ 2900W/m²。

螺旋管式制造方便，比立管式可节约制造工时约 75%，钢材消耗减少 15%。当氨为工质，蒸发器-5 ~ 0℃，水速 0.16m/s 时，传热系数 280 ~ 450W/（m² · C）；水速 0.35m/s 时，传热系数 430 ~ 580W/（m² · ℃）。

水箱中载热介质的流动速度较小，为增加其表面换热系数，常在水箱中设置隔板，将载热介质分为几条通路；也可在水箱内设置搅拌装置，使载热介质在箱内按一定路线循环；或者通过泵以外循环方式使载热介质在水箱中强化流动。合理布置和流动强化后，载热介质在水箱内的平均流速可达 0.5 ~ 0.7m/s。

沉浸式蒸发器具有一定蓄热能力，载热介质冻结危险性较小，但当载热介质开路循环时，需注意减少其与空气的接触，否则易使传热管腐蚀。

（2）气体为载热介质的蒸发器　以气体为载热介质的蒸发器一般为干式蒸发器。进入蒸发器的热泵工质浸润蒸发器的管子内壁，形成工质蒸气和工质液体的混合物，在蒸发器管子内流动并吸收低温热源的热量，液滴不断蒸发，到蒸发器出口处，全部液滴都转变成蒸气。为了避免工质液滴进入压缩机，蒸发器靠近出口的一小段，工质蒸气继续吸收一部分热量，以达到稍过热的状态。

空气为载热介质的蒸发器与冷凝器的一个明显不同处是蒸发器外空气侧可能析出水滴（温度高于 0℃时）或结霜（温度低于 0℃时）。析出水滴时一般可强化空气侧的换热，结霜或冰较厚时会妨碍蒸发器从低温热源中吸热。通常环境空气温度在 0 ~ 7℃时结霜尤其严重，需考虑融霜措施。

① 空气强制对流式蒸发器　按传热管结构有翅片管式、板翅式、板带式等形式，其中翅片管式应用较广泛。

热泵工质为氨时，传热管规格为 $\phi 25 ~ 38$mm，外绕 1mm 钢片，片距 10mm，以减少空气结霜的影响。热泵工质为氟利昂时，传热管规格为 $\phi 6 ~ 18$mm，外穿铝翅片，翅片厚度 0.15 ~ 0.2mm，片距为 2 ~ 4mm（凝结水较多时，片距可为 4 ~ 6mm；用于易结霜场合时，片距可加大为 6 ~ 15mm）。翅片间距较小时，沿空气流向的管排数为 3 ~ 8 排；翅片间距较大时，可多达 10 ~ 16 排。为避免热泵工质在管内产生较大的流动压降，每路传热管长度一般均不大于 12m，每千瓦传热负荷配备空气风量约 300 ~ 400m³/h。

蒸发器的传热管一般多路并联，各路分液的均匀性对传热效果有明显影响。因此，来自节流部件的饱和气与饱和液的混合物，通常经分液器和毛细管，按相同的气液比例分配给每路传热管。分液器有离心式、碰撞式和降压式等形式。

蒸发器空气侧的迎面风速通常为 2 ~ 3m/s，迎面风速过高时，翅片间的凝结水易被风吹出。

空气强制对流式蒸发器结构紧凑，现场安装简单，无冻结危险，但有风机耗能，占用空间大，需处理结霜问题，传热管与翅片接触情况对传热效果影响较大。

② 自然对流式蒸发器　自然对流式蒸发器通过空气自然对流和热辐射吸收热量。按管排结构有立管式排管、蛇形盘管和 U 形管；按传热管特点可分为光管和翅片管。

光管外径通常为 20~60mm，翅片间距约为 8~12mm；热泵工质为氨时，多采用再循环式供液方式；热泵工质为氟利昂时，多为非满液式，不宜采用大管径，通常用 ϕ19mm×1.5mm ~ ϕ22mm×1.5mm 的紫铜管或 ϕ25mm×2.25m 的无缝钢管制作排管。

空气自然对流式蒸发器可现场制作，结构简单，安装方便，操作维护工作少，无运行能耗，无噪声，但传热系数约为 6.3~8.1W/（m²·℃），工质流动阻力大（非满液式单流路传热管较长时），占用空间大，需处理结霜问题。

典型蒸发器的传热系数和热流密度见表 2-15。

表2-15　典型蒸发器的传热系数和热流密度

工质	蒸发器形式	载热介质	传热系数 / [W/（m²·K）]	热流密度 / （W/m²）	相应条件
氨	直管式	水	500~700	2500~3500	（1）传热温差 ΔT_M=4~6℃ （2）载热介质流速 V_F=0.3~0.7m/s
		盐水	400~600	2200~3000	
	螺旋管式	水	500~700	2500~3500	
		盐水	400~600	2200~3000	
	卧式壳管式 （满液式）	水	500~750	3000~4000	（1）传热温差 ΔT_M=5~7℃ （2）载热介质流速 V_F=1~1.5m/s （3）光钢管
		盐水	450~600	2500~3000	
	板式	水	2000~2300		（1）焊接板或特殊处理的钎焊板式 （2）板片为不锈钢片
		盐水	1800~2100		
	螺旋板式	水	650~800	4000~5000	（1）传热温差 ΔT_M=5~7℃ （2）载热介质流速 V_F=1~1.5m/s
		盐水	500~700	3500~4500	
氟利昂	蛇管式 （盘管式） （R22）	水	350~450	1700~2300	有搅拌器
		水	170~200		无搅拌器
		盐水	115~140		
	卧式壳管式 （满液式） （R22）	盐水	500~750		（1）传热温差 ΔT_M=4~6℃ （2）载热介质流速 V_F=1~1.5m/s （3）光铜管
		水	800~1400		（1）水速 V_F=1.0~2.4m/s （2）低翅管，翅化系数≥3.5
	干式 （R22）	盐水	800~1000 （以外表面积计算）	5000~7000	（1）光铜管 ϕ12mm （2）传热温差 ΔT_M=5~7℃
		水	1000~1800 （以外表面积计算）	7000~12000	（1）传热温差 ΔT_M=4~8℃ （2）载热介质流速 V_F=1.0~1.5m/s （3）带内翅芯铜管

工质	蒸发器形式	载热介质	传热系数/[W/(m²·K)]	热流密度/(W/m²)	相应条件
氟利昂	套管式（R22、R134a）	水	900~1100（以外表面积计算）	7500~10000	（1）水速 V_c=1.0~1.2m/s（2）低翅管，翅化系数≥3.5
	板式（R22、R134a）	水	2300~2500		（1）钎焊板式（2）板片为不锈钢片
		盐水	2000~2300		
	翅片管式	空气	30~40（以外表面积计算）	450~500	（1）蒸发管组4~8排（2）迎面风速 V_c=2.5~3m/s（3）传热温差 ΔT_M=8~12℃
	自然对流排管	空气	8~12	70~110	（1）光管（2）传热温差 ΔT_M=8~10℃

注：表中所列传热系数值，除括号内注明外，均以工质侧表面积为基准。

2.3.3 蒸气压缩式热泵节流装置

2.3.3.1 热力膨胀阀

热力膨胀阀安装在蒸发器进口处，由感温包测知蒸发器出口处工质的过热度，由此判断工质流量适当与否（过热度较大时，说明工质流量不足；过热度较小时，说明工质流量过大），并通过调整阀的开度控制工质的流量。

热力膨胀阀主要分为两种类型：内平衡式热力膨胀阀和外平衡式热力膨胀阀。

（1）内平衡式热力膨胀阀　内平衡式热力膨胀阀的结构及安装示意图如图 2-33 所示。

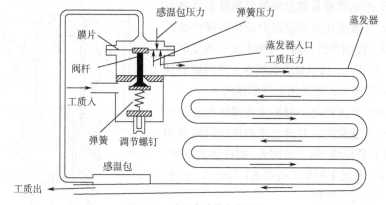

图 2-33　内平衡式热力膨胀阀

在内平衡式热力膨胀阀中，来自感温包（感温包贴在蒸发器出口处，其中装有感温介质，蒸发器出口处工质蒸气的温度变化时，感温介质的压力按一定规律变化）的蒸气（或液体）压力作用在膜片的上侧，蒸发器入口处的工质压力和弹簧压力作用在膜片的下侧。膜片与阀杆连接，当蒸发器出口处工质的过热度变化时，感温包压力变化，驱动膜片带动阀杆调节阀的开度，使工质的流量发生变化。通过调节螺钉，可调整阀中弹簧的压力，对热力膨胀阀的设定参数进行微调。

内平衡式热力膨胀阀适用于工质流经蒸发器时压力降不大的情况，否则宜采用外平衡式热力膨胀阀。

(2) 外平衡式热力膨胀阀　外平衡式热力膨胀阀的结构和安装示意图如图2-34所示。

与内平衡式热力膨胀阀相比，外平衡式热力膨胀阀多了一条外部平衡管，该管下方与蒸发器出口处的工质相连通，上方接膜片下部的空间，从而使膨胀阀所提供的过热度与蒸发器出口处的饱和温度相适应，而不受因蒸发器压力降引起的工质饱和温度变化影响。为了保证阀的正常工作，膜片下的空间与蒸发器入口处隔绝，膜片的运动通过密封片传递给阀杆。

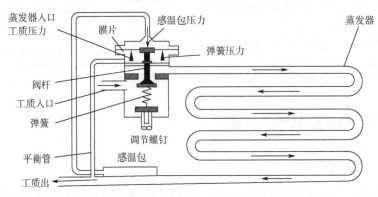

图2-34　外平衡式热力膨胀阀

2.3.3.2　电子膨胀阀

尽管热力膨胀阀的调控性能比毛细管有较大的改进，但由于控制信号是通过感温包感受蒸发器出口处工质的过热度变化再由感温介质传到膜片处，时间滞后较大，控制精度不高，且由于膜片的变形量有限，调节幅度不大。当热泵的制热量大范围调节且控温精度要求较高时，需采用电子膨胀阀。

电子膨胀阀是通过电子感温元件测知蒸发器出口处工质过热度变化的，并通过电动执行机构驱动阀杆运动，具有感温快、调节范围大、阀杆运动规律、可智能化（适宜不同工况和工质要求）等优点，但价格也明显高于热力膨胀阀。

电子膨胀阀通常可分为电动式和电磁式两大类。电动式电子膨胀阀一般由步进电动机驱动阀杆运动。根据电动机与杆的连接方式可细分为直动型和减速型两种。电磁式电子膨胀阀通常用电磁线圈带动阀杆运动，通过调节电磁线圈的电压，产生不同的电磁力，控制阀的开度。以电磁式电子膨胀阀为例，电子膨胀阀的结构示意如图2-35所示。

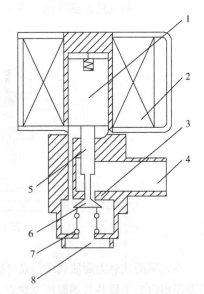

图2-35　电磁式电子膨胀阀的结构示意
1—柱塞；2—线圈；3—阀座；4—入口；5—阀杆；
6—针阀；7—弹簧；8—出口

实用中，电子膨胀阀可做成全封闭式结构，使阀体和驱动机构封闭在密封壳体内，不但可彻底防止工质泄漏，且减小了阀杆的密封压紧力和旋转阻力，对驱动机构的功率要求降低，也可使电子膨胀阀较小巧，但要求驱动机构线圈与工质的相容性好。

2.3.3.3 毛细管

毛细管一般内径为 0.7 ~ 2.5mm，长 0.6 ~ 6m，适宜于冷凝压力和蒸发压力较稳定的小型热泵装置，有如下特点：

① 由紫铜管拉制而成，结构简单，制造方便，价格低廉。

② 没有运动部件，本身不易产生故障和泄漏，与冷凝器和蒸发器通常采用焊接连接，连接处不易出现漏点。

③ 具有自补偿的特点，即工质液在一定压差（冷凝压力和蒸发压力之差）下，流经毛细管的流量是稳定的；当热泵负荷变化导致压差增大时，工质在毛细管内的流量也变大，使压差恢复到稳定值，但这种补偿的能力较小。

④ 压缩机停止运转后，系统内的高压侧（冷凝器侧）压力和低压侧（蒸发器侧）压力可迅速得到平衡，再次启动时，压缩机的电动机启动负荷较小，故可不用启动转矩大的电动机。这一点对半封闭和全封闭式压缩机尤为重要，较适于热泵采用开停调节制热量和控制制热温度。

⑤ 毛细管的调节能力较弱，当热泵的实际工况点偏离设计点时，则热泵效率就要降低。此外，采用毛细管作节流部件时，要求工质充注量要准确。

⑥ 当工质中有脏物时，或当蒸发温度低于 0℃ 而系统中有水时，易将毛细管的狭窄部位堵住。

2.4　蒸气压缩式热泵的其他部件

2.4.1　四通换向阀

四通换向阀的基本功能是切换压缩机吸气管、排气管与换热器的连接，改变工质在系统中的流动方向，实现冬季制热和夏季制冷功能的转换。四通换向阀由先导阀、主阀和电磁线圈三个主要部分组成，如图 2-36 所示。当电磁线圈处于断电状态时，系统进行制冷循环。一方面先导阀阀芯左移，高压流体先进入毛细管 1，再流入活塞腔 2；另一方面活塞腔 3 流体排出，活塞及滑阀 4 左移，于是系统进行制冷循环。当电磁线圈处于通电状态时，系统进行制热循环。一方面，先导阀阀芯在线圈磁场力的驱动下向右移动，高压流体先进入毛细管 1，再流入活塞腔 3；另一方面，活塞腔 2 流体排出，活塞和滑阀 4 右移，于是系统切换成制热循环。

2.4.2　过滤器

水分和杂质的存在均会给热泵的性能和寿命带来不利影响，干燥过滤器用于除去热泵中

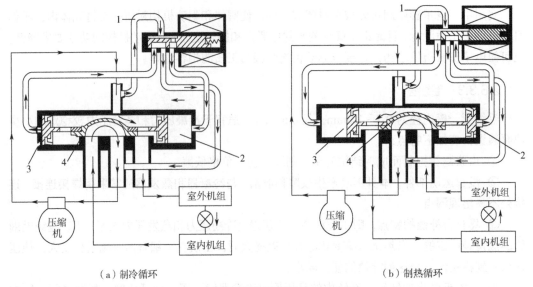

（a）制冷循环　　　　　　　　　　　　　（b）制热循环

图2-36　四通换向阀结构和工作原理图
1—毛细管；2，3—活塞腔；4—滑阀

的水分和杂质。干燥器中所用干燥剂有粒状硅胶、无水氯化钙、分子筛等类型，干燥剂吸水量达一定值时，可取出通过加热的方法再生。液态工质在干燥器中的速度应在 0.013 ~ 0.033m/s 之间，流速太大时易使干燥剂粉碎。

过滤器一般为与工质及润滑油相容的金属细网（氨用过滤器一般用 2 ~ 3 层网孔为 0.4mm 的钢丝网，氟利昂过滤器滤气时用网孔为 0.2mm 的铜丝网，滤液时用网孔为 0.1mm 的铜丝网），过滤网脏后可拆下用汽油清洗。

干燥器和过滤器通常组合在一起，简称干燥过滤器。干燥过滤器两端有金属网（铁网或铜网）、纱布或脱脂棉等，防止干燥剂进入管路系统中。干燥过滤器的结构示意图如图 2-37 所示。

安装在液管上的干燥过滤器通常在节流部件前、冷凝器之后，安装在吸气管上的干燥过滤器则在压缩机之前。干燥过滤器中气态工质通过滤网的速度应在 1 ~ 1.5m/s 之间，液态工质通过滤网的速度应小于 0.1m/s。

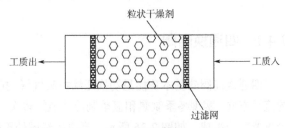

图2-37　干燥过滤器结构示意图

2.4.3　气液分离器

气液分离器的功能是将出蒸发器、进压缩机气流中的液滴分离出来，防止压缩机发生液击，主要用于工质充注量较大，压缩机进气可能带液且压缩机对湿压缩较敏感的情况。

气液分离器一般通过降低气流速度和改变气流方向使蒸气和液滴分离。设计和使用时，蒸气在气液分离器内的流速不应大于 0.5m/s。气液分离器安装在蒸发器之后，压缩机之前。

2.4.4 油分离器

油分离器主要用于将压缩机排气中携带的润滑油从工质蒸气中分离出来。油分离器可分为过滤式、洗涤式、填料式和离心式四种。

过滤式油分离器的原理是气态工质进入其壳体后，速度突然下降并改变气流方向，通过金属丝网等作用将气体携带的润滑油分离出来，主要用于小型氟利昂装置。

洗涤式油分离器适于氨机组，是靠冷却作用将油气分离的。

填料式油分离器靠气流在壳体内速度降低、转向且通过填料层的作用而分离。填料可为小瓷环、金属切削条或金属丝网（如纺织的金属丝网）。金属丝网的效果最好，分离效率可达 96% ~ 98%，但阻力也较大。该类油分离器适于中小型热泵装置。

离心式油分离器的原理是气流沿切线方向进入油分离器，沿螺旋状叶片自上向下旋转运动，借离心力作用将滴状润滑油甩到壳体壁面，聚积成较大的油滴，使油从工质蒸气中分离。该类油分离器适于中等制热量的热泵装置。

过滤式、离心式油分离器的分油效率很高。选择油分离器时，可以进气、出气管径为参考，一般进气管内气流速度为 10 ~ 25m/s。此外，也可根据筒体直径选择（过滤式油分离器气流通过滤层的速度为 0.4 ~ 0.5m/s，其他形式的油分离器中气流通过筒体的速度不应大于 0.8m/s）。油分离器安装在压缩机之后，冷凝器之前。

2.4.5 储液器

储液器通常安装在冷凝器之后，用来储存冷凝器来的工质液体，以适宜工况变化和减少补充工质的次数。储液器通常为卧式，其容量可按机组每小时工质循环量的 1/3 ~ 1/2 确定，工质在储液器中的液面高度一般不应超过筒体直径的 80%。

2.4.6 电磁阀

电磁阀一般安装在节流部件之前，在压缩机停机时截断工质通路，防止大量液态工质进入蒸发器，导致压缩机开机时吸入液体造成液击。电磁阀分直接作用式和间接作用式。直接作用式电磁阀直接靠线圈通电后的磁力带动针阀动作，在进、出口压力差较大时，可能会开启困难，主要用于小型氟利昂机组。间接作用式电磁阀通过控制浮阀上小孔的开闭，利用浮阀上下方工质液体形成的压差来控制电磁阀的开与关，可用于中型氟利昂机组。

第3章　吸收式热泵

3.1　吸收式热泵概述

3.1.1　吸收式热泵的基本构成和工作过程

蒸气压缩式热泵其热泵工质靠机械功（压缩机）驱动在系统中循环流动，从而实现将热量从低温热源向高温热源转移。本章介绍的吸收式热泵是利用热能驱动工质循环，实现热量从低温热源向高温热源转移的，适用于有废热或通过煤、气、油及其他燃料获得低成本热能的场合。

一个基本的吸收式热泵系统由发生器、吸收器、冷凝器、蒸发器、节流阀以及溶液泵等构成，如图 3-1 所示。

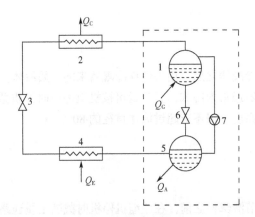

图 3-1　吸收式热泵系统图

1—发生器；2—冷凝器；3—节流阀；4—蒸发器；5—吸收器；6—溶液阀；7—溶液泵；Q_C—发生器的加热量；Q_E—蒸发器从低温热源的吸热量；Q_C—冷凝器向高温热源的放热量；Q_A—吸收器的放热量

吸收式热泵是利用两种沸点不同的物质组成的溶液（工质对溶液）的气液平衡特性来工作的，其基本工作过程如下。

利用高温热能加热发生器中的工质对溶液，产生高温高压的循环工质蒸气，进入冷凝器；在冷凝器中循环工质凝结放热变为高温高压的循环工质液体，进入节流阀；经节流阀后变为低温低压的循环工质饱和气与饱和液的混合物，进入蒸发器；在蒸发器中循环工质吸收低温热源的热量变为蒸气，进入吸收器；在吸收器中循环工质蒸气被工质对溶液吸收，吸收了循环工质蒸气的工质对稀溶液不断被泵送到发生器，同时产生了循环工质蒸气的发生器中的浓溶液不断被送入吸收器，维持发生器和吸收器中液位、浓度和温度的稳定，实现吸收式热泵的连续工作。整个循环可以分为两个部分，一是循环工质的循环，二是溶液的循环。循环工质的循环与蒸气压缩式热泵的工质循环基本是相同的，溶液的循环起到了蒸气压缩式热泵系统中压缩机的功能。由于是热能驱动，因此也可称为"热压缩机"。

3.1.2 吸收式热泵的热力系数

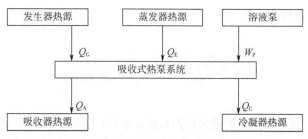

图 3-2 吸收式热泵系统与外界的能量交换

吸收式热泵工作时不断与外界发生能量交换，包括发生器的加热量 Q_G，蒸发器从低温热源的吸热量 Q_E，冷凝器向高温热源的放热量 Q_C，吸收器的放热量 Q_A，各类泵的功耗 W_P，如图 3-2 所示。如果不考虑热损失，根据热力学第一定律，进入热泵的总能量应该与离开热泵的总能量相等，其热平衡式为

$$Q_G + Q_E + W_P = Q_A + Q_C \tag{3-1}$$

通常各类泵消耗的功相对较小，简略分析时可忽略不计，上式变为

$$Q_G + Q_E = Q_A + Q_C \tag{3-2}$$

式（3-2）中左边为进入热泵系统中的能量，右边为离开热泵系统的能量（用户得到的热量）。Q_E 是通过蒸发器吸收的低温热源的热量，不是系统的有效消耗。吸收式热泵的热力系数（ξ）为用户得到的热量与实际消耗的能量比值，即

$$\xi = \frac{Q_A + Q_C}{Q_G} \tag{3-3}$$

假设吸收式热泵循环是可逆的，发生器中发生温度为 T_G，蒸发器中蒸发温度为 T_E，吸收器中的吸收温度 T_A 与冷凝器中的冷凝温度 T_C 相等，且都为常量 T_Z，根据热力学第二定律可知，系统引起外界总熵的变化应等于零，即

$$\Delta S = \frac{Q_G}{T_G} + \frac{Q_E}{T_E} - \frac{Q_A}{T_A} - \frac{Q_C}{T_C} = 0 \tag{3-4}$$

由式（3-2）和式（3-4）可得

$$\frac{Q_G(T_G - T_E)}{T_G} = \frac{(Q_A + Q_C)(T_Z - T_E)}{T_Z} \tag{3-5}$$

带入式（3-3）可得

$$\xi = \frac{Q_A + Q_C}{Q_G} = \frac{T_G - T_E}{T_G} \times \frac{T_Z}{T_Z - T_E} \tag{3-6}$$

式（3-6）表明，吸收式热泵的最大热力系数 ξ 等于工作在 T_G 和 T_E 之间的卡诺循环热效率 η_c 与工作在 T_Z 和 T_E 之间的逆卡诺循环制热系数 COP_h 的乘积，它随发生温度 T_G 的升高，吸收温度 T_A 和冷凝温度 T_C 的降低以及蒸发温度 T_E 的升高而增大。

3.1.3　吸收式热泵的分类

（1）按工质对划分

有 H_2O - $LiBr$ 热泵、NH_3 - H_2O 热泵等。

（2）按驱动热源划分

① 蒸汽型热泵　以蒸汽的潜热为驱动热源。根据工作蒸汽的品位高低，有单效蒸汽型热泵（工作蒸汽表压为 0.1MPa）和双效蒸汽型热泵（工作蒸汽表压为 0.25～0.8MPa）两种类型。

② 热水型热泵　以热水的显热为驱动热源。热水包括工业余废热水、地热水或太阳能热水。热水温度为 85～150℃时多为单效机组，热水温度大于 150℃时多为双效机组。

③ 直燃型热泵　以燃料的燃烧热为驱动热源。可分为燃油型、燃气型或多燃料型。燃油型可燃烧轻油和重油，燃气型可燃烧液化气、城市煤气、天然气等，也可以其他燃料或可燃废料作驱动热源。直燃型机组由于燃料燃烧温度较高，一般为双效或多效型。

④ 余热型热泵　以工业余热为驱动热源。

⑤ 复合热源型热泵　如热水与直燃型复合、热水与蒸汽型复合、蒸汽与直燃型复合等形式。

（3）按驱动热源的利用方式划分

① 单效热泵　驱动热源在机组内被直接利用一次。

② 双效热泵　驱动热源在机组内被直接和间接地利用两次。

③ 多效热泵　驱动热源在机组内被直接和间接地利用多次。

④ 多级热泵　驱动热源在多个压力不同的发生器内依次被直接利用。

（4）按制热目的划分

① 第一类吸收式热泵　以获得大量的中温热能为目的。该类热泵从低温热源吸热，输出

热的温度低于驱动热源，输出热的量多于驱动热量。

② 第二类吸收式热泵　以获得少量的高温热能为目的。该类热泵从驱动热源吸热，向低温热源放热，输出热的温度高于驱动热源，输出热的量少于驱动热量。

(5) 按溶液循环流程划分

① 串联式　溶液先进入高压发生器，再进入低压发生器，然后流回吸收器。

② 倒串联式　溶液先进入低压发生器，再进入高压发生器，然后流回吸收器。

③ 并联式　溶液同时进入高压发生器和低压发生器，然后流回吸收器。

④ 串并联式　溶液同时进入高压发生器和低压发生器，流出高压发生器的溶液再进入低压发生器，然后流回吸收器。

(6) 按机组结构划分

① 单筒式　机组的主要热交换器布置在一个筒体内。

② 双筒式　机组的主要热交换器布置在两个筒体内。

③ 三筒式　机组的主要热交换器布置在三个筒体内。

④ 多筒式　机组的主要热交换器布置在多个筒体内。

3.2　吸收式热泵的工质对

3.2.1　工质对的选择

目前吸收式热泵中常用的工质对通常是二组分溶液，习惯上称低沸点组分为制冷剂，高沸点组分为吸收剂。

3.2.1.1　工质对的种类

(1) 以水作为制冷剂

除目前广泛应用的溴化锂水溶液外，对水-氯化锂、水-碘化锂也进行了研究。这是因为它们对设备的腐蚀性较小，而且水-碘化锂便于利用更低位的热源。水是很容易获得的天然物质，它无毒、不燃烧、不爆炸，对环境也没有破坏作用，汽化热大，是一种相当理想的循环工质。但受其物理性质的限制，只适宜用于蒸发温度较高的热泵系统。溴化锂水溶液的表面张力较大，传热、传质困难；溴化锂较易结晶，会造成机组运转故障；溴化锂水溶液对一般金属有强烈的腐蚀作用。为克服这些缺点，国内外研究人员已开展了大量的研究工作，至今还在继续进行。

(2) 以醇作为制冷剂

可作为制冷剂的醇类溶液有甲醇、TFE 和 HFIP 等。甲醇与溴化锂配对后，可提高循环的性能。以 TFE 和 HFIP 为制冷剂的溴化锂溶液，可用于节能效果较好的热泵循环。但它们的黏度较大，易燃，对热不稳定，而且 TFE 的汽化热很小。为克服这些缺点，通过加水以降低黏度以及使用碘化锂 (LiI) 吸收剂的方案都在开发中。

(3) 以氨作为制冷剂

氨水溶液中以氨或甲胺为制冷剂。氨在压缩式制冷机中作制冷剂由来已久，虽在一段相当长的时间里受氟利昂制冷剂的影响，应用领域减少，但随着对环境保护的日益重视，作为天然物质的氨又受到了进一步的关注。氨有爆炸性和毒性，冷凝压力较高。此外，氨与水的沸点相差较小，需通过精馏将氨-水混合气体中的水分离。目前，探索用别的物质替代水作吸收剂的研究工作正在进行，已取得了一定进展。

（4）以氟利昂作为制冷剂

氟利昂类有机溶液中以氟利昂为制冷剂，有较宽广的温度适应范围。其中，R22 因在汽化热、工作压力、热稳定性、化学稳定性等方面有好的性能而受到重视。此外，R123a 也受到重视。R22 和 R123a 的吸收剂为二甲醚四甘醇（DMETEG），由于 R22 和 R123a 均含有氯原子，因此从长期角度看，它们均为过渡性物质。

表 3-1 中列出了一部分用于吸收式热泵的工质对。

表3-1 吸收式热泵的工质对

名称	制冷剂	吸收剂
氨水溶液	氨	水
溴化锂水溶液	水	溴化锂
溴化锂甲醇溶液	甲醇	溴化锂
硫氰酸钠-氨溶液	氨	硫氰酸钠
氯化钙-氨溶液	氨	氯化钙
氟利昂溶液	R22	二甲醚四甘醇
TFE-NMP 溶液	三氟乙醇	甲基吡咯烷酮

3.2.1.2 对工质对的要求

吸收式热泵对制冷剂的要求和压缩式热泵基本相同，例如蒸发热大、工作压力适中、成本低、毒性小、不爆炸及不腐蚀等。对吸收剂则要求具有如下特性：

① 在压力相同的情况下，它的沸点比制冷剂高，而且相差越大越好。这样，在发生器中蒸发出来的制冷剂纯度就高，有利于提高热泵的热力系数。

② 具有强烈地吸收制冷剂的能力，即具有吸收比它温度低的制冷剂蒸气的能力。

③ 和制冷剂的溶解度高，避免出现结晶的危险。

④ 在发生器和吸收器中，对制冷剂溶解度的差距大，以减少溶液的循环量，降低溶液泵的能耗。

⑤ 黏性小，以减小在管道和部件中的流动阻力。

⑥ 热导率大，以提高传热部件的传热能力，减小设备体积和成本。

⑦ 化学性质不活泼，和金属及其他材料不反应，稳定性好。

⑧ 无臭、无毒、不爆炸、不燃烧、安全可靠。

⑨ 环境友好。

⑩ 价格低廉，容易获得。

当然，要选择一种工质对，满足上述有关制冷剂和吸收剂的全部要求是比较困难的。但有些基本的条件，例如溶液中两种组分沸点相差大则是很必要的，不然就不可能用作吸收式热泵的工质对。

3.2.2　水-溴化锂工质对的基本特性

到目前为止，理论上提出的工质对种类较多，但实际应用的还是以氨水溶液和溴化锂溶液两种为主。其中溴化锂水溶液是建筑环境和能源应用工程中普遍采用的吸收式热泵工质对，下面主要介绍溴化锂水溶液的性质。

3.2.2.1　溴化锂水溶液的物理性质

（1）一般性质　溴化锂由碱金属元素锂（Li）和卤族元素溴（Br）两种元素组成，是一种稳定的盐类物质，在大气中不变质、不挥发、不分解、极易溶解于水，其主要物理参数如下：

化学式：LiBr；

相对分子质量：86.856；

成分（质量分数）：Li 为 7.99%，Br 为 92.01%；

密度：3.464kg/m³（25℃）；

熔点：549℃；

沸点：1265℃。

溴化锂溶液是无色透明液体，无毒，入口有碱苦味，溅在皮肤上微痒，使用过程中不要直接与皮肤接触，尤其要防止溅入眼内，更不要品尝。

溴化锂水溶液的水蒸气分压力非常小，即吸湿性非常好，浓度越高，水蒸气分压力越小，吸收水蒸气的能力就越强。溴化锂水溶液对金属有腐蚀性，需在设计时特殊考虑。纯溴化锂水溶液大体是中性，吸收式热泵中使用的溶液考虑到腐蚀因素已调整为碱性，并在处理为碱性的基础上再添加特殊的腐蚀抑制剂（缓蚀剂）。常用的缓蚀剂有铬酸锂和钼酸锂。添加铬酸锂缓蚀剂后溶液呈微黄色，添加钼酸锂缓蚀剂后仍是无色透明的液体。

用作溴化锂吸收式机组工质对的溴化锂水溶液，应符合《制冷机用溴化锂溶液》（HG/T 2822—2012）对溴化锂溶液所规定的技术要求。

（2）溶解度　溶解度是指在一定温度下某固态物质，在 100g 溶剂中达到饱和状态时所能溶解的溶质质量(g)。溴化锂极易溶于水，20℃时食盐在水中的溶解度只有 35.9g，而溴化锂在水中的溶解度是其近 3 倍。常温下，饱和水溶液中溴化锂(LiBr)的质量分数可达 60%。

溶解度的大小除与溶质和溶剂的特性有关外，还与温度有关。溴化锂饱和水溶液在温度降低时，由于溴化锂在水中溶解度的减小，溶液中多余的溴化锂就会与水结合成含有 1、2、3 或 5 个水分子的溴化锂水合物晶体（简称水盐）析出，形成结晶现象。如对已含有溴化锂水合物晶体的溶液加热升温，在某一温度下，溶液中的晶体会全部溶解消失，这一温度即为该质量分数下溴化锂溶液的结晶温度。表 3-2 列出了不同溴化锂质量分数下的结晶温度，从中也可以得出不同温度下的溶解度。机组运行时必须注意溶液的质量分数和温度的范围，避免发生结晶现象。

表3-2　国产溴化锂溶液结晶温度表

质量分数/%	55.0	55.5	56.0	56.5	57.0	57.5	58.0	58.5	59.0	59.5	60.0	60.5
结晶温度/℃	-29.7	-21.6	-14.9	-8.3	-2.5	2.5	6.9	10.8	14.4	17.9	21.3	24.5
质量分数/%	61.0	61.5	62.0	62.5	63.0	63.5	64.0	64.5	64.86	65.0	65.5	66.0
结晶温度/℃	27.4	30.2	32.7	34.8	36.9	38.8	40.6	42.3	43.2	47	56.3	63.7
质量分数/%	66.5	67.0	67.5	68.0	68.5	69.0	69.5	70.0				
结晶温度/℃	70	75.9	81.7	87.2	92.7	97.7	102.4	107.3				

（3）密度　单位体积溴化锂溶液具有的质量就是溴化锂溶液的密度。溴化锂溶液的密度与温度、溴化锂的质量分数有关。表3-3是国产溴化锂溶液的密度。

表3-3　国产溴化锂溶液的密度

溴化锂的质量分数/%	不同温度下溴化锂溶液的密度/（kg/m³）											
	10℃	20℃	30℃	40℃	50℃	60℃	70℃	80℃	90℃	100℃	110℃	120℃
40.0	1390	1385	1379	1374	1369	1363	1358	1353	1348	1342	1337	—
42.0	1417	1412	1406	1401	1396	1393	1385	1380	1375	1369	1364	1359
44.0	1446	1440	1435	1429	1424	1418	1412	1407	1402	1396	1391	1386
46.0	1476	1470	1465	1459	1454	1448	1443	1438	1432	1427	1421	1416
48.0	1506	1500	1495	1489	1484	1478	1472	1467	1462	1456	1450	1445
50.0	1540	1534	1528	1522	1516	1510	1505	1499	1493	1487	1482	1476
52.0	1574	1568	1562	1556	1550	1544	1538	1532	1526	1520	1514	1508
54.0	1611	1604	1598	1592	1586	1579	1573	1567	1561	1555	1549	1542
56.0	1650	1643	1637	1631	1624	1618	1612	1605	1599	1593	1587	1580
58.0	1690	1683	1677	1670	1663	1657	1650	1643	1637	1631	1624	1619
60.0	—	1725	1718	1711	1704	1698	1691	1685	1678	1672	1666	1659
62.0	—	—	—	1755	1749	1742	1736	1729	1723	1717	1711	1704
64.0	—	—	—	1805	1799	1792	1786	1779	1773	1767	1760	1754
66.0	—	—	—	—	—	—	1838	1832	1806	1819	1813	1806
67.0	—	—	—	—	—	—	1870	1860	1851	1841	1832

由表 3-3 可知，溴化锂溶液的密度比水大，当温度一定时，随着溴化锂的质量分数增大，其密度增大；如溴化锂的质量分数一定，则随着温度的升高，其密度减小。

（4）比定压热容　溴化锂溶液的比定压热容就是在压力不变的条件下，单位质量溶液温度升高(或降低)1℃时所吸收(或放出)的热量。国产溴化锂溶液的比定压热容见表 3-4。

表3-4　国产溴化锂溶液的比定压热容

温度/℃	不同质量分数下的比定压热容/[kJ/(kg·K)]								
	50.0%	51.5%	54.0%	56.0%	58.0%	60.0%	62.0%	64.0%	66.0%
25	2.1240	2.0808	2.0113	1.9573	1.9054	1.8547	—	—	—
30	2.1097	2.0875	2.0176	1.9636	1.9113	1.8606	—	—	—
35	2.1374	2.0942	2.0239	1.9699	1.9171	1.8660	1.8162	—	—
40	2.1441	2.1005	2.0298	1.9753	1.9226	1.8711	1.8208	—	—
45	2.1503	2.1064	2.0356	1.9808	1.9276	1.8757	1.8254	1.7769	—
50	2.1562	2.1118	2.0411	1.9862	1.9326	1.8803	1.8300	1.7806	—
55	2.1612	2.1173	2.0461	1.9908	1.9372	1.8849	1.8342	1.7844	—
60	2.1683	2.1223	2.0511	1.9954	1.9414	1.8891	1.8380	1.7882	—
65	2.1709	2.1177	2.0557	2.0000	1.9456	1.8929	1.8414	1.7991	1.7425
70	2.1755	2.1315	2.0599	2.0038	1.9498	1.8966	1.8447	1.7945	1.7454
75	2.1796	2.1353	2.0637	2.0080	1.9531	1.9000	1.8480	1.7974	1.7480
80	2.1834	2.1390	2.0674	2.0113	1.9565	1.9029	1.8510	1.7999	1.9505
85	2.1868	2.1428	2.0708	2.0147	1.9598	1.9058	1.8535	1.8024	1.7525
90	2.1901	2.1457	2.0737	2.0176	1.9623	1.9088	1.8560	1.8049	1.7547
95	2.1930	2.1487	2.0766	2.0201	1.9649	1.9113	1.8585	1.8070	1.7568
100	2.1956	2.1512	2.0792	2.0226	1.9674	1.9134	1.8602	1.8991	1.7584
105	2.1976	2.1537	2.0813	2.0247	1.9695	1.9155	1.8627	1.8108	1.7601
110	2.1993	2.1554	2.0829	2.0264	1.9711	1.9171	1.8640	1.8120	1.7614
115	2.2010	2.1570	2.0846	2.0281	1.9728	1.9184	1.8652	1.8133	1.7626
120	2.2022	2.1583	2.0859	2.0293	1.9741	1.9196	1.8865	1.8146	1.7635

从表 3-4 可以看出，溴化锂溶液的比定压热容随温度的升高而增大，随溴化锂的质量分数增大而减小，且比水小得多。比热容小则说明在温度变化时需要的热量少，有利于提高机组的热效率。

（5）表面张力　溴化锂水溶液的表面张力与温度和溴化锂的质量分数有关。溴化锂的质量分数不变时，随温度的升高而降低。温度不变时，随溴化锂的质量分数增大而增大。在溴化锂吸收式机组中，吸收器与发生器往往采用喷淋式结构，喷淋在管簇上的溴化锂溶液表面张力越小，则喷淋的液滴越细，溶液在管簇上很快地展开成薄膜状，可大大提高传质和传热效果。

（6）黏度　黏度是表征流体黏性大小的物理参数，有动力黏度和运动黏度之分。表3-5是国产溴化锂溶液的动力黏度。

表3-5　国产溴化锂溶液的动力黏度

溴化锂的质量分数/%	不同温度下的动力黏度/10^{-3}Pa·s										
	20℃	30℃	40℃	50℃	60℃	70℃	80℃	90℃	100℃	110℃	120℃
40.0	2.183	1.788	1.503	1.288	1.106	0.982	0.883	0.793	0.720	0.653	0.603
42.0	2.375	1.950	1.632	1.395	1.208	1.060	0.947	0.853	0.773	0.705	0.648
44.0	2.608	2.135	1.790	1.526	1.320	1.155	1.028	0.923	0.835	0.768	0.700
46.0	2.885	2.362	1.978	1.686	1.458	1.278	1.134	1.013	0.915	0.836	0.766
48.0	3.233	2.634	2.202	1.880	1.626	1.426	1.264	1.125	1.014	0.942	0.847
50.0	3.692	2.988	2.492	2.116	1.832	1.598	1.412	1.253	1.132	1.026	0.940
52.0	4.283	3.448	2.865	2.420	2.078	1.813	1.600	1.415	1.268	1.148	1.048
54.0	5.043	4.048	3.348	2.805	2.394	2.086	1.830	1.608	1.438	1.295	1.175
56.0	6.066	4.833	3.935	3.302	2.793	2.408	2.095	1.846	1.640	1.475	1.332
58.0	—	5.870	4.718	3.908	3.288	2.806	2.128	2.133	1.885	1.692	1.516
60.0	—	7.185	5.726	4.673	3.893	3.318	2.852	2.486	2.180	1.946	1.745
62.0	—	7.055	5.888	4.653	3.395	3.362	2.913	2.535	2.247	2.002
64.0	—		8.700	6.928	5.613	4.690	3.970	3.416	2.953	2.063	2.292
66.0	—					—	4.708	4.020	3.455	3.012	2.652
68.0									4.068	3.512	3.086

由表3-5可见，在一定温度下，随着溴化锂的质量分数增大，溴化锂溶液的动力黏度急剧增大；在溴化锂的质量分数一定时，随着温度的升高，黏度下降。黏度的大小对溶液在吸收式机组中的流动状态和传热有较大的影响，在设计中应予以充分考虑。

（7）热导率　热导率是进行传热计算时要用到的重要物理参数之一。表3-6列出了不同温度和质量分数下溴化锂溶液的热导率。由表中可知，溴化锂溶液的热导率在温度不变时，随溴化锂的质量分数增大而减小；在溴化锂的质量分数不变时，随温度的升高而增大。

表3-6　国产溴化锂溶液的热导率

溴化锂的质量分数/%	不同温度下的热导率/[W/(m·K)]				
	0℃	25℃	50℃	75℃	100℃
20	0.5	0.55	0.57	0.60	0.62
40	0.45	0.49	0.51	0.53	0.55
50	—	0.45	0.49	0.51	0.52
60	—	0.43	0.45	0.48	0.50
65	—	—	0.43	0.45	0.48

3.2.2.2　溴化锂溶液的热力状态图

溴化锂溶液的热力状态图不仅可以说明溴化锂溶液的热力性质，而且是对溴化锂吸收式热泵机组进行理论分析、设计计算以及运行性能分析时不可缺少的线图。溴化锂溶液的热力状态图主要有压力-温度（p-t）图和比焓-质量分数（h-ξ）图。热力计算中主要应用比焓-质量分数图，下面主要介绍比焓-质量分数图。

图3-3为溴化锂溶液的比焓-质量分数示意图，图中给出了比焓、质量分数、温度和水蒸气压力之间的关系。横坐标为溴化锂溶液的质量分数，纵坐标为比焓。图中上半区为与溶液处于相平衡的气相区，因水和溴化锂的沸点相差极大，气相区中一系列斜线为辅助等压线，辅助等压线上状态点的纵坐标表示水蒸气的比焓，横坐标表示与水蒸气处于相平衡下溴化锂溶液的质量分数。下半区为液相区，画出了气液两相平衡状态下的一系列等温线和等压线，在溴化锂溶液的比焓、质量分数、温度、水蒸气压力四个参数中，只要知道其中两个，即可求得另外两个参数。以浓度 ξ、温度 T_C 时的溴化锂溶液为例，图下方温度为 T_C 的等温线与浓度为 ξ_C 的等浓度线交点 C 即其液相状态点，该点的纵坐标即为此时溶液的比焓 h_C，过该点等压线的压力即为与该溶液相平衡的水蒸气压力 p_1。水蒸气比焓的确定方法为：通过 C 点作垂直于横坐标的直线，与图中上方压力为 p_1 的辅助等压线的交点为 C'，过 C' 点作纵坐标的垂直线，与纵坐标交点处的比焓即为水蒸气的比焓。

在溴化锂溶液的 h（比焓）-ξ（质量分数）图中，通常规定质量分数0%、温度0℃时液体的比焓为100kcal/kg（418.6kJ/kg，1kcal/kg=1cal/g=4.186J/g），与通常水的比焓零点规定不同，这一点需特别注意。

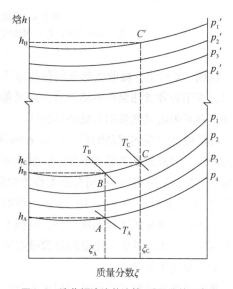

图3-3　溴化锂溶液的比焓-质量分数示意图

3.3 吸收式热泵循环及计算

3.3.1 吸收式热泵循环

3.3.1.1 理想循环

（1）吸收式热泵理想循环在温度（T）-熵（S）图上的表示 吸收式热泵按理想循环工作时，各过程均是可逆的。在发生器和吸收器之间，溶液做等熵膨胀或压缩，且理想工质对的溶解热和比热容是常数，不随温度变化，溶液或循环工质吸、放热均在等温下进行。

依据上述假设，吸收式热泵的理想循环在 T-S 图上的表示如图 3-4 所示。图（a）为吸收温度与冷凝温度相同时的情况，图（b）是吸收温度和冷凝温度不同时的情况。

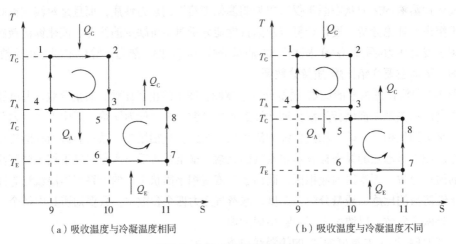

（a）吸收温度与冷凝温度相同 （b）吸收温度与冷凝温度不同

图3-4 吸收式热泵的理想循环

T_G —发生温度；T_A —吸收温度；T_C —冷凝温度；T_E —蒸发温度

由图 3-4 可见，吸收式热泵的理想循环由两个循环组成：一个是顺时针循环 1—2—3—4—1，表示吸收式热泵的驱动部分，或简称热压缩机部分；另一个是逆时针循环 5—6—7—8—5，表示吸收式热泵的工质循环部分。

在吸收式热泵的驱动部分，1—2 表示供给驱动热 Q_G 时的循环工质蒸气发生过程，在这一过程中，溶液温度 T 保持不变。3—4 表示放出吸收热 Q_A 情况下的吸收过程，此时温度 T_A 也取为定值。2—3 和 4—1 可分别看作等熵膨胀和等熵压缩。面积 1—2—10—9—1 表示供给的热量 Q_G，面积 3—4—9—10—3 表示供给热用户的吸收过程放热 Q_A。

在吸收式热泵的工质循环部分，面积 5—6—7—8—5 表示其循环所需的可用能或功，面积 6—7—11—10—6 表示由低温热源吸收的低温热能 Q_E，面积 8—5—10—11—8 表示供给热用户的冷凝过程放热 Q_C。

吸收式热泵的驱动部分必须提供工质循环部分所需的功或可用能，因此，面积 1—2—3—4—1 应等于面积 5—6—7—8—5。

（2）吸收式热泵理想循环在 p-T 图上的表示　由于 T-s 图上没有考虑溶液的浓度 ξ，在 p-T 图可一定程度上弥补这一点。图 3-5 是吸收式热泵理想循环在 p-T 图上的表示。图（a）为吸收温度与冷凝温度相同时的情况，图（b）是吸收温度与冷凝温度不同时的情况。

图 3-5 中 $\xi < 100\%$ 的线表示某一浓度的溴化锂溶液等浓度线；点 1、2、3、4 分别表示发生、冷凝、蒸发、吸收过程；图 3-5（a）中因为取 $T_A = T_C = T_Z$，所以点 2 恰好位于点 4 之上。根据理想循环的假设，吸收器和发生器中的溶液浓度相同，即均重叠在等浓度线 1-4 上。这样，发生器中（点 1）产生的循环工质蒸气流往冷凝器（点 2），在其中凝结后，经节流膨胀部件流往蒸发器（点 3），所产生的蒸气在吸收器中被溶液吸收（点 4）。4—1 过程表示稀溶液经溶液泵的升压过程，同时 1—4 又表示浓溶液经节流膨胀部件的膨胀过程。

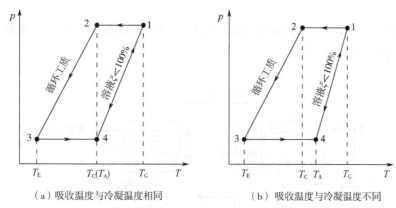

（a）吸收温度与冷凝温度相同　　　　　　（b）吸收温度与冷凝温度不同

图 3-5　吸收式热泵理想循环在 p-T 图上的表示

T_G—发生温度；T_A—吸收温度；T_C—冷凝温度；T_E—蒸发温度

3.3.1.2　吸收器和发生器溶液浓度不同的实际循环

由于实际的吸收式热泵中，吸收器和发生器中溶液浓度是不同的（吸收器和发生器中溶液的浓度之差称为放气范围）。因此浓溶液与稀溶液间无内部热交换时的吸收式热泵工作循环在 p-T 图上的表示如图 3-6（a）所示，浓溶液与稀溶液间有内部热交换的吸收式热泵工作循环如图 3-6（b）所示。与理想循环相比，稀溶液用泵的升压过程和浓溶液用溶液阀的节流降压过程分别沿不同的等浓度线进行。

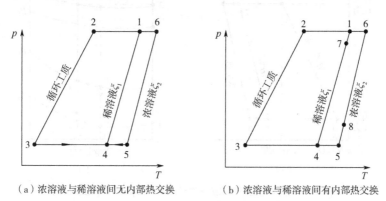

（a）浓溶液与稀溶液间无内部热交换　　　　　　（b）浓溶液与稀溶液间有内部热交换

图 3-6　考虑吸收器和发生器中溶液浓度不相同时的吸收式热泵循环在 p-T 图上的表示

图 3-6 中，ξ_1 和 ξ_2 表示两条等浓度线。在吸收器中，5 点浓度为 ξ_2 的浓溶液吸收点 3 的循环工质蒸气，浓度由 ξ_2 变为点 4 的 ξ_1，同时温度由 T_5 降到 T_4，T_4 是吸收器中的最低温度。

稀溶液由泵升压至 p_1 后进入发生器，在点 1 达到沸点，在产生水蒸气的过程中，温度由点 1 升高到点 6，同时浓度变为 ξ_2。点 6 的温度是发生器中最高的温度。浓度为 ξ_2 的溶液由点 6，经溶液阀回到点 5 处的吸收器。

浓溶液和稀溶液之间通过溶液热交换器传热时，在溶液热交换器中稀溶液被升温，由点 4 变为点 7；浓溶液被降温，由点 6 变为点 8。

3.3.2 单效溴化锂吸收式热泵循环及计算

（1）工作原理及循环　单效溴化锂吸收式热泵工作原理如图 3-7 所示。热泵循环在 p-T 图和 h-ξ 图上的表示如图 3-8 所示。

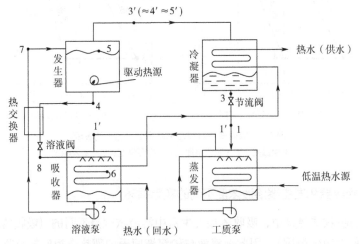

图 3-7　单效溴化锂吸收式热泵的工作原理图

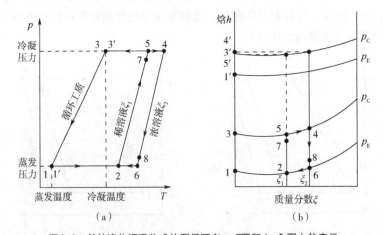

图 3-8　单效溴化锂吸收式热泵循环在 p-T 图和 h-ξ 图上的表示

图 3-7 和图 3-8 中的各点是一一对应的，由此两图可见，单效溴化锂吸收式热泵中各状态点的特性如下：

1 点：为蒸发压力下的循环工质饱和液。

2 点：为出吸收器的稀溶液。

3 点：为冷凝压力下的循环工质饱和液。

4 点：为出发生器的浓溶液。

5 点：发生器中发生过程开始时的稀溶液。

6 点：吸收器中吸收过程开始时的浓溶液。

7 点：为出吸收器且经溶液泵升压，并经溶液热交换器升温后进入发生器的稀溶液。

8 点：为出发生器且经溶液阀减压，并经溶液热交换器降温后进入吸收器的浓溶液。

1′点：与吸收器中压力相对应的饱和水蒸气。

3′点：发生过程(5—4)的中点处产生的水蒸气。

4′点：发生过程结束时产生的水蒸气。

5′点：发生过程开始时产生的水蒸气。

其中的各工作过程如下：

5—4：溶液在发生器中产生水蒸气的发生过程。

4—8：浓溶液在溶液热交换器中的换热降温过程。

8—6：浓溶液进入吸收器后变为饱和溶液的过程。

6—2：溶液在吸收器中吸收水蒸气的吸收过程。

2—7：稀溶液在溶液热交换器中的换热升温过程。

7—5：稀溶液进入发生器后变为饱和溶液的过程。

3′—3：工质水蒸气在冷凝器中放热冷凝为液态的过程。

3—（1+1′）：液态水经节流阀后变为低压低温水和水蒸气的过程。

1—1′：工质水在蒸发器中吸热蒸发为水蒸气的过程。

总体工作循环介绍如下：

溶液循环部分：浓度为 ξ_1 的稀溶液（2 点）出吸收器后，先被溶液泵升压，浓度不变，温度、焓也基本不变，但其状态已成为过冷溶液；之后进入溶液热交换器，在其中吸收来自发生器的浓溶液的热量，浓度、压力不变而温度升高，达到状态点 7（此时仍为过冷溶液），进入发生器；在发生器中先吸收热量达到 ξ_1 浓度下的溶液沸点温度（状态点 5），进而被继续加热产生水蒸气，同时溶液浓度增加，直到变为浓度为 ξ_2 的浓溶液（状态点 4）。与发生过程开始（5 点）和终了（4 点）相对应的水蒸气状态分别为处于 h-ξ 图中纵坐标的点 5′和点 4′，为了简化起见，通常用 5 点和 4 点的平均温度作为发生器出来水蒸气的温度，即用 3′点（近似为线段 4′—5′的中点）代表发生器压力下产生的水蒸气状态。浓度为 ξ_2 的浓溶液出发生器后进入溶液热交换器放热给稀溶液而降温至点 8，并进入吸收器闪发、降温为吸收压力下处于气液相平衡状态的饱和液（点 6）；点 6 状态的浓度为 ξ_2 的浓溶液在吸收器中吸收水蒸气，直至变为浓度为 ξ_1 的稀溶液，再开始下一个溶液循环。

循环工质部分：由发生器产生的工质水蒸气（点 3′）进入冷凝器，在其中放热冷凝为饱和液（点 3），经节流阀降压变为低压低温水蒸气（1′点）和水（1 点）的混合物，进入蒸发器；低压低温水蒸气在蒸发器中吸取低温热源的热量，变为低压水蒸气（点 1′），进入吸收器被吸收，并通过溶液循环回到发生器，开始下一个循环。

吸收式热泵装置中，由吸收器泵送到发生器的稀溶液的流量、由发生器流往吸收器的浓溶液的流量、工质的循环流量三者比例是可调的。通常，将由吸收器泵送到发生器的稀溶液的流量与工质的循环流量之比（即为了在发生器中产生 1kg 循环工质水蒸气，必须送往发生器中的稀溶液量），称为溶液循环倍率，用 a 表示。当假设装置中的工质循环流量为 1kg/s 时，与图 3-7 对应的单效溴化锂吸收式热泵的工质与溶液循环流量图如图 3-9 所示。

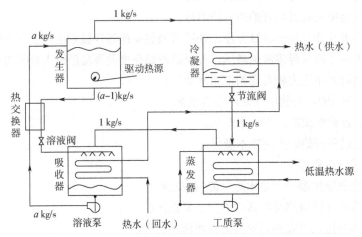

图 3-9　单效溴化锂吸收式热泵的工质与溶液循环流量示意

（2）单效溴化锂吸收式热泵循环的计算与分析　设单效溴化锂吸收式热泵吸收器中的压力为 15.5mmHg（1mmHg =133.322Pa），溶液泵进口温度为 54.8℃；发生器的压力为 433.6mmHg，发生器出口浓溶液温度为 143.6℃；浓溶液在溶液热交换器的出口温度为 79.3℃；循环工质的流量为 1kg/s。

各点状态及参数的确定方法如下：

1 点和 1′点：设水的蒸发压力约等于吸收器中的压力，查溴化锂工质对的比焓-质量分数图可得该压力下水及水蒸气的温度和焓值。

2 点：查溴化锂工质对的比焓-质量分数图，由已知压力的等压线和已知温度的等温线交点，得 2 点，该点纵坐标即为焓值，该点的横坐标即为浓度。

3 点：设冷凝器中的压力约等于发生器中的压力，查溴化锂工质对的比焓-质量分数图可得该压力下水的温度和焓值。

4 点：查溴化锂工质对的比焓-质量分数图，由已知压力的等压线和已知温度的等温线交点，得 4 点，该点横坐标为其浓度，纵坐标为其焓值。

5 点：由已知压力的等压线和已知浓度的等浓度线交点，得 5 点，该点的纵坐标为焓值，过该点的等温线为其浓度。

3′≈4′≈5′点：以 4′点为代表求得。由 4 点向上作垂直线，与图上方冷凝压力的等压线交于一点，沿该点向左作水平线，与纵坐标轴（浓度为 0% 的等浓度线）的交点，即为 4′点，其纵坐标即为焓值。5′点可沿用与 4′点相同的方法确定。3′点为 5′点和 4′点的中点，三者较相近，此处近似以 4′点作为三个点的代表。

6点：由已知压力的等压线与浓度为62%的等浓度线交点，得6点，该点的纵坐标为焓值，过该点的等温线为其温度。

8点：由已知温度的等温线和已知浓度的等浓度线交点，可得8点，该点纵坐标为焓值。

工质循环量：设定为1kg/s。

溶液循环量：设稀溶液循环倍率为 a，参照图3-9，由发生器的质量守恒得知，进入发生器的溴化锂量应等于出发生器的溴化锂量，用公式表示时，可得

$$a\xi_1 = (a-1)\xi_2 \tag{3-7}$$

解得

$$a = \frac{\xi_2}{\xi_2 - \xi_1} \tag{3-8}$$

式中　ξ_2——浓溶液的质量分数；

　　　ξ_1——稀溶液的质量分数。

代入已知的 $\xi_2 = 62\%$，$\xi_1 = 58\%$，可得

$$a = \frac{\xi_2}{\xi_2 - \xi_1} = \frac{0.62}{0.62 - 0.58} = 15.5$$

因此，稀溶液的循环流量为15.5kg/s，浓溶液的循环流量为14.5kg/s。

7点：由溶液热交换器的热平衡得到。根据能量守恒定律，忽略溶液热交换器的热损失时，浓溶液放出的热量应等于稀溶液得到的热量。浓溶液放出的热量为 $(a-1)(h_4 - h_8)$，稀溶液得到的热量为 $a(h_7 - h_2)$，因此有

$$(a-1)(h_4 - h_8) = a(h_7 - h_2) \tag{3-9}$$

将 a、h_4、h_8、h_2 的已知数据代入上式得

$$h_7 = 417 \text{ kJ/kg}$$

由已知焓值作水平线与浓度为58%的等浓度线交点即点7，过该点的等温线温度即为点7的温度。

（3）单效溴化锂吸收式热泵中各部件的参数计算　以下计算均假定机组已处于稳定工作状态。

1）蒸发器的吸收热量 Q_e　设蒸发器中的工质蒸汽（水蒸气）流量为 D kg/s，由于蒸发器

的能量守恒，则入蒸发器的能量 (Dh_3+Q_e) 与出蒸发器的能量 $(Dh_{1'})$ 应相等，即

$$Q_e + Dh_3 = Dh_{1'}$$
$$Q_e = D(h_{1'} - h_3) \tag{3-10}$$

式中　D——蒸发器中的循环工质流量，kg/s；

　　　$h_{1'}$——蒸发压力的饱和蒸汽焓值，kJ/kg；

　　　h_3——冷凝压力下饱和水的焓值，kJ/kg。

将已知数据 $D=1\text{kg/s}$ 及 $h_{1'}$ 和 h_3 的数据代入，得

$$Q_E = 2177 \text{ kJ/s}$$

2）冷凝器的放热量 Q_C　设工质循环流量为 D kg/s，根据能量守恒定律，入冷凝器的能量 $h_{4'}$ 应等于出冷凝器的能量 Q_C+Dh_3，因此有

$$Q_C + Dh_3 = Dh_{4'}$$
$$Q_C = D(h_{4'} - h_3) \tag{3-11}$$

将已知数据代入上式，可得

$$Q_C = 2400 \text{ kJ/s}$$

3）吸收器的放热量 Q_A　由于吸收器中能量平衡，进入吸收器的能量为 $(a-1)Dh_8 + Dh_{1'}$，出吸收器的能量为 $Q_A + aDh_2$，因此有

$$(a-1)Dh_8 + Dh_{1'} = Q_A + aDh_2$$
$$Q_A = D\left[h_{1'} + (a-1)h_8 - ah_2\right] \tag{3-12}$$

将已知数据代入上式，可得

$$Q_A = 3308 \text{ kJ/s}$$

4）发生器的耗热量 Q_G　由于发生器的热平衡，进入发生器的能量为 $Q_G + aDh_7$，出发生器的能量为 $(a-1)Dh_4 + Dh_{4'}$，因此得到

$$Q_G = D\left[(a-1)h_4 + h_{4'} - ah_7\right] \tag{3-13}$$

将已知数据代入上式，可得

$$Q_G = 3532 \text{ kJ/s}$$

5）溶液热交换器的换热量　忽略溶液热交换器的热损失时，溶液热交换器的换热量 Q_H 等于浓溶液的放热量，也等于稀溶液的吸热量，即

$$Q_H = (h_4 - h_8)(a-1)D = (h_7 - h_2)aD \tag{3-14}$$

将已知数据代入上式，可得

$$Q_h = 1728 \text{ kJ/s}$$

6）机组热平衡分析　按照能量守恒定律，入、出机组的能量应该相等，可以以此校核各部件及过程计算的正确性。如果忽略泵的功耗，则有

$$Q_E + Q_G = Q_A + Q_C$$

将前面计算的数据代入，可得

$$Q_E + Q_G = 5709 \text{kJ/s} = Q_A + Q_C \approx 5709 \text{kJ/s}$$

进入机组和离开机组的能量相等，可以认为前面的计算是正确的。

(4) 单效溴化锂吸收式热泵热力系数的计算与分析

1）热力系数计算　根据热力系数的定义，可得单效溴化锂吸收式热泵的热力系数为

$$\zeta = \frac{Q_A + Q_C}{Q_G} = \frac{5709}{3532} = 1.616$$

即消耗 1J 的高温驱动能量，可以得到 1.616J 的中温热能。

2）提高单效溴化锂吸收式热泵热力系数的分析　热力系数用各状态点的焓及溶液循环倍率表达式为

$$\zeta = \frac{Q_A + Q_C}{Q_G} = \frac{Q_E + Q_G}{Q_G} = 1 + \frac{Q_E}{Q_G} = 1 + \frac{h_{1'} - h_3}{h_{4'} - h_4 + a(h_4 - h_7)} \tag{3-15}$$

将式（3-14）移项得

$$a(h_4 - h_7) = a(h_8 - h_2) + h_4 - h_8$$

代入式（3-15）得到

$$\zeta = 1 + \frac{h_{1'} - h_3}{h_{4'} - h_8 + \alpha(h_8 - h_2)} \tag{3-16}$$

由式（3-16），可得到提高单效溴化锂吸收式热泵热力系数的几个方法。

① 增大浓度差 $\xi_2 - \xi_1$。

由式（3-16）可见，溶液循环倍率 a 对热力系数 ζ 的影响很大，为了增大 ζ，必须减小 a。从式（3-8）可知，为了减小 a，必须增大浓度差 $\xi_2 - \xi_1$ 及减小浓溶液的浓度 ξ_2，但溶液差过大时，溶液热交换器出口处浓溶液的状态易接近液-固平衡线，溶液有出现结晶的危险，故一般使 $\xi_2 - \xi_1 < 5\%$。

② 增大溶液热交换的热回收率。

若采用理想溶液热交换器时，图 3-8 中浓溶液的温度可由点 8 降低至点 6，从浓溶液中可以回收 $a(D-1)(h_4 - h_6)$ 的热量。因此，对溶液热交换器的热回收率 η_{ex} 做如下定义：

$$\eta_{ex} = \frac{h_4 - h_8}{h_4 - h_6} \tag{3-17}$$

由上式可得

$$h_8 = h_4 - (h_4 - h_6)\eta_{ex}$$

将上式代入式（3-16），整理可得

$$\zeta = 1 + \frac{h_{1'} - h_3}{h_{4'} - h_6 + (a-1)(1 - \eta_{ex})(h_4 - h_6) + a(h_6 - h_2)} \tag{3-18}$$

从式（3-18）可知，为提高 ζ，除了应减小溶液循环倍率 a 外，还应该增加溶液热交换器的热回收率 η_{ex}。而且，溶液循环倍率 a 越大，溶液热交换器的热回收率对热力系数的影响越大。

3.3.3 双效溴化锂吸收式热泵循环及计算

采用高品位热能作为驱动能源，如 0.25～0.8MPa（表压）的水蒸气、150℃以上的热水或燃油、燃气等燃料直接燃烧加热时，可采用双效或多效吸收式热泵循环。此处以双效溴化锂吸收式热泵为例，介绍其分析方法。

（1）双效溴化锂吸收式热泵的工作原理与循环　双效（也称两效）吸收式热泵有两个发生器，第一发生器中产生的工质蒸汽，又用作第二发生器的热源，因此，热力系数可明显提高。但是，由于第一发生器中溶液的温度升高，其腐蚀性增强，而且高、低压部分的压差增大，机组结构也比较复杂。双效溴化锂吸收式热泵的工作原理如图3-10所示。

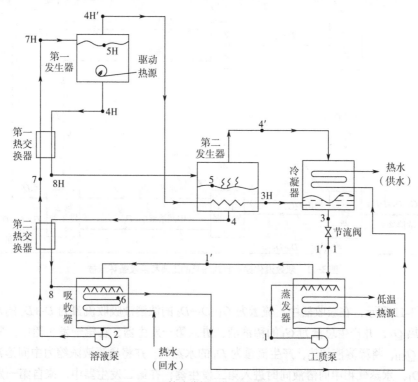

图3-10　双效溴化锂吸收式热泵的工作原理

在蒸发器中，喷淋在传热管上的工质水，吸取在管内流动的低温热源的热量而蒸发，进入吸收器，被喷淋在吸收器管外的浓溶液吸收。吸收过程中产生的热量，用于加热热水的回水。

浓溶液在吸收器中吸收工质水蒸气后变为稀溶液，由溶液泵输送，经第二热交换器和第一热交换器后送往第一发生器。在第一热交换器和第二热交换器内，稀溶液分别被来自第二发生器和第一发生器的高温浓溶液加热。

进入第一发生器的稀溶液，被驱动热源加热、沸腾，产生工质水蒸气而被浓缩，变为浓度较高的中间溶液。中间溶液经第一热交换器适当降温后，进入第二发生器。

在第二发生器内，中间溶液被来自第一发生器的工质水蒸气（在管内）加热、沸腾，再产生工质水蒸气而被浓缩成浓溶液。浓溶液经第二热交换器放热后，进入吸收器并喷淋在吸收器的管簇上。

在第二发生器中产生的工质水蒸气进入冷凝器，加热来自吸收器的被初步加热的热水回水，同时水蒸气被冷却凝结成工质水。此外，第二发生器管内来自第一发生器的工质水蒸气，也在第二发生器加热中间溶液过程中凝结成水，进入冷凝器，与来自第二发生器的蒸汽凝结水混合，经节流阀降压后进入蒸发器，开始下一个循环。图 3-11 为溶液与工质的循环路径及流量。

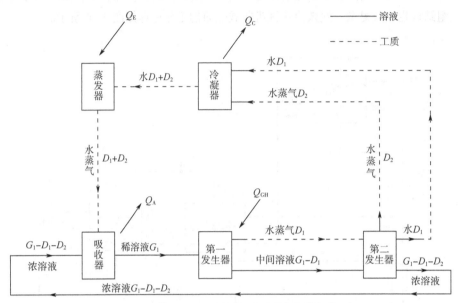

图 3-11　双效溴化锂吸收式热泵的工质和溶液循环示意

如图 3-11 所示，在吸收器中，流量为 $G_1-D_1-D_2$ 的浓溶液吸收流量为 D_1+D_2 的水蒸气，放出吸收热 Q_A，并产生总量为 G_1 的稀溶液，进入第一发生器；在第一发生器中，驱动热源输入热量 Q_{GH}，将稀溶液加热，产生流量为 D_1 的水蒸气，并将稀溶液浓缩为中间溶液，流量变为 G_1-D_1，水蒸气和中间溶液同时进入第二发生器；在第二发生器中，来自第一发生器的水蒸气冷凝为水，产生流量为 D_2 的水蒸气，并将中间溶液浓缩成流量为 $G_1-D_1-D_2$ 的浓溶液，返回吸收器进行下一个循环；流量为 D_1 的水和流量为 D_2 的水蒸气进入冷凝器，在其中冷凝放热，全部变为水，流量为 D_1+D_2，进入蒸发器；在蒸发器中，吸收低温热源的热量蒸发为水蒸气，流量为 D_1+D_2，进入吸收器开始下一个循环。

（2）双效溴化锂吸收式热泵循环的典型参数　双效溴化锂吸收式热泵的循环及关键点的典型参数在 p-T 图上的表示如图 3-12 所示，在 h-ξ 图上的表示如图 3-13 所示。

该热泵循环中，第一发生器的压力为 760mmHg，第二发生器的压力为 72mmHg，吸收器的压力为 6.55mmHg；稀溶液的质量分数为 58.2%，中间溶液的质量分数为 60.5%，浓溶液的质量分数为 62.5%。图 3-13 中各基本过程如下。

6→2：吸收过程。

2→7H：稀溶液在第一和第二热交换器中的升温过程。

7H→5H：第一发生器中稀溶液的加热过程。

5H→4H：稀溶液在第一发生器中的浓缩过程。

4H→8H：中间溶液在第一热交换器中的降温过程。

8H→5：第二发生器中，中间溶液的闪发（等焓变化）过程，即部分工质闪发出来，使溶液温度由过热状态温度 T_{SH} 降低到该浓度、压力下的气液饱和温度 T_5。由于闪发的工质很少，溶液浓度的变化也很小，在图上无法表示出来。

5→4：第二发生器中的浓缩过程。

4→8：浓溶液在第二热交换器中与稀溶液进行热交换，温度下降。

8→6：吸收器中的冷却过程。

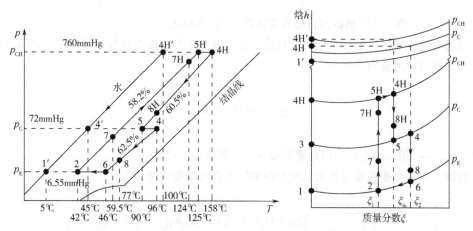

图 3-12　双效溴化锂吸收式热泵循环在 p-T 图上的表示

图 3-13　双效溴化锂吸收式热泵循环在 h-ξ 图上的表示

（3）双效溴化锂吸收式热泵循环的热力系数分析　由热力系数的定义，可得双效溴化锂吸收式热泵的热力系数计算式为

$$\zeta = \frac{Q_A + Q_C}{Q_{GH}} = \frac{Q_E + Q_{GH}}{Q_{GH}} = 1 + \frac{Q_E}{Q_{GH}} \tag{3-19}$$

式中　Q_{GH}——第一发生器的加热量，kJ/s；

　　　Q_E——吸收器的放热量，kJ/s；

　　　Q_C——冷凝器的放热量，kJ/s。

Q_{GH} 可由溶液侧的热平衡关系求得，即

$$Q_{GH} = G_M h_{4H} + D_1 h_{4H'} - G_1 h_{7H} \tag{3-20}$$

式中　G_M——第一发生器出口中间溶液的流量，kJ/s；

　　　D_1——第一发生器中产生的工质蒸汽量，kJ/s；

　　　G_1——吸收器出口稀溶液量，kJ/s；

　　　$h_{4H'}$——第一发生器中产生的工质蒸汽焓值，kJ/kg；

　　　h_{4H}——第一发生器出口中间溶液的焓值，kJ/kg。

由于

$$G_{\mathrm{M}} = G_1 - D_1 \tag{3-21}$$

代入上式，得

$$Q_{\mathrm{GH}} = G_1(h_{4\mathrm{H}} - h_{7\mathrm{H}}) + D_1(h_{4\mathrm{H'}} - h_{4\mathrm{H}}) \tag{3-22}$$

式中　$h_{7\mathrm{H}}$——第一热交换器出口处稀溶液的焓值，kJ/kg。
　　又因为第二发生器的加热量，来自第一发生器产生的工质水蒸气，所以工质水蒸气在第二发生器中的放热量为

$$Q_{\mathrm{G1}} = D_1(h_{4\mathrm{H'}} - h_{3\mathrm{H}}) \tag{3-23}$$

式中　$h_{3\mathrm{H}}$——第二发生器出口处液态循环工质的焓值，kJ/kg。
　　同时，由热平衡关系可得第二发生器中加热溶液所需的热量为

$$Q_{\mathrm{G2}} = G_2 h_4 + D_2 h_{4'} - G_{\mathrm{M}} h_{8\mathrm{H}} \tag{3-24}$$

式中　$h_{8\mathrm{H}}$——第二发生器进口处中间溶液的焓值，kJ/kg；
　　　　D_2——第二发生器中产生的工质蒸汽量，kg/s；
　　　　G_2——第二发生器出口的浓溶液量，kg/s。
　　设 D_0 为机组总的工质循环量，即 $D_0 = D_1 + D_2$，则

$$D_2 = D_0 - D_1 \tag{3-25}$$

以及

$$G_1 = G_2 + D_0 \tag{3-26}$$

由式（3-24）、式（3-21）、式（3-22）、式（3-26），可得

$$Q_{\mathrm{G2}} = G_1(h_4 - h_{8\mathrm{H}}) + D_0(h_{4'} - h_4) + D_1(h_{8\mathrm{H}} - h_{4'}) \tag{3-27}$$

由于第二发生器中蒸汽放热量就是对溶液的加热量，即 $Q_{\mathrm{G1}} = Q_{\mathrm{G2}}$，因此将 Q_{G1} 计算式（3-23）和式（3-27）联立，可得

$$D_1 = \frac{G_1(h_4 - h_{8\mathrm{H}}) + D_0(h_{4'} - h_4)}{(h_{4\mathrm{H'}} - h_{3\mathrm{H}}) + (h_{4'} - h_{8\mathrm{H}})} \tag{3-28}$$

将此式代入第一发生器所需加热量 Q_{GH} 的表达式，有

$$Q_{GH} = G_1(h_{4H} - h_{7H}) + \frac{G_1(h_4 - h_{8H}) + D_0(h_{4'} - h_4)}{(h_{4H'} - h_{3H}) + (h_{4'} - h_{8H})}(h_{4H'} - h_{4H}) \tag{3-29}$$

将溶液循环倍率定义式

$$a = \frac{G_1}{D_0} \tag{3-30}$$

代入上面的 Q_{GH} 式 (3-29)，可得

$$Q_{GH} = aD_0(h_{4H} - h_{7H}) + \frac{D_0[a(h_4 - h_{8H}) + (h_{4'} - h_4)]}{(h_{4H'} - h_{3H}) + (h_{4'} - h_{8H})}(h_{4H'} - h_{4H}) \tag{3-31}$$

此外，根据冷凝器、蒸发器、吸收器的热平衡关系，可得冷凝器、吸收器的放热量 Q_C、Q_A 和蒸发器的吸热量 Q_E，如下列各式所示：

$$Q_C = D_2(h_{4'} - h_3) + D_1(h_{3H} - h_3) = D_0[(h_{1'} - h_3) - D_1(h_{4'} - h_{3H})] \tag{3-32}$$

$$Q_A = (a-1)D_0 h_8 + D_0 h_{1'} - aD_0 h_2 \tag{3-33}$$

$$Q_E = D_0(h_{1'} - h_3) \tag{3-34}$$

由式 (3-19)、式 (3-29)、式 (3-34)，可得热力系数为

$$\zeta = 1 + \frac{Q_E}{Q_{GH}} = 1 + \frac{D_0(h_{1'} - h_3)}{G_1(h_{4H} - h_{7H}) + D_1(h_{4H'} - h_{4H})} \tag{3-35}$$

$$= 1 + \frac{h_{1'} - h_3}{a(h_{4H} - h_{7H}) + \frac{D_1}{D_0}(h_{4H'} - h_{4H})}$$

式中，D_1/D_0 可由式 (3-28)、式 (3-30) 求得

$$\frac{D_1}{D_0} = \frac{a(h_4 - h_{8H}) + (h_{4'} - h_4)}{(h_{4H'} - h_{3H}) + (h_{4'} - h_{8H})} \tag{3-36}$$

由热力系数的表达式可知，为了提高 ζ，必须减少溶液循环倍率 a 和第一发生器产生的工质蒸汽量与工质总循环的比值（D_1/D_0）。而减少 D_1/D_0 的有效办法，由式 (3-36) 可知，也在于减少溶液循环倍率 a。

3.3.4 第二类吸收式热泵的循环

3.3.4.1 第二类吸收式热泵简介

根据工作于三个热源（驱动热源、低温热源、输出热源）间温度水平以及制热目的的不同，吸收式热泵可分为第一类吸收式热泵和第二类吸收式热泵（图 3-14）。

（1）两类吸收式热泵的对比

1）第一类吸收式热泵　其目的是利用少量的高温驱动热能，使热泵从低温热源吸热，获得大量满足用户需要的介于驱动热源温度和低温热源温度之间某一温度的热能，属"增量型"热泵。

2）第二类吸收式热泵　该类热泵通过消耗较多量的中温热能，以达到获得少量高温热能的目的，属"升温型"热泵，又称为热变换器。

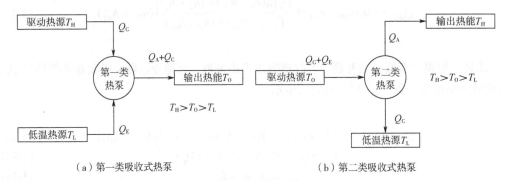

（a）第一类吸收式热泵　　　　　　（b）第二类吸收式热泵

图 3-14　两类热泵的能量转换和温度水平

（2）第一类吸收式热泵　通常提及吸收式热泵时多指第一类吸收式热泵。以单效溴化锂第一类吸收式热泵为例，其工作原理如图 3-15 所示。

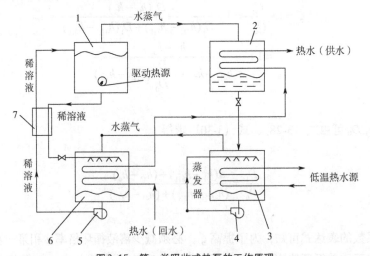

图 3-15　第一类吸收式热泵的工作原理

1—发生器；2—冷凝器；3—蒸发器；4—工质循环泵；5—溶液循环泵；6—吸收器；7—溶液热交换器

其工作过程为：发生器中的浓溶液被驱动热源加热产生高压高温水蒸气，进入冷凝器放热变为高压高温水，经节流后变为低温低压水和蒸汽的混合物进入蒸发器，吸收低温热源的热量变为蒸汽，蒸汽进入吸收器中被吸收放热。稀溶液和浓溶液不断循环维持发生器、吸收器中液位、溶液浓度、温度和压力的稳定。被加热热水（回水）先在吸收器中利用吸收过程产生的热量第一次升温，再进入冷凝器中利用工质蒸汽的冷凝放热进一步升温，最后得到符合要求的热水（供水）提供给热用户。

该热泵的热力系数为（设发生器中的加热量为 Q_G，吸收器中的放热量为 Q_A，冷凝器中的放热量为 Q_C，蒸发器中的吸热量为 Q_E）

$$\zeta_{H1} = \frac{Q_C + Q_A}{Q_G} = \frac{Q_G + Q_E}{Q_G} = 1 + \frac{Q_E}{Q_G} \tag{3-37}$$

由式（3-37）可见，第一类吸收式热泵的热力系数肯定大于 1。通常，对于单效第一类热泵，其热力系数可达 1.6～1.7；对双效第一类热泵，其热力系数可达 2.0～2.2。

（3）第二类吸收式热泵　单效溴化锂第二类吸收式热泵的工作原理如图 3-16 所示。由于第二类吸收式热泵是以获得少量高品位热能为目的的，其工作过程与第一类吸收式热泵具有明显的不同。

由图 3-16 可见，第二类吸收式热泵中，发生器和蒸发器均用中温驱动热源加热。驱动热源在发生器内加热稀溶液，产生低压工质蒸汽，进入冷凝器；在冷凝器内，低压工质蒸汽被低温热源冷却，工质由蒸汽冷凝为水，凝结水用工质泵压入蒸发器内；高压工质水在蒸发器管表面上吸收驱动热源的热量，蒸发汽化变为高压工质蒸汽，进入吸收器；在吸收器内，高压工质蒸汽被喷淋在吸收器管上的浓溶液吸收，浓溶液吸收蒸汽时产生的高温吸收热加热管内的热水，获得高温热水或高温蒸汽。这样，利用送往发生器、蒸发器的中温驱动热源与低温热源（冷却水）之间的热势差，在第二类吸收式热泵中制取了比中温驱动热源温度高的热水（或蒸汽）。

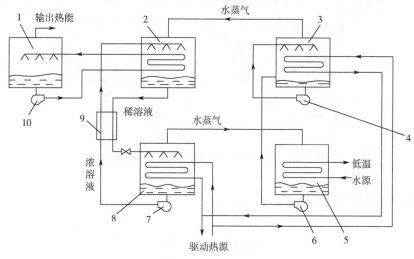

图 3-16　第二类吸收式热泵的工作原理

1—闪蒸器；2—吸收器；3—蒸发器；4，6—工质循环泵；5—冷凝器；7—溶液循环泵；8—发生器；9—溶液热交换器；10—热水循环泵

第二类吸收式热泵的工作特点是，吸收器和蒸发器内的压力要高于发生器和冷凝器内的压力。两者压力差越大，则输出高温热能和驱动中温热源间的温升也越大。吸收器与发生器之间的压力差，随低温热源（冷却水）温度的降低和驱动热源（加热水）温度的升高而增大。

第二类吸收式热泵的热力系数为（设发生器中的加热量为 Q_G，吸收器中的放热量为 Q_A，冷凝器中的放热量为 Q_C，蒸发器中的吸热量为 Q_E）

$$\zeta_{H2} = \frac{Q_A}{Q_E + Q_G} = \frac{Q_A}{Q_C + Q_A} = 1 - \frac{Q_C}{Q_C + Q_A} \tag{3-38}$$

由式（3-38）可见，第二类吸收式热泵的热力系数小于 1。对于单效第二类吸收式热泵，其热力系数可达 0.5；对于二级第二类吸收式热泵，由于温升高，其热力系数可达 0.3。

3.3.4.2 第二类吸收式热泵的热力系数分析

第二类吸收式热泵的溶液、工质流量及能量关系如图 3-17 所示。图中 D 表示工质的流量，a 表示溶液循环倍率，aD 表示稀溶液循环流量，$(a-1)D$ 表示浓溶液的流量，Q_G 为发生器的耗热量，Q_A 为吸收器的放热量，Q_C 为冷凝器的放热量，Q_E 为蒸发器的耗热量。

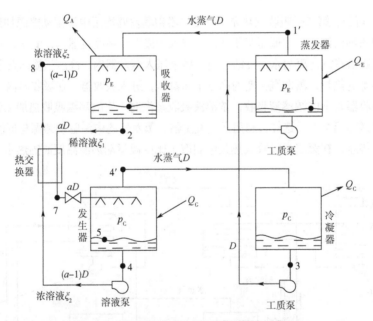

图3-17　第二类吸收式热泵溶液及工质的循环流量

对于整台热泵机组，由能量守恒，有

$$Q_E + Q_G = Q_A + Q_C \tag{3-39}$$

蒸发器中

$$Q_E = D(h_{1'} - h_3) \tag{3-40}$$

冷凝器中

$$Q_C = D(h_{4'} - h_3) \tag{3-41}$$

发生器中

$$Q_G = (a-1)Dh_4 + Dh_{4'} - aDh_7 \tag{3-42}$$

吸收器中

$$Q_A = (a-1)Dh_8 + Dh_{1'} - aDh_2 \tag{3-43}$$

溶液热交换器中

$$Q_H = \left[(a-1)D \right](h_8 - h_4) = aD(h_2 - h_7) \tag{3-44}$$

第二类吸收式热泵的热力系数为

$$\zeta_{H2} = \frac{Q_A}{Q_G + Q_E} = \frac{Q_A}{Q_A + Q_C} = \frac{1}{1 + \dfrac{Q_C}{Q_A}} = \frac{1}{1 + \dfrac{h_{4'} - h_3}{(a-1)h_8 + h_{1'} - ah_2}} = \frac{1}{1 + \dfrac{h_{4'} - h_3}{h_{1'} - h_8 - a(h_2 - h_8)}} \tag{3-45}$$

定义图 3-17 中溶液热交换器的热回收率 η_{ex} 为

$$\eta_{ex} = \frac{h_4 - h_8}{h_4 - h_6} \tag{3-46}$$

则式 (3-45) 变为

$$\zeta = \frac{1}{1 + \dfrac{h_{4'} - h_3}{h_{1'} - h_6 - a(1 - \eta_{ex})(h_6 - h_4) - a(h_2 - h_6)}} \tag{3-47}$$

由式 (3-47) 可知，要提高第二类热泵的热力参数，必须减少溶液循环倍率 a（增大浓度差或减少浓溶液浓度）和增大溶液热交换器的热回收率 η_{ex}。

3.4 吸收式热泵的结构和流程

3.4.1 单效溴化锂吸收式热泵的结构和流程

单效溴化锂吸收式热泵的主要部件如下：

① 蒸发器　借助工质的蒸发来从低温热源吸热。

② 吸收器　吸收工质蒸汽，放出吸收热。

③ 发生器　使稀溶液沸腾产生工质蒸汽，稀溶液同时被浓缩。

④ 冷凝器　使发生器产生的工质蒸汽凝结放出热量。

⑤ 溶液热交换器　在稀溶液和浓溶液间进行热交换。

⑥ 溶液泵　将稀溶液送往发生器。

⑦ 工质泵　将工质水加压喷淋在蒸发器管子上。

⑧ 抽气装置　抽除不凝性气体。

⑨ 制热量控制装置　根据热用户的需热量控制热泵的制热量。

⑩ 安全装置　确保热泵安全运转所需的装置。

此外，对直燃式机组还有燃烧装置等。上述①～④部分有各种组合方式，实际产品大致有双筒型和单筒型两种，个别也有采用三筒结构的。双筒型是将压力大致相同的发生器和冷凝器，置于一个筒体内，而将蒸发器和吸收器置于另一个筒体内。单筒型则将①～④部分置于一个筒体内。

（1）双筒型结构　双筒型吸收式热泵的设备布置方式有图3-18所示的四种。

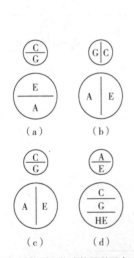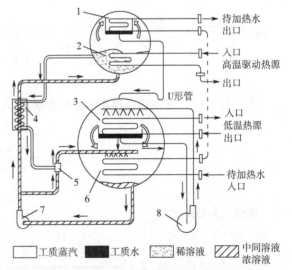

图3-18　双筒型吸收式热泵的设备布置方式
C—冷凝器；G—发生器；A—吸收器；
E—蒸发器；HE—溶液交换器

图3-19　某双筒型单效溴化锂吸收式热泵的系统
1—冷凝器；2—发生器；3—蒸发器；4—溶液热交换器；
5—引射器；6—吸收器；7—溶液泵；8—工质泵

某双筒型单效溴化锂吸收式热泵的系统如图3-19所示。

图3-19中，发生器和冷凝器压力较高，布置在一个筒体内，称为高压筒；吸收器与蒸发

器压力较低，布置在另一筒体内，称为低压筒。高压筒与低压筒之间通过 U 形管连接，以维持两筒间的压差。在低压筒下部的吸收器 6 内储有吸收蒸汽后的稀溶液，稀溶液通过溶液热交换器 4 后，压入高压筒中的发生器 2；在发生器内的稀溶液由于驱动热源的加热解析出蒸汽，产生的蒸汽在冷凝器 1 内冷凝，冷凝后的工质水经 U 形管流入低压筒内的蒸发器 3。工质水吸收低温热源的热量，蒸发为工质蒸汽。在蒸发器 3 内产生的工质蒸汽被从发生器 2 出来的浓溶液吸收，又成为稀溶液流入吸收器下部，如此循环工作，达到连续制热的目的。溶液热交换器 4 的作用是将从发生器 2 来的高温浓溶液，与从吸收器 6 来的稀溶液进行热交换，回收部分热量以提高循环的热力系数。从溶液泵 7 出来的稀溶液分成两路：一路通过溶液热交换器而进入发生器；另一路进入引射器 5（其质量流量与循环工质质量流量的比值称为稀溶液在吸收器中的再循环倍率），引射从发生器 2 来的浓溶液，混合后进入吸收器 6 的喷淋系统，吸收从蒸发器 3 来的水蒸气。还有一种布置是浓溶液直接喷淋的吸收器系统，即浓溶液不与稀溶液通过引射器混合，而是直接进入吸收器吸收工质水蒸气；溶液泵出来的稀溶液全部通过溶液热交换器而进入发生器。

（2）单筒型结构　单筒型吸收式热泵的设备布置方式有图 3-20 所示的四种。

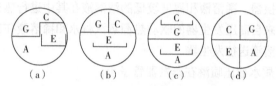

图 3-20　单筒型吸收式热泵的设备布置方式
C—冷凝器；G—发生器；A—吸收器；E—蒸发器

某单筒型单效溴化锂吸收式热泵的系统如图 3-21 所示。单筒结构的单效溴化锂吸收式热

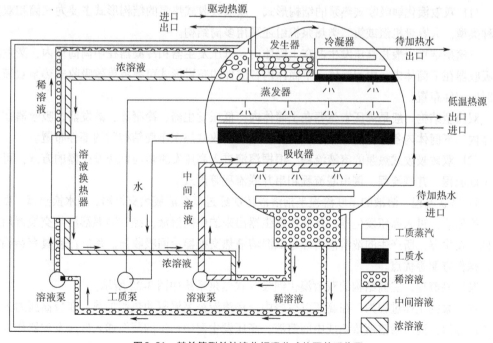

图 3-21　某单筒型单效溴化锂吸收式热泵的系统图

泵工作过程与双筒型相似，但发生器、冷凝器、蒸发器、吸收器均放在一个筒体内，由中间隔板将筒体分为上下两部分；上部分中发生器、冷凝器左右布置，下半部分中蒸发器与吸收器上下布置。

3.4.2　双效溴化锂吸收式热泵的结构和流程

以蒸汽加热型双效溴化锂吸收式热泵为例，其主要部件如下。

① 蒸发器　借助工质的蒸发来从低温热源吸热。

② 吸收器　吸收工质蒸汽，放出吸收热。

③ 高压发生器　驱动热源在其中直接加热使溶液浓缩，并产生工质蒸汽。

④ 低压发生器　来自高压发生器的工质蒸汽在其中凝结放热使溶液浓缩，并产生工质蒸汽。

⑤ 冷凝器　使发生器产生的工质蒸汽凝结放出热量。

⑥ 高温溶液热交换器　稀溶液和温度较高的中间溶液或浓溶液在其中进行热交换。

⑦ 低温溶液热交换器　稀溶液和温度较低的浓溶液在其中进行热交换。

⑧ 凝水换热器　来自高压发生器的驱动热源蒸汽凝水和稀溶液在其中进行热交换。

⑨ 溶液泵　将稀溶液送往发生器。

⑩ 工质泵　将工质水加压喷淋在蒸发器管子上。

⑪ 抽气装置　抽除机组内的不凝性气体。

⑫ 制热量控制装置　根据用户需要控制制热量和能量消耗。

⑬ 安全装置　确保安全运转所需的装置。

此外，对直燃机组还有燃烧器等。上述① ~ ⑧为机组的主要换热器，通常为管壳式结构。

（1）双效溴化锂吸收式热泵的结构形式　双效吸收式热泵的结构形式主要为三筒和双筒两种类型，大容量机组或第二类热泵机组还采用多筒结构。

三筒型结构一般是高压发生器在上筒体内，低压发生器和冷凝器在中间筒体内，蒸发器和吸收器在下筒体内。中间筒体、下筒体内各部件的布置形式可参考单效吸收式热泵双筒结构时的部件布置。

双筒型结构一般是高压发生器在上筒体内，低压发生器、冷凝器、蒸发器、吸收器在下筒体内。下筒体内各部件的布置形式可参考单效吸收式热泵单筒结构时的部件布置。

（2）双效吸收式热泵的溶液流程　根据溶液进入高压发生器与低压发生器的方式，可分为串联流程、并联流程、倒串联流程和串并联流程等形式。

1）串联流程　溶液的串联流程是指溶液依次经过低温溶液热交换器、凝水换热器、高温热交换器后，进入高压发生器，从高压发生器出来的中间溶液，经过高温溶液热交换器后进入低压发生器，所产生的浓溶液再经过低温溶液热交换器流回吸收器。串联流程具有结构简单、操作方便等优点。

某串联流程、三筒结构的双效溴化锂吸收式热泵系统如图 3-22 所示。

该热泵的工作过程为：在高压发生器中，稀溶液被高温驱动热源加热，在较高压力下产生工质蒸汽，同时稀溶液浓缩成中间溶液。高压发生器中产生的蒸汽通入低压发生器作为热源，加热由高压发生器经高温溶液热交换器流至低压发生器中的中间溶液，使之再次产生工质蒸汽，中间溶液浓缩成浓溶液。驱动热源的能量在高压发生器和低压发生器中两次得到利用，故称为双效循环。

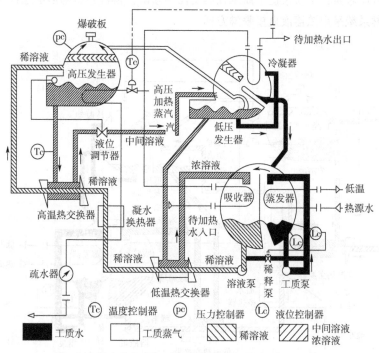

图3-22　某串联流程的双效溴化锂吸收式热泵系统（三筒）

高压发生器中产生的蒸汽，在低压发生器中加热溶液后凝结成水，经节流后闪发的蒸汽和低压发生器中产生的蒸汽一起进入冷凝器中放热并凝结成水。冷凝器中的工质水经 U 形管或小孔节流后进入蒸发器，喷淋在蒸发器管簇上，吸取管内低温热源介质的热量，并变为蒸汽。蒸发器中产生的蒸汽被由低压发生器浓缩并经低温溶液热交换器降温后喷淋在吸收器管簇上的浓溶液吸收，浓溶液吸收蒸汽后变为稀溶液，并由溶液泵压出，经低温溶液热交换器、凝水换热器和高温溶液热交换器加热后，进入高压发生器开始下一个循环。

但在串联流程中，由于利用从高压发生器出来的品位较低的工质蒸汽，作为低压发生器的热源，而低压发生过程又处于高浓度的放气范围，因此当工作蒸汽参数较低时，低压发生器的放气范围较小，热力系数较低。如果溶液先进低压发生器，后进高压发生器，则能使加热能源得到合理利用，即低品位热源加热低质量浓度的溶液，高品位热源加热高质量浓度的溶液。这种溶液串联流程称为倒串联流程，其主要缺点是需增加一个高温溶液泵。

2）并联流程　溶液的并联流程是指从吸收器出来的稀溶液,在溶液泵输送下，经过低温热交换器、凝水换热器和高温热交换器后，以并联方式进入高压发生器和低压发生器，再流回吸收器。该流程可增大低压发生器的放气范围，提高机组的热力系数。

某并联流程、三筒结构的双效溴化锂吸收式热泵系统如图 3-23 所示。

该机组中高压发生器一个筒，低压发生器和冷凝器上下合为一个筒，左右布置在机组的上方，蒸发器和吸收器并列布置在机组的下筒体。高压发生器和低压发生器都采用沉浸式结构，蒸发器和吸收器采用喷淋式结构。该机组溶液按并联流程流动，即从吸收器流出的稀溶液，由溶液泵经过低温溶液热交换器和凝水换热器升温后，同时进入低压发生器和高压发生器浓缩，然后一起流回吸收器。被加热水按串联流程流动，即先进吸收器，后经冷凝器流出。机组采用两台屏蔽泵：工质泵使工质水在蒸发器中喷淋，溶液泵将稀溶液送往高压发生器。吸收器的喷淋系统采用浓溶液直接喷淋方式。

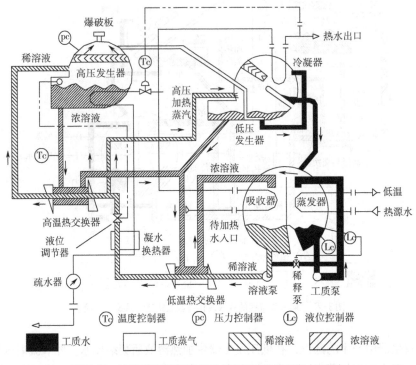

图3-23　某并联流程的双效溴化锂吸收式热泵系统（三筒）

3）串并联流程　串并联流程是指稀溶液经过低温、高温溶液热交换器后，以并联方式进入高压发生器和低压发生器，流出高压发生器的溶液，再进入低压发生器闪蒸，然后一起流回吸收器。

3.5　吸收式热泵的主要部件

3.5.1　发生器

吸收式热泵发生器的驱动热源不同、发生器中的压力不同时，发生器的结构也有所不同。

3.5.1.1　不同驱动热源的发生器

（1）蒸汽或热水型热泵的发生器　以热水或蒸汽为驱动热源时，发生器通常为管壳式结构，管内通驱动热源介质（蒸汽、热水等）加热管外的溴化锂溶液直至沸腾，产生工质蒸汽，同时将稀溶液浓缩。

（2）直燃型热泵的高压发生器　直燃型机组多为双效，其低压发生器也用高压发生器产生的蒸汽驱动，但高压发生器则由燃料燃烧产生的高温烟气加热。

发生器用高温烟气加热时，其结构与蒸汽或热水加热的最大区别是高压发生器、燃烧设备、烟囱等共同组成热源回路，并设有对烟气余热的回收装置。高压发生器中通常包括炉筒、换热器和气液分离器等组件。

炉筒通常采用上部水平的特殊形状，以减少液体的容量。燃料和空气由燃烧器进入炉筒，在其中燃烧产生高温烟气，通过炉筒和换热器加热溶液后，烟气经烟囱排出再由被加热水回收余热。

气液分离器由挡液装置和分离腔室组成，位于筒体的顶部。溶液被加热浓缩时产生的工质蒸汽，经挡液装置净化后，从分离器流出。

高压发生器中烟气与溶液的换热器通常采用液管式和烟管式两种结构。

液管式换热器的管材一般为锅炉钢管，管型有光管、肋片管或螺纹管，一般在高温区采用光管，在低温区采用肋片管。溶液在管内流过，高温烟气在管外加热。为有利于蒸汽的发生，传热管簇一般采用立式结构，即炉筒是水平布置的，液管是垂直布置的。液管式对流换热器结构比较紧凑，换热效果较好，但热应力较大，检漏和清灰不便。

烟管式换热器的传热管簇通常和炉筒一样采取水平布置，烟管焊接在筒体两端的管板上，便于检漏和清灰。但传热管簇水平布置时，不利于蒸汽从管壁分离，为此一种改进形式是炉筒为水平布置、烟管做垂直布置的 L 形高压发生器。烟管式对流换热器的传热管簇垂直布置在炉筒后部，有利于蒸汽脱离，避免局部过热，且炉筒浸没在溶液中，被称为湿燃烧室，可以减少热应力。

3.5.1.2　单效和双效机组的发生器

（1）单效机组的发生器　单效吸收式热泵只有一个发生器，驱动热源温度较高时，可采用沉浸式结构。驱动热源温度相对低时，为防止沉浸式结构溶液浸没高度带来的不利影响，多采用喷淋式结构，可提高传热、传质效果。

（2）双效机组的发生器　双效吸收式热泵中，通常高压发生器采用沉浸式结构，低压发生器采用沉浸式或喷淋式结构。

1）高压发生器　以蒸汽或热水为驱动热源时，高压发生器通常为一个单独的筒体，主要由传热管、筒体、挡液装置、浮动封头、液囊、端盖、管板及折流板等组成。

① 传热管　由于高压发生器中温度高，基于腐蚀和强度的考虑，传热管材料多采用铜镍合金、钛合金及不锈钢管，以胀接或焊接方式固定在管板上，且为强化传热传质过程，传热管多用高效传热管，如外肋管、表面多孔管、滚花管、等曲率管等。

② 筒体、管板和隔板　一般用钢材制作。筒体中间设隔板，既支撑住钢管的重量，又促使溶液产生扰动，增强传热效果。

③ 挡液装置　由于高压发生器中溶液沸腾剧烈，溴化锂溶液的微小液滴会被工质蒸汽带入冷凝器中，造成工质水污染，引起机组蒸发温度升高，使机组性能下降。解决此问题的办法，一是降低工质蒸汽流速，二是设置挡液装置，阻止小液滴通过。常用的挡液装置有人字形结构、滤网形结构、交错板形结构、交错孔形结构等。

④ 浮动封头、U 形传热管 由于筒体和传热管的热膨胀系数相差很大，在高压发生器的高温下将产生较大的热应力。为此，可采用浮动封头、U 形传热管和活动折流板等结构，并对传热管进行预处理来消除热应力。

⑤ 液囊 通常在浓溶液出口处设液囊。液囊内设有限位板，以保持液位高度。限位板高度以保持液面之上暴露 1~2 排传热管为好，既有利于传热、传质，又可对溶液的飞溅起阻尼作用。限位板下部有溢流孔。

2) 低压发生器 双效机组中低压发生器通常和冷凝器放在一个筒体内，其结构有沉浸式和喷淋式两种。

① 沉浸式低压发生器 应用较普遍，结构和高压发生器相似，且由于管内热源温度较低，热应力较小，其结构可相对简单。

② 喷淋式低压发生器 由于不存在溶液浸没高度的影响，在小热流密度、小温差的情况下，具有较好的传热、传质性能，其关键是使溶液喷淋均匀，使每根管子都能充分润湿。

③ 自动熔晶管 设在低压发生器的液囊中。当溶液热交换器发生结晶时，低压发生器内的浓溶液不能流回吸收器，使液位上升。当液位上升至自动熔晶管开口处时，浓溶液经自动熔晶管直接流回吸收器，与吸收器内的稀溶液混合后使温度上升。高温溶液由溶液泵打入低温热交换器管内，加热管外结晶的浓溶液使结晶熔解。较常见的 J 形熔晶管如图 3-24 所示。

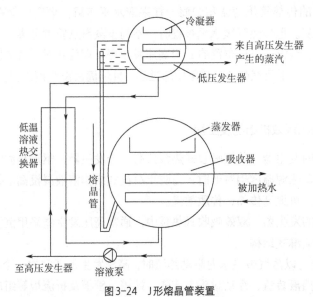

图 3-24 J 形熔晶管装置

④ 挡板装置 低压发生器和冷凝器之间也设置挡液板，其作用是防止溴化锂溶液被工质蒸汽夹带到冷凝器中。

3.5.2 吸收器

吸收器一般是管式结构的喷淋式热交换器，将浓溶液喷淋在管子表面上，吸收工质蒸汽，并放出吸收热。

（1）吸收器中浓溶液的喷淋方式 喷淋方法一般有两种：一种是喷嘴喷淋，即使溶液在一定的压力下用喷嘴雾化，形成均匀的雾滴，喷淋在传热管上；另一种是采用浅水槽的淋激式喷淋方法。

1）喷嘴喷淋方法　喷嘴喷淋系统由喷嘴和喷淋管组成，喷嘴多采用旋涡式或离心式。为保证有足够的溶液喷淋在传热管上，可由浓溶液直接喷淋，也可由浓溶液混入部分稀溶液后喷淋。喷淋的压力可用三种方式获得：一是借助于发生器和吸收器之间的压力差，将由发生器送往吸收器的浓溶液直接喷淋；二是将溶液泵送往发生器的稀溶液旁通一部分，使之与浓溶液相混，然后加以喷淋；三是借助于专用的溶液喷淋泵，将大量溶液加以喷淋。

2）淋激式喷淋方法　淋激式喷淋系统通常使溶液通过钻有许多小孔的淋板，均匀地喷淋在传热管上。淋板有压力式和重力式两种，压力式淋板是靠溶液泵的压力进行喷淋，具有较好的喷淋效果，重力式淋板是靠布液盒内的溶液自身重力进行喷淋。重力式淋板的喷淋压力低，喷射角较小，但结构简单，耗泵功率小，应用较普遍。

（2）吸收器的布置　由于吸收器和蒸发器的压力相同，二者通常布置在一个筒体内，如图3-25所示。

由于筒体内压力较低，吸收器和蒸发器的管列布置应尽量减少从蒸发器管列到吸收器的工质水蒸气压力损失。

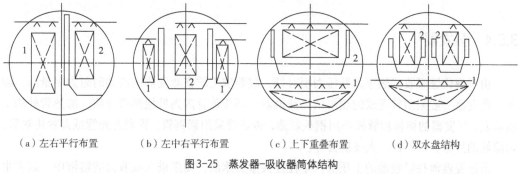

（a）左右平行布置　　　（b）左中右平行布置　　　（c）上下重叠布置　　　（d）双水盘结构

图3-25　蒸发器-吸收器筒体结构

1—吸收器；2—蒸发器

（3）吸收器的传热管　吸收器的传热管可采用铜或铜镍材料，形状有圆形或异形光管、高效传热管，高效传热管有斜槽管、纵槽管、等曲率管。传热管的排列有直排、交错排、不等距排、曲面排等多种形式，主要目的是增强传热、传质的效果。

（4）吸收器中的抽气管系　由于吸收器是机组中压力最低的地方，最易聚积不凝气体，而不凝气体是影响吸收性能的主要因素。因此,可在吸收器内布置抽气管系来抽取不凝气体。

此外，因喷淋溶液先润湿最上面的管排，然后再依次滴在下面的管排上，最后聚集在筒体下部的液囊中。如果直接以筒体下部作为液囊，则所需的溶液量较多，为了减少溶液量，可以另外用薄钢板制造液囊。

3.5.3　冷凝器

冷凝器一般为壳管式结构，传热管内为待加热的介质，工质蒸汽在管外冷凝为工质水，工质水在管簇下部的水盘收集，经节流进入蒸发器。冷凝器可采用铜传热管（光管或双侧强化的高效管）和钢质的管板，筒体也由钢板制造。

冷凝器和发生器压力相同，通常布置在一个筒体内，典型结构如图 3-26 所示。

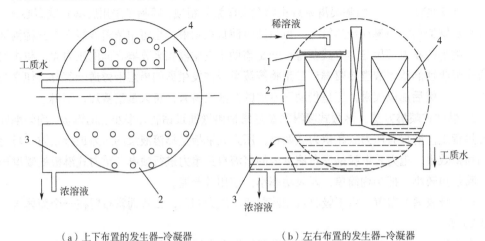

（a）上下布置的发生器–冷凝器　　　　　（b）左右布置的发生器–冷凝器

图3-26　发生器-冷凝器筒体结构

1—布液水盘；2—发生器；3—液囊；4—冷凝器

3.5.4　蒸发器

由于溴化锂吸收式热泵蒸发压力相对低，故要求工质在蒸发器内流动时阻力尽量小，因此，蒸发器一般采用管壳式的喷淋式热交换器，即传热管内为低温热源介质，加热管外的工质蒸发。蒸发器的筒体和管板都用钢板制造，传热管采用紫铜管，管型为光管或高效传热管，如滚轧肋片管、C 形管、大波纹管等。

出蒸发器流往吸收器的工质蒸汽中往往夹杂有水滴，如果进入吸收器的溶液中，则发生器中就要多消耗驱动热源的热量，为此，通常设置挡水板，且挡水板的压力损失应尽可能小。

使工质经过挡水板压力损失小的主要措施是降低工质蒸汽的速度，但挡水板处的蒸汽流速低时，往往需占据较大的空间，使筒体直径也相应加大。当不希望筒体直径过大时，可采用蒸汽流速（面速度）较高、压力损失稍大、由不锈钢或聚氯乙烯薄板制成的曲折形挡水板。

3.5.5　溶液热交换器

溶液热交换器通常采用管壳式结构，一般呈方形或圆形，布置在主筒体外下方；外壳和管板用碳钢制作，传热管采用紫铜管或碳钢管，采用扩管或焊接方式将管子固定在管板上。

溶液热交换器通常采用逆流或交错流的换热方式，稀溶液经溶液泵升压后在传热管内流动，浓溶液靠发生器和吸收器之间的压力差与位能差在传热管外流动。由于浓溶液容易结晶，在溶液热交换器中万一发生结晶，可以直接用喷灯加热热交换器的壳体，热量就可以从壳体传给管外的浓溶液，达到解除结晶的目的。因为溶液热交换器中传热介质没有相变，所以传热系数相对低，为强化传热，可提高介质流速，还可在外肋片管或在管内加装扰动器。

溶液热交换器还可采用板式结构和螺旋管结构以提高传热效果。

3.5.6　工质节流部件

工质由冷凝器下部经节流部件到蒸发器。工质节流部件通常有两种：U 形管（也有称 J 形管）和节流孔板，其示意图如图 3-27 所示。

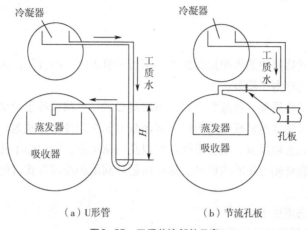

（a）U形管　　　　　　　（b）节流孔板

图 3- 27　工质节流部件示意

（1）U 形管节流装置　如图 3-27（a）所示，将冷凝器和蒸发器的连接水管做成 U 形管。为防止低负荷工质水量减少时发生窜通现象（蒸汽未经冷凝直接进入蒸发器），U 形管蒸发器一侧 U 形管弯头部分的长度 H，必须大于按下式求得的值。

$$H=最大负荷时的压力差（mH_2O）+余量（0.1 \sim 0.3mH_2O）$$

（2）孔板节流装置　如图 3-27（b）所示，在连接冷凝器和蒸发器的工质水管中，装设孔板或开节流小孔，以工质的流动阻力为液封（当低负荷使工质流量减少而冷凝器水盘中液封被破坏时，工质蒸汽有可能直接进入蒸发器）。

3.5.7　凝水换热器

双效吸收式热泵的驱动热源采用蒸汽时，往往需要凝水换热器。凝水换热器也是管壳式结构，传热管采用紫铜管或铜镍管。但因凝水有一定的压力，并与高压发生器相通，应作为压力容器来考虑。

3.5.8　抽气装置

溴化锂吸收式热泵通常在真空下运行，当因空气泄漏或缓蚀剂作用产生氢气时，在筒体内会积聚少量的不凝性气体，对传热过程、吸收和冷凝的传质过程均极为不利。因此，溴化锂吸收式热泵机组不但在开机前需将系统抽成真空，而且平时在运行中也要及时地抽除系统中存在的不凝性气体，即需要在机组安装自动抽气装置。

自动抽气装置的形式很多，其基本原理都是利用溶液泵排出的高压液体，作液气引射器的动力，在引射器出口端形成低压区，抽出不凝性气体；形成的两相流体进入气液分离器进行分离，气体被排出机组，溶液则流回吸收器。

3.5.9 屏蔽泵

屏蔽泵是吸收式热泵中的重要运动部件，相当于机组的"心脏"，其中输送溶液的称为溶液泵，输送工质的称为工质泵。

(1) 屏蔽泵的工作原理　屏蔽泵一般为单级离心式，电动机转子带动诱导轮和叶轮，将介质由屏蔽泵的进口输送至屏蔽泵的出口。屏蔽泵的润滑和冷却方式为：流经泵室的高压液体通过过滤网，进入前轴承室、电动机的内腔以及后轴承室、轴中心小孔，直到叶轮吸入口低压区，组成一个润滑和冷却的内循环。这种内循环润滑和冷却方式可使屏蔽泵具有结构紧凑、密封性好等优点。

(2) 屏蔽泵的选用要求

① 泄漏率应远低于机组的泄漏率。

② 采用耐输送介质腐蚀的材料。

③ 依靠自身输送的介质润滑和冷却。

④ 应具有最低的必需汽蚀余量。

⑤ 电动机应设置过热保护装置。

⑥ 应满足输送介质温度的要求。

(3) 屏蔽泵的结构特点　以 SS 型屏蔽泵为例，其结构特点如下。

① 屏蔽泵的叶轮和电动机的转子固定在同一根轴上，不但取消了传动机构，还提高了密封性能。

② 屏蔽泵的电动机与普通电动机不同，在转子的外侧及定子的内侧各加上一个圆筒形的屏蔽套。屏蔽套由非磁性材料，如 0Cr18Ni9 不锈钢制成，两端用氩弧焊焊接，这样既可保证密封性能，又能防止溴化锂溶液对定子和转子的腐蚀。

③ 设置自动推力平衡机构，并采用优质石墨轴承。通过开设在叶轮上的平衡孔，可调整叶轮轴的轴向推力，减轻轴承的负荷，延长轴承的寿命。

④ 各种规格的屏蔽泵均装有诱导轮，确保屏蔽泵具有 0.5m 以下的必需汽蚀余量，可有效降低机组高度。

⑤ 电动机采用 H 级绝缘材料，屏蔽泵的允许进液温度可达 110℃。电动机内设过热保护装置，可防止因意外情况导致电动机过热而烧毁。

⑥ 屏蔽泵出厂前经过严格的氦气检漏试验，保证泄漏率低于 $1 \times 10^{-2} Pa \cdot mL/s$。

⑦ 屏蔽泵的安装方式为卧式，其进出口与外部接管采用焊接方式连接。

⑧ 机壳由钢板卷制而成，质量轻，结构紧凑。

(4) 主要技术参数　以 SS 型屏蔽泵为例，其主要技术参数如表 3-7 所示。

表3-7　SS型屏蔽泵的主要技术参数

型号	流量/(m³/h)	扬程/m	配套电动机功率/kW
S（S）21A	1.2~8	3~9.6	0.4，0.75
SS211	2~10.5	4~20	1.5，2.2
S291	12~36	3~7	0.75，2.2
SS291	9~27	6.5~16.5	0.75，2.2
SS230	12~30	7~19	2.6，3.7，5.5
SS221	18~35	7~22.5	2.6，3.7，5.5
SS491	30~70	4~14.5	3.7，5.5，7.5
SS412	20~80	11~29	11

3.5.10　燃烧装置

直燃型吸收式热泵应用较多的燃烧器有燃油式和燃气式两大类，其结构和工作原理各有不同。

（1）燃烧器的选用要求　用于直燃式溴化锂吸收式热泵的燃烧器，选用时需考虑的因素有：

① 据燃料的种类，选择燃烧器的形式；

② 燃料燃烧充分，减少空气污染；

③ 全自动控制，高压电子点火并有火焰监测装置，使用安全可靠；

④ 油燃烧器设置回油系统，节省燃油；

⑤ 燃气燃烧器进气管道附件应成套供应；

⑥ 运行噪声低，操作维护方便。

（2）燃油燃烧器

① 燃油燃烧器的工作原理如下：燃烧器中的齿轮油泵通常将燃油压力升高到 0.5~2.0MPa，然后从喷嘴顶端的小孔喷出，并借助油的压力达到雾化。通过点火变压器，将高压电加在点火电极间，放电产生火花使燃油点燃。

② 结构外形为手枪式，其喷油量的调节方法有非回油式及回油式两种。非回油式的油量调节范围极小，一般很少应用。回油式燃油燃烧器当油量过剩时，可通过油量调节阀回流，这样可在喷油压力变化不太大的情况下，根据负荷来调节燃烧的油量。同时，借助于驱动电动机，可以随着油量调节阀的开度自动调节风门，保证燃烧所需的风量。

③ 有以下特点。

a. 喷嘴角度可选择，但建议使用 60°或 45°喷嘴。

b. 喷出的油雾为实心或半实心。

c. 油的雾化角大小与油压和油的黏度有一定的关系。

④ 功率调节：燃油燃烧器的功率（负荷）调节分为启停式、滑动式和比例调节式。启停

式中又有单级火力、二级火力和三级火力之分。

单级火力是简单启停，适用于小型机组。

二级火力的第一级一般选择用于基本负荷的喷油量，二级同时工作可用于满负荷。它通过两个喷嘴一起工作、一个单独工作和燃烧器关闭来进行功率调节。

三级火力有三个喷嘴，比二级有更多的调节手段。二级和三级适合于中型机组。

大型机组和控制精度要求比较高的机组，宜选用比例调节式。它采用回油喷嘴和慢速伺服电动机，负荷信号指挥伺服电动机带动燃油调节器，对燃油量做比例调节。此时，助燃空气量和燃油量是同时调节的，以保证最佳的燃烧效率。燃油燃烧器的最大输出取决于燃烧室压力。选用时应根据机组烟气侧的流动阻力和燃油量来选择合适型号。

(3) 燃气燃烧器　燃气燃烧器的外形结构主要有枪形和环形两种。燃气燃烧器设有主燃烧器和点火燃烧器。

主燃烧器由燃烧器头、燃烧器风道、风机、电动机、内门、燃气管以及点火用变压器等组成。燃气燃烧器的风机一般是离心式风机，由电动机带动。送风量由风门调节，以便与燃气量匹配。燃烧器头由砖衬和阻焰环构成，预先混合的燃气形成火焰高速向前喷燃，不致造成低速逆火。空气和燃气在燃烧前预混，在燃烧时呈湍流状态。

主燃烧器中燃气从燃气管中的燃气孔喷向中间流动的空气，混合后燃烧形成主火焰，而燃气和空气混合气的一部分，经过阻焰孔进入主火焰周围的环状低速空间进行燃烧，提高主火焰的燃烧速度，在防止主火焰脱离燃烧器而被吹灭的同时，可达到及时完成高负荷燃烧的作用。主燃烧器的空气量和燃气量调节机构通过连杆机构相连，这样在不同负荷时，均可保证有相应的过量空气系数。

点火燃烧器中燃气经针阀引入，空气则由点火用空气引出口引入。引入的空气量可由孔板调整，也可在引入空气的管道上设置针阀加以控制。空气和燃气适量混合而形成混合气体，经点火板喷出，并由火花塞引燃。火花塞位于点火板的中央，在点火板和火花塞之间加上6000V 的高压电，两者之间产生的火花引燃混合气体。

火焰监测器通常采用紫外线光电管，利用火焰中的紫外线确定火焰的存在，火焰一旦熄灭，它便能发出信号。该类火焰监测器动作可靠，不致因炉内高温和点火失误而产生误动作。

燃气燃烧器可使用城市煤气、天然气、液化气、沼气等气体燃料，在换用另一种燃气后，只需要在阀门组上稍作调节，而燃烧头部分基本不需要进行改动。

燃气燃烧器的功率（负荷）调节分快速滑动两级、慢速滑动两级和慢速比例调节。风门和燃气控制蝶阀通过凸轮连杆装置同步操作，保证了燃烧功率变化时的最佳燃烧效果。

燃气燃烧器的最大输出也取决于燃烧室压力，选型时根据设备烟气侧的阻力和需用功率选择；并提供燃气压头，以便配套适宜的燃气管路阀门和附件。

3.5.11　安全装置

溴化锂吸收式热泵的安全装置主要用于防止工质水冻结、溶液结晶、机组压力过高导致破裂、电动机绕组过流烧毁，保证直燃式机组的燃烧安全等，相关的检测点及监测内容如下。

① 蒸发器　工质水温度与流量，防止水冻结。

② 高压发生器 溶液温度、压力和液位，防止出现溶液结晶。

③ 低压发生器 熔晶管处温度，防止出现溶液结晶。

④ 吸收器和冷凝器 待加热水温度和流量，防止溶液结晶。

⑤ 屏蔽泵 液囊液位，防止屏蔽泵吸空；电动机电流或绕组温度，防过流使绕组烧毁。

⑥ 直燃式机组燃烧部分 火焰情况，确保安全点火及熄火自动保护；燃气压力，确保燃气管道安全、燃烧安全（如压力过低时防回火），防止燃烧波动过大；烟气温度，确保燃烧及烟气热量回收部分工作正常；风压及燃烧器风机电流，确保空气供应部分工作正常。

⑦ 机组内的真空度 确保机组的密封性。

溴化锂吸收式热泵的主要安全装置如表 3-8 所示。

表3-8 溴化锂吸收式热泵的主要安全装置

名称	用途
工质水流量控制器	工质水缺水保护，水量低于给定值一半时断开
工质水低温控制器	工质水防冻，一般低于3℃时断开
工质水高位控制器	防止溶液结晶
工质水低位控制器	防止工质泵汽蚀
溶液液位控制器	防止高压发生器（特别是直燃机组中的高压发生器）中液位变化
高压发生器压力继电器	防止高压发生器高温、高压
待加热水流量控制器	待加热水断水保护，一般水量低于给定值的75%时断开
稀释温度控制器及停机稀释装置	防止停机时结晶
工质泵过载继电器	保护工质泵
溶液泵过载继电器	保护溶液泵
溶液高温控制器	防止溶液结晶及高温
自动熔晶装置	结晶后自动熔晶
安全阀	防止压力异常时筒体破裂
排烟温度继电器	防止燃烧不充分及热回收部分故障，用于直燃机组
燃烧安全装置	安全点火装置，燃气压力保护系统，熄火自动保护系统，风压过低自动保护，燃烧器风机过流保护

第4章　土壤源热泵系统设计

4.1　土壤源热泵系统概述

4.1.1　土壤源热泵的定义

ASHRAE HandBook Applications（*SI*）中对地源热泵的定义如下：地源热泵（Ground-Source Heat Pump，GSHP）是一种使用土壤、地下水、地表水作为热源和热汇的热泵系统，包括土壤耦合热泵系统（Ground Coupled Heat Pump Systems）、地下水热泵系统（Ground Water Heat Pump Systems）和地表水热泵系统（Surface Water Heat Pump Systems）。国家标准《地源热泵系统工程技术规范（2009版）》（GB 50366—2005）中对地源热泵的定义为：以岩土体、地下水或地表水为低温热源，由水源热泵机组、地热能交换系统、建筑物内系统组成的供热空调系统。根据地热能交换系统形式的不同，分为地埋管地源热泵系统、地下水地源热泵系统和地表水地源热泵系统。

由以上可知，土壤源热泵是地源热泵中的一种形式，它是以地下土壤或岩石作为冷源或热源的热泵系统。采用置于地下的封闭式地埋管换热器与地下土壤或岩石进行热交换，制冷时向土壤或岩石放热，制热时从土壤或岩石中取热，因此也称为地埋管式热泵系统。

4.1.2　土壤源热泵系统结构

土壤源热泵主要由地埋管换热系统、热泵机房系统和末端换热系统三大部分组成，如图4-1所示。

（1）地埋管换热系统　埋于地表以下的土壤中，换热系统使用高密度聚乙烯管道组成封闭的环路，由循环泵驱动循环介质（水或防冻液）在管道中流动与管道周围的土壤进行热交换。冬季，地埋管换热系统从土壤中吸收热量，接入热泵机组的蒸发器，作为热泵制热的低温热源；夏季，地埋管换热系统接入热泵机组的冷凝器，循环介质吸热后，将热量向土壤中排放，实现制冷功能。

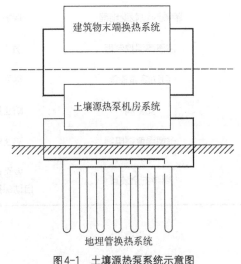

图4-1　土壤源热泵系统示意图

（2）**热泵机房系统**　热泵机房系统由土壤源热泵机组、循环水泵、换热器、定压补水设备、循环管路以及其他附属设备组成，负责产生热量和冷量为建筑提供冬季供暖和夏季空调，作用相当于锅炉房或空调机房。

（3）**末端换热系统**　末端换热系统的作用是将热泵机房产生的冷量或热量释放到建筑物内部的房间或区域，使用的循环介质有水、空气或制冷剂。末端换热系统包括循环管路、循环水泵和末端换热设备等。

在系统设计过程中，末端换热系统与传统暖通空调系统设计相同，这里不再赘述。热泵机房系统的设计详见本书第9章，此章节只针对地埋管换热系统的设计进行阐述。

4.1.3　地埋管换热系统的形式

土壤源热泵系统地埋管换热器按埋设方式分为水平埋管式、竖直埋管式以及其他特殊形式的埋管换热器。目前，在我国地埋管换热器一般都采用竖直埋管方式。当建筑周边可利用的地表面积较大，并且有现成的埋管条件时，可考虑采用水平埋管方式，而其他类型的地埋管换热器应用较少。

4.1.3.1　水平埋管换热器

（1）**换热器形式**　水平埋管换热器的换热管水平埋于土壤中，埋设深度越大，换热效果越好，但投资也越大，所以埋设深度一般为 1.5～3.0m，如图4-2所示。水平埋管时根据一条沟中埋管的多少和方式又分为单管、双管、多管和螺旋管等多种形式。图4-3为常见的水平地埋管换热器形式，图4-4为其他类型的水平地埋管换热器。

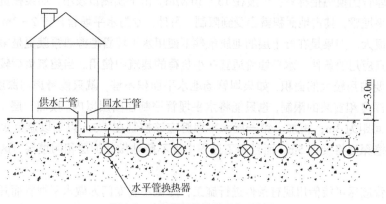

图4-2　水平埋管换热器系统示意图

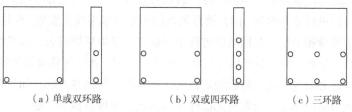

（a）单或双环路　　　（b）双或四环路　　　（c）三环路

图4-3　几种常见的水平地埋管换热器

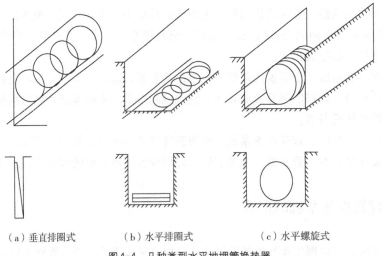

（a）垂直排圈式　　　　（b）水平排圈式　　　　（c）水平螺旋式

图4-4　几种类型水平地埋管换热器

（2）特点　由于浅层土壤温度受气候影响较大，因此与竖直埋管方式相比，水平埋管方式单位管长换热量少，占地面积较大，热泵运行一段时间后，埋管和周围土壤之间容易产生空隙，使得传热系数进一步减小。

水平换热管通常埋设在相对较浅的地下，由于浅层大地的温度和换热特性随着季节、降雨以及埋深而变化，埋管地层土壤温度的季节性变化远远超过竖直埋管换热器所在地层的温度变化。因此，水平埋管换热器的缺点是运行性能不稳定，系统效率较低，耗能较高。但水平埋管换热器的寿命较长。水平埋管用于地源热泵的典型项目不多，这是由水平埋管的应用局限性造成的。

从水平埋管的换热指标看，一般在15~30W/m。由于换热量较小，如果在负荷较大的建筑中使用水平埋管，其占地面积就会受到限制。另外，专为水平埋管开挖2~3m深的埋管地沟，土方量很大，如果是在岩土层的地质条件下使用水平埋管地源热泵就更是得不偿失。

（3）适宜应用的条件　水平埋管适宜在小负荷的建筑中使用。当建筑负荷较大时，实施水平埋管就要占用较大的面积，如果埋管场地水平面积不够，就只能考虑向深度方向发展，但由于开挖深度和安装的限制，也只能将水平埋管控制在四层以内。按照一层1m的竖向间距，四层的间距为3m，再加上第一层水平埋管应该控制在1.5m以下以避免太阳辐射的影响，整个开挖深度将接近5m，而且施工过程中要不断地做保护层和回填层，这也给施工带来了难度。

水平埋管应尽可能借用现有条件进行施工，尽量不要专门为做水平埋管而开挖沟渠。通常有两种条件可以利用，一是高填方建筑，二是建筑的基础。如果相邻地块天然标高不同，有时需要将低标高的地块填到一定的高度，若标高差异很大，填方量也很大，称为高填方。这样的条件就可以进行水平埋管。因为填方的目的不是为水平埋管服务，而是建设本身需要，所以可以降低工程量和造价。在回填的过程中可以将水平埋管埋进去，而且可以根据填方高度控制水平埋管的层数，特别是当填方高度达到十多米时，水平埋管可以做到10层以上。当然，其应用条件是必须在平场之前就确定使用水平埋管地源热泵系统，而且在施工过程中，要由专业施工人员进行施工，否则将无法保证埋入的水平埋管换热性能。

对于建筑基础，一般情况下均可以使用。在没有筏板基础的地下室，一般采用地梁来承重，地梁与地梁之间需要回填一定的土方才能形成地下室的地面层。在回填施工过程中，可以将水平埋管埋入，这同样可以降低造价。这样的水平埋管完全处于地下，不受到太阳辐射的影响，其换热效果还优于以地面开挖方式埋设的水平管。

水平埋管换热器的埋设深度取决于地面的功能，地面为草坪时对埋设深度的要求较低，如果地面为停车场就要埋得深一些，地面为运动场（例如足球场）时，需要的埋设深度介于前两者之间。水平换热管的最小埋设深度（以最上端管道为准）应为当地的冻土层以下 0.4m，且距地面不宜小于 0.8m。

水平埋管需要的地表面积比垂直埋管大许多，对管路的要求也更高，这使它在大型公共建筑中的应用不占优势。只有当建设项目可利用的土地面积比较大，并且建设过程中正好需要回填大量的土方时，才适宜采用水平埋管方式。

4.1.3.2　竖直埋管换热器

竖直埋管换热器安装之前需要在指定地点钻竖直孔，在钻孔中插入 U 形换热管，然后用回填材料把钻孔填实，钻孔的深度一般为 60～120m。一般需要若干个钻孔组成的换热管群为土壤源热泵系统提供冷源或热源，如图 4-5 所示。

与水平埋管换热器相比，竖直埋管换热器的主要优点有：占地面积小；埋入较深，受大气环境温度的影响较小，工作性能稳定；需要的管材少，水泵能耗低；系统能效高。竖直埋管的形式及连接方式详见本章 4.3.4 节。

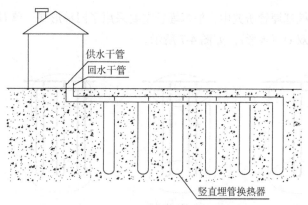

供水干管
回水干管

竖直埋管换热器

图4-5　竖直埋管换热器系统示意图

4.1.3.3　几种特殊形式的换热管形式

（1）桩基埋管　桩基埋管是一种特殊的垂直埋管形式，即在桩基里埋设换热管，如图 4-6 所示。它是在建造房屋打桩基时，把换热管连同桩柱一同埋入地下。这种埋管节省了占地面积和施工费用，但运行时如换热管损坏就很难修复，在设计和施工过程中需要与土建结构专业密切配合。由于建筑物桩基使用混凝土浇注而成，对于地埋管换热器来说相当于回灌了比土壤热导率高的回填料，同时回填更加密实，因此有助于提高换热器的传热性能。实验表明，相同条件下，桩基埋管的换热效果要优于普通垂直埋管换热器。排热时，桩基埋管的单位井深换热量比普通垂直埋管提高 62.5%，取热时，能提高约 16%。桩基埋管地源热泵系统可以充分利用建筑物的面积，通过桩基与周围大地形成换热，可省去大量的钻孔和埋管费用，大大提高施工效率，施工也较为方便快捷。

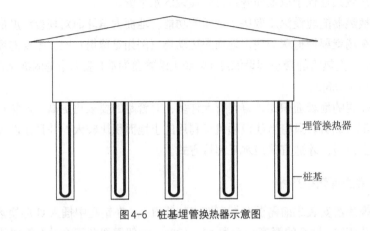

图 4-6　桩基埋管换热器示意图

换热管埋于桩中主要采用两种方式：一种是将换热管预先放置于桩基的钢筋框内部，浇注混凝土后一起埋于建筑物地基部位；另一种是将换热管先固定在建筑物地基的预制空心钢筋笼中，然后随钢筋笼一起下到桩井中，再浇注混凝土。埋管深度由桩深而定。目前我国的建筑基础施工以钻孔灌注桩为主要方式，因此第二种换热管埋于桩基中的形式应用将更为广泛。

在目前已有的桩基埋管研究中，桩基埋管主要采用了四种形式：单 U 形、双 U 并联形、三 U 并联形和串联双 U（W形），如图 4-7 所示。

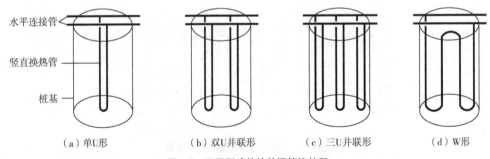

（a）单U形　　　（b）双U并联形　　　（c）三U并联形　　　（d）W形

图 4-7　不同形式的桩基埋管换热器

单 U 形管具有施工简单、承压高、管路接头少、不易泄漏等优点，但是在体积有限的桩基中采用单 U 形管，管的传热面积少；W 形管易在柱中最高端集气，影响管路传热，严重时甚至会使管路形成"热堵塞"；双 U 并联形和三 U 并联形管虽然增加了管的传热面积，但是存在桩基顶部的连接问题，如果连接处处理不好会形成渗漏，使换热效果恶化，严重时甚至会影响到桩基的性能。

为进一步提高桩基埋管的换热性能，可以采用桩埋螺旋管，如图 4-8 所示。螺旋管具有传热系数更高，在相同空间里可以布置更长的管道，获得更多的热量，安全性更高等优点。

在普通竖直埋管换热器中，也可以采用螺旋埋管代替 U 形埋管，以增加管与土壤之间的接触面积，但其不易施工，需要解决在土壤中盘绕时管间距不易确定的问题。然而如果将竖直螺旋管与桩基结合，则很容易解决施工上的困难。实施时可以将螺旋盘管固定在建筑物地基的预制空心钢筋笼中，然后随钢筋笼一起下到桩井中，再浇注混凝土。

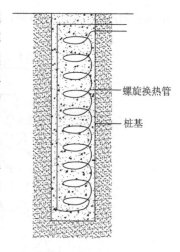

螺旋换热管

桩基

桩埋螺旋管不仅解决了螺旋管施工上的困难，而且增加了埋管的传热面积，不存在双 U 并联形和三 U 并联形管在桩基顶部连接容易产生"热堵塞"的缺陷。桩基螺旋管换热器中的灌注桩相当于竖直埋管换热器中钻孔的回填材料。与竖直埋管的换热孔相比，桩的直径大大超过换热孔的直径，而桩的深度通常会小于换热孔的深度。

图4-8　桩埋螺旋管式示意图

(2) 竖直套管式土壤换热器　竖直套管式土壤换热器由内套管和外套管组成闭路循环系统，如图4-9 所示。水从内套管的上部流入管内，沿内套管自上向下流动，从套管的底部进入外套管后再上流到顶部出套管。

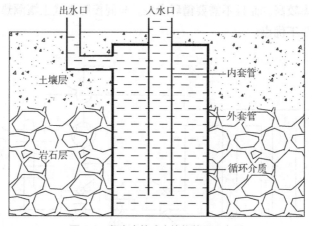

出水口　　　入水口

土壤层

岩石层

内套管

外套管

循环介质

图4-9　竖直套管式土壤换热器示意图

套管式土壤换热器适合在地下岩石深度较浅，钻深孔困难的地表层使用。通过竖埋单管试验，套管式换热器较 U 形管效率高 20%～25%。竖埋套管式孔距在 3～5m，孔径在 150～200mm，外套管直径 $\phi63～120mm$，内套管直径 $\phi25～32mm$。

目前在欧洲的瑞典较多采用套管式土壤换热器。

(3) 热井式土壤换热器　热井式土壤换热器是竖直套管式土壤换热器的改进，如图 4-10所示。在地下为硬质岩石时，可采用这种换热器。

在安装时，地表渗水层以上用直径和孔径一致的钢管做护套，护套管与岩石层紧密连接，防止地下水的渗入；渗水层以下为自然空洞，不加任何固井措施。热井中安装一个内管到井底，内管的下部四周钻孔。换热器上部分通过钢套直接与土壤换热，下部分直接接触岩石进行热交换。换热后的流体在井的下部通过内管下部的小孔进入内管，再由内管中的抽水泵抽出来作为热泵机组的冷热源。此系统为全封闭系统。

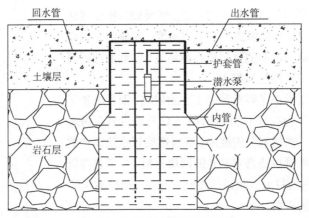

图4-10 热井式土壤换热器示意图

（4）直接膨胀式土壤源热泵 如图4-11所示，直接膨胀式土壤源热泵是指将蒸发器或冷凝器的铜管作为室外地下环路直接埋入地下，制冷剂蒸发与冷凝过程中直接与土壤进行冷热交换，因此换热效率较高，而且不需要循环水泵。与间接膨胀式土壤源热泵相比，直接膨胀式土壤源热泵具有以下优点：

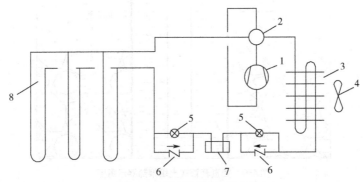

图4-11 直接膨胀式土壤源热泵

1—压缩机；2—四通换向阀；3—室内空气/制冷剂换热器；4—风机；5—节流装置；6—单向阀；7—储液器；8—蒸发器/
冷凝器（室外地下埋管换热器）

① 系统效率高 与间接膨胀式系统相比，减少了中间换热器和循环水泵，没有中间换热损失和循环水泵功耗，因而系统效率较高。

② 占地面积小 由于铜的热导率高于聚乙烯数十倍以上，管内制冷剂流速大于间接膨胀式系统内水的流速，管内制冷剂和周围土壤传热温差大，因此单位钻孔深度的换热量较高，所需钻孔深度较小，即所需占地面积要小一些。

③ 系统形式简单 系统省去了水-水中间换热器、中间换热环路、水泵及其辅助部件等设备，因而系统形式更为简单。

当然直接膨胀式土壤源热泵也存在一些缺点，如制冷剂需要的量比较大，而且一旦发生泄漏，则很难维修；同时铜管在地下也容易腐蚀。

从我国目前的发展情况来看，间接膨胀式土壤源热泵系统因其可靠性高而仍处于主导地位，直接膨胀式系统也的确存在着很多有待解决的问题，这种现状在短期内不会改变，因此目前应用较少，但直接膨胀式系统也有其不可忽视的优势。

4.1.4　土壤源热泵系统的特点

土壤源热泵利用地下土壤作为热泵机组的吸热和排热场所。研究表明：在地下 5m 以下的土壤温度基本上不随外界环境及季节变化而改变，且约等于当地年平均气温，可以分别在冬、夏两季提供较高的蒸发温度和较低的冷凝温度。因此，土壤是一种比空气更理想的热泵热（冷）源。土壤源热泵节能性好、性能稳定、效率高，其技术优势体现在以下几方面。

（1）节能效果显著　地下土壤温度一年四季相对稳定，冬季比外界环境空气温度高，夏季比环境温度低，是很好的热泵热源和空调冷源。土壤的这种温度特性使得土壤源热泵比传统空调系统运行效率高出约 40%～60%，因此，可节省运行费用 40%～60%。同时，土壤温度较恒定的特性也使得热泵机组运行更稳定、可靠，整个系统的维护费用也较锅炉-制冷机系统大大减小，从而保证了系统的高效性和经济性。据美国环保署 EPA 估计，设计安装良好的土壤源热泵，平均可节约用户 30%～50%的采暖空调运行费用。

（2）环境效益显著　土壤源热泵利用地下土壤作为冷热源，既没有燃烧、排烟，也没有空气源热泵的噪声和热污染，同时，也不需要堆放燃料和废弃物的场所，埋地换热器在地下土壤中静态地吸热、放热，且埋地换热器可布置在花园、草坪甚至建筑物的地基下，不占用地上空间，因此，是一种绿色空调装置。土壤源热泵的污染物排放与空气源热泵相比减少了40%以上，与电供暖相比减少 70%以上，如果结合其他节能措施节能减排效益会更明显。

（3）土壤的蓄能特性实现了冬、夏能量的互补性　大地土壤本身就是一个巨大的蓄能体，具有较好的蓄能特性。通过地埋管换热器，夏季利用冬季蓄存的冷量进行空调制冷，同时将部分热量蓄存于土壤中以备冬季采暖用；冬季利用夏季蓄存的热量来供暖，同时蓄存部分冷量以备夏季空调制冷用。一方面，实现了冬夏季能量的互补性；另一方面，也提高了热泵的性能系数，达到明显节能的效果。同时，也消除了常规热泵系统带来的"冷、热污染"。目前，在我国长江中下游地区，夏季空调制冷和冬季采暖的时间大致相当，热负荷基本一致，因此，可以实现冷暖互为补偿，达到互为联供的目的。

（4）符合可持续发展的要求　土壤源热泵是利用地下土壤能源资源作为热泵低品位能源进行能源转换的供暖空调装置。地表浅层土壤相当于一个巨大的太阳能集热器，收集了约47%的太阳辐射能量，比人类每年利用能量的 500 倍还要多，且不受地域、资源等限制，真正是资源广阔、取之不尽、用之不竭，是人类可利用的可再生能源。同时，土壤源热泵"冬取夏灌"的能量利用方式也在一定程度上实现了土壤能源资源的内部平衡。因此，土壤源热泵符合可持续发展的趋势。

（5）一机多用、应用范围广　该热泵机组既可供暖，亦可空调制冷，同时还能提供生活用热水，一机多用，一套系统可以替代原有的供热锅炉、制冷空调机组以及生活热水加热装置三套系统，省去了燃气、煤及锅炉的使用。机组紧凑，节省空间，可应用于商店、宾馆、办公大楼、学校等建筑，而且特别适用于小型别墅。此外，机组寿命长，平均可运行20年以上。

当然，土壤源热泵也存在着缺点，从目前国内外的研究与应用情况来看，主要有以下几方面：

① 由于需要钻孔埋管，因此，初投资大、施工难度大；

② 埋地换热器受土壤物性影响较大，连续运行时热泵的冷凝温度或蒸发温度受土壤温度的影响而发生波动；

③ 土壤热导率小而导致地埋管换热器的面积较大。

但随着进一步的研究与发展，这些缺点会逐渐被克服，并被广大用户接受。

4.2 土壤换热器管材及换热介质

4.2.1 土壤换热器管材

土壤源热泵系统换热器管材的选择，对初装费、维护费用、水泵扬程和热泵的性能等都有影响。因此，管道的尺寸与长度规格及材料性能应能很好地应用于各种情况。管道的选择对土壤换热器也非常重要，主要是因为土壤换热器管道系统的渗漏可能会污染地下水质与环境，而且维修费用非常昂贵。

一般来讲，一旦将换热器埋入地下后，基本上不可能进行维修或更换，因此土壤换热器应采用化学稳定性好、耐腐蚀、热导率大、流动阻力小的塑料管材及管件，宜采用聚乙烯管（PE80或PE100）或聚丁烯管（PB），不宜采用聚氯乙烯（PVC）管。管件与管材应为相同材料，以便于连接。由于聚氯乙烯（PVC）管承受热膨胀和土壤移位压力的能力弱，因此不推荐在地下换热器中使用PVC管。PVC管通常用在暖通空调内部的管道系统设备中，在被当地规范允许的情况下，它适度低廉的价格使其成为这种系统中较为理想的材料。

4.2.2 管材规格和压力级别

土壤换热器管材选择另一个需要考虑的因素是建筑物高度对管材承压能力的要求。如果土壤换热器埋管和建筑物内管路间没有用换热器隔开，垂直埋管的埋设深度将受到限制。换句话说，使用该系统的建筑物将被限制在一定的高度内，超过这个高度，系统静压将可能超过地下换热器埋管的最大额定承压能力。

我国国家标准给出了土壤换热器管道外径尺寸标准和管道的压力级别。换热器外径及壁厚可按表4-1和表4-2的规定选用。相同管材的管径越大，其管壁越厚。在美国，地热环路使用美国材料试验标准D3035中规定的铁管方法来确定聚乙烯管道系统管径。通常用外径与壁厚之比作为一个标准的尺寸比例（SDR）来说明管道的壁厚或压力的级别，即SDR=外径/壁厚。因此，SDR越小表示管道越结实，承压能力越高。

换热器质量应符合国家现行标准中的各项规定。聚乙烯管应符合《给水用聚乙烯（PE）管道系统 第二部分：管材》（GB/T 13663.2—2018）的要求。聚丁烯管应符合《冷热水用聚丁烯（PB）管道系统 第二部分：管材》（GB/T 19473.2—2004）的要求。管材的公称压力及使用温度应满足设计要求。管材的公称压力不应小于 1.0MPa。在计算管道的压力时，必须考虑静水压头和管道的增压。静水头压力是土壤换热器建筑物内环路水系统最高点和地下环路内最低点之间的压力差。

表4-1 高密度聚乙烯（PE）管外径及公称壁厚   单位：mm

公称外径 d_n	平均外径		不同公称压力下公称壁厚/材料等级		
	最小	最大	1.0MPa	1.25MPa	1.6MPa
20	20.0	20.3	$2.3^{+0.5}$/PE63		
25	25.0	25.3	$2.3^{+0.5}$PE63	$2.3^{+0.5}$/PE80	
32	32.0	32.3	$2.9^{+0.5}$/PE63	$3.0^{+0.5}$/PE80	$3.0^{+0.5}$/PE100
40	40.0	40.4	$3.7^{+0.6}$/PE63	$3.7^{+0.6}$/PE80	$3.7^{+0.6}$/PE100
50	49.9	50.5	$4.6^{+0.7}$/PE63	$4.6^{+0.7}$/PE80	$4.6^{+0.7}$/PE100
63	63.0	63.6	$4.7^{+0.8}$/PE80	$4.7^{+0.8}$/PE100	$5.8^{+0.9}$/PE100
75	75.0	75.7	$5.6^{+0.7}$/PE100	$5.6^{+0.9}$/PE100	$6.8^{+1.1}$/PE100
90	90.0	90.9	$5.4^{+0.9}$/PE100	$6.7^{+1.1}$/PE100	$8.2^{+1.3}$/PE100
110	110.0	111.0	$6.6^{+1.1}$/PE100	$8.1^{+1.3}$/PE100	$10.0^{+1.5}$/PE100
125	125.0	126.2	$7.4^{+1.2}$/PE100	$9.2^{+1.4}$/PE100	$11.4^{+1.8}$/PE100
140	140.0	141.3	$8.3^{+1.3}$/PE100	$10.3^{+1.6}$/PE100	$12.7^{+2.0}$/PE100
160	160.0	161.5	$9.5^{+1.5}$/PE100	$11.8^{+1.8}$/PE100	$14.6^{+2.2}$/PE100

注：表中数值引自《给水用聚乙烯（PE）管道系统 第二部分：管材》GB/T 13663.2—2018。

表4-2 聚丁烯（PB）管材规格尺寸   单位：mm

公称直径 d_n	平均外径		公称壁厚
	最小	最大	
20	20.0	20.3	$1.9^{+0.3}$
25	25.0	25.3	$2.3^{+0.4}$
32	32.0	32.3	$2.9^{+0.4}$
40	40.0	40.4	$3.7^{+0.5}$
50	49.9	50.5	$4.6^{+0.6}$
63	63.0	63.6	$5.8^{+0.7}$
75	75.0	75.7	$6.8^{+0.8}$
90	90.0	90.9	$8.2^{+1.0}$
110	110.0	111.0	$10.0^{+1.1}$
125	125.0	126.2	$11.4^{+1.3}$
140	140.0	141.3	$12.7^{+1.4}$
160	160.0	161.5	$14.6^{+1.6}$

注：表中数值引自《冷热水用聚丁烯（PE）管道系统 第二部分：管材》（GB/T 19473.2—2004），管材使用条件级别为4级，设计压力为1.0MPa。

如考虑地下水的静压对换热器系统静压的抵消作用，垂直埋管土壤换热器可以在更高的建筑物中使用。工程上应进行相应计算以验证系统最下端管道的静压是否在管路最大额定承压范围内。若其静压超过土壤换热器的承压能力，可设中间换热器将土壤换热器与建筑物内系统分开。

4.2.3 土壤换热器循环介质

土壤换热器循环介质应以水作为首选，也可选定符合下列要求的其他介质：
① 安全，腐蚀性弱，与换热器管材无化学反应。
② 较低的凝固点。
③ 良好的传热特性，较低的摩擦阻力。
④ 易于购买、运输和储藏。

循环介质的安全性包括毒性、易燃性及腐蚀性。良好的传热特性和较低的摩擦阻力是指循环介质具有较大的热导率及较低的黏度。可采用的其他循环介质有氯化钠溶液、氯化钙溶液、乙二醇溶液、丙醇溶液、丙二醇溶液、甲醇溶液、乙醇溶液、醋酸钾溶液及碳酸钾溶液。

在循环介质（水）有可能冻结的场合，循环介质应添加防冻液。应在充注阀处注明防冻液的类型、浓度及有效期。为了防止出现结冰现象，添加防冻液后的循环介质凝固点宜比设计最低运行水温低 $3 \sim 5 \text{℃}$。

换热器系统的金属部件应与防冻液兼容。这些金属部件包括循环泵及其法兰、金属管道、传感部件等与防冻液接触的所有金属部件。

选择防冻液时，应同时考虑防冻液对管道、管件的腐蚀性，防冻液的安全性、经济性及其对换热的影响。

下列诸因素将影响防冻液的选择。这些因素包括：凝固点、周围环境、费用和可用性、热传导、压降特性以及与土壤源热泵系统中所用材料的相容性。表 4-3 给出了不同防冻液特性的比较。

表4-3　不同防冻液的特性

防冻液	传热能力 /%	水泵功率 /%	腐蚀性	有无毒性	环境影响程度
氯化钙	120	140	不能用于不锈钢、铝、低碳钢、锌或锌焊接管等	粉尘刺激皮肤、眼睛。污染地下水而不能使用	影响地下水质
乙醇	80	110	必须使用防腐剂将其腐蚀性降低到最低程度	蒸气会烧痛喉咙和眼睛。过多的摄取会引起疾病，长期会加剧对肝脏的损害	不详
乙烯基乙二醇	90	125	需采用防腐剂保护低碳钢、铸铁、铝和焊接材料	刺激皮肤、眼睛。少量吸入毒性不大，但过多或长期的暴露则可能危害	与 CO_2 和 H_2O 结合会引起分解，产生不稳定的有机酸
甲醇	100	100	需采用杀虫剂来防止污染	若不慎吸入、皮肤接触，毒性很大。长期暴露有危害	可分解成 CO_2 和 H_2O，产生不稳定的有机酸

防冻液	传热能力 /%	水泵功率 /%	腐蚀性	有无毒性	环境影响程度
醋酸钾	85	115	需采用防腐剂来保护铝和碳钢	对眼睛或皮肤有刺激作用，相对无毒	同甲醇
碳酸钾	110	130	对低碳钢、铜须采用防腐剂，对锌、锡或青铜则不须保护	具有腐蚀性，在处理室外可能产生一定危害，人员应避免长期接触	形成碳酸盐沉淀物，对环境无污染
丙烯基乙二醇	70	135	需采用防腐剂来保护铸铁、焊料和铝	一般认为无毒	同乙烯基乙二醇
氯化钠	110	120	对低碳钢、铜和铝无须采用防腐剂	粉尘刺激皮肤、眼睛。污染地下水而不能饮用	有不利影响

注：以甲醇为对照物（甲醇为100%）来确定。

应当指出的是，由于防冻液的密度、黏度、比热容和热导率等物性参数与纯水都有一定的差异，这将影响循环介质在冷凝器（制冷工况）和蒸发器（制热工况）内的换热效果，从而影响整个热泵机组的性能。当选用氯化钠、氯化钙等盐类或者乙二醇作为防冻液时，循环介质表面传热系数均随着防冻液浓度的增大而减小，并且随着防冻液浓度的增大，循环水泵耗功率以及防冻剂的费用都要相应提高。因此，在满足防冻温度要求的前提下，应尽量采用较低浓度的防冻液。一般来说防冻液浓度的选取应保证防冻液的凝固点温度比循环介质的最低温度最好低8℃，最少也要低3℃。

4.3 地埋管换热系统设计

在本章4.1.3中介绍了多种地埋管换热器的形式，包括水平埋管式、竖直埋管式、桩基埋管式、垂直套管式、热井式以及直接膨胀式。在实际工程应用中，由于竖直地埋管换热器具有占地少、工作性能稳定等优点，已成为工程应用中的主导形式，目前绝大多数土壤源热泵工程项目都属于竖直埋管式。因此，在本节中主要介绍竖直埋管换热系统的设计过程和方法。

4.3.1 地埋管换热器负荷计算

（1）设计负荷、能量负荷与换热负荷　首先确定建筑物供热、制冷和热水供应（如果选用的话）的设计负荷，并根据所选择的建筑空调系统特点确定热泵主机的形式和容量。可根据有关计算负荷的软件或计算负荷方法，如冷负荷系数法、谐波反应法等确定建筑物的冷负荷。《民用建筑供暖通风与空气调节设计规范》（GB 50736—2012）和《公共建筑节能设计标准》（GB 50189—2015）中均规定了施工图设计阶段，必须进行热负荷和逐项逐时的冷负荷计算。设计负荷用来确定系统设备（如热泵）的大小和型号，以及根据设计负荷设计空气分布系统（送风口、回风口和风管系统），同时它也是能量负荷和土壤换热器负荷计算的基础。设计负荷的计算必须以当地设计日的标准设计工况为依据。

能量负荷用来预测在某一规定时间内（如一个月、一个季度或一年）系统运行所需的能量，其计算方法与设计负荷相同。唯一不同的是以实际运行工况和相关气象参数取代设计负荷中的设计工况参数。

土壤换热器的换热负荷，是土壤换热器释放到地下的热量（供冷方式）或从地下吸收的热量（供热方式）。换热器系统设计应进行全年动态负荷计算，最小计算周期应为 1 年。当土壤换热器的冷热负荷不平衡时，计算周期应更长些，如几年或十几年。计算周期内，土壤源热泵系统总释热量宜与总吸热量基本平衡。换热器换热量应满足土壤源热泵系统实际最大吸热量或释热量的要求。

（2）最大释（吸）热量　土壤源热泵系统实际最大释热量发生在与建筑最大冷负荷相对应的时刻，包括：各空调分区内水源热泵机组释放到循环水中的热量（空调负荷和机组压缩机耗功）、循环水在输送过程中得到的热量、水泵释放到循环水中的热量。将上述三项热量相加就可得到供冷工况下释放到循环水的总热量，即

$$最大释热量 = \sum [空调分区冷负荷 \times (1 + 1/EER)] + \sum 输送过程得热量 + \sum 水泵释热量$$

土壤源热泵系统实际最大吸热量发生在与建筑最大热负荷相对应的时刻，包括：各空调分区内热泵机组从循环水中的吸热量（空调热负荷，并扣除机组压缩机耗功）、循环水在输送过程失去的热量并扣除水泵释放到循环水中的热量。将上述前两项热量相加并扣除第三项就可得到供热工况下循环水的总吸热量，即

$$最大吸热量 = \sum [空调分区热负荷 \times (1 - 1/COP)] + \sum 输送过程失热量 - \sum 水泵释热量$$

最大吸热量和最大释热量相差不大的工程，应分别计算供热与供冷工况下换热器的长度，取其大者，确定换热器容量。当两者相差较大时，宜通过技术经济比较，采用辅助散热（增加冷却塔）或辅助供热的方式来解决。一方面经济性较好，另一方面也可避免因吸热与释热不平衡引起的土壤体温度逐年降低或升高。全年冷、热负荷平衡失调，将导致换热器区域土壤体温度持续升高或降低，从而影响换热器的换热性能，降低换热器换热系统的运行效率。因此，土壤换热器换热系统设计应考虑全年冷、热负荷的影响。

4.3.2　土壤热物性测试与计算

（1）测试目的　在土壤源热泵系统的应用中，地下岩土的热物性，如热导率、比热容等是地埋管换热器设计的基础参数。如果不能准确地获得这些参数，则会导致地埋管换热器的容量不能满足系统运行要求，或者是容量过大而增加初投资。根据《地源热泵系统工程技术规范》，地埋管地源热泵工程应进行地下岩土热响应实验，以获得准确的热物性参数，为地埋管系统的设计提供依据。由于地质情况的复杂性和差异性，必须通过现场探测实验得到岩土的综合热物性参数，并在此基础之上结合地埋管换热井回填材料、钻孔直径、钻孔深度、埋管形式、埋管间距、地埋管换热器进出口设计温度以及运行时间等条件，计算得到在测试条

件下地埋管换热器单位井深换热量参考值，用来指导地埋管换热系统的工程设计。

（2）测试方法　目前，确定地下岩土综合热物性的方法主要有四种，分别为查询项目所在地的土壤地质手册、现场取样测试、探针法测试和现场热响应测试。前两种方法是通过资料查询和实验室内取样测试得到的热物性参数，由于脱离了原始现场而与实际产生偏差。探针法虽然是现场测试，但由于探针太短（不超过 2m），导致只能测试地表岩土的热物性参数，无法准确得到深层岩土的热物性参数，而且岩土热物性参数会受到埋管方式、回填材料、地下径流等因素的影响，因此测试结果与实际会有较大偏差。现场热响应测试方法经过几十年的发展，已经得到了普遍的认可，其最大的优势在于，将与实际工程中相同的地埋管换热器作为测试对象，得到的结果更为真实可靠。目前，在实际工程中通常采用现场热响应测试方法来确定岩土热物性参数，这也是公认的最有效的测试方法。

（3）现场热响应测试

1）一般规定

① 应根据实地勘察情况，选择测试孔的位置及测试孔的数量，确定钻孔、成孔工艺及测试方案。如果存在不同的成孔方案或成孔工艺，应各选出一个孔作为测试孔分别进行测试。如果埋管区域大且较为分散，应根据设计和施工的要求划分区域，分别设置测试孔进行岩土热响应测试。

② 当土壤源热泵系统的应用建筑面积在 3000 ~ 5000m² 时，宜进行岩土热响应试验；当应用建筑面积大于等于 5000m² 时，应进行岩土热响应试验。对于应用建筑面积小于 3000m² 时至少设置一个测试孔，当应用建筑面积大于或等于 10000m² 时，测试孔的数量不应少于 2 个。对 2 个及以上测试孔的测试，其测试结果应取算术平均值。

③ 在地下岩土热响应测试之前，应通过埋管现场钻孔勘探，绘制钻孔区域地下岩土柱状分布图，获取地下岩土不同深度的岩土结构。

④ 钻孔单位延米换热量是在特定测试工况条件下获得的实验数据，不能直接应用于地埋管换热系统的设计，仅可用于设计参考。

⑤ 测试现场应提供满足测试仪器所需的、稳定的电源，对于输入电压受外界影响有波动的，电压波动偏差不应该超过 5%。

⑥ 测试现场应为测试提供有效的防雨、防雷电等安全技术措施。

⑦ 测试孔的施工应由具有相应资质的专业队伍承担。

⑧ 为保证施工人员和现场的安全，应先连接水管和埋地换热器等非用电设备，在检查完外部设备连接无误后，再将动力电连接到测试仪器上。

⑨ 连接应减少弯头、变径，为了减少热损失，提高测试精度，所有连接外露管道均应进行保温，保温层厚度不应小于 10mm。

⑩ 开启时，应先开启水循环系统，确认系统无漏水、流量稳定后，再开启电加热设备。

⑪ 岩土热响应的测试过程应遵循国家和地方有关安全、劳动保护、防火、环境保护等方面的规定。

⑫ 地下岩土热响应试验报告应包括以下内容：

a. 测试工程概况；

b. 测试参考依据；

c. 测试原理、测试装置及方案；

d. 测试地块地质构成（根据要求可选）；

e. 钻孔难易程度分析（根据要求可选）；

f. 测试现场地下土壤原始温度（未扰动温度）；

g. 测试过程中地埋管换热器进出口温度、循环流量、加热功率随时间连续变化的曲线图；

h. 地下岩土热物性综合参数，包括岩土有效热导率、土壤容积比热容、钻孔热阻及钻孔综合传热系数等；

i. 测试工况下，钻孔单位延米换热量的参考值及根据测试热物性计算出来的不同进口温度条件下的钻孔单位延米换热量；

j. 地埋管换热器流动阻力（根据要求可选）；

k. 根据测试得到的土壤热物性参数及甲方提供的全年建筑逐时动态冷热负荷，进行土壤源热泵长期运行时的土壤热平衡分析（根据要求可选）。

2）仪表要求

① 在输入电压稳定的情况下，加热功率的测量误差不应大于±1%。

② 流量的测量误差不应大于±1%。

③ 温度的测量误差不应大于±0.2℃。

④ 对测试仪器仪表的选择，在选择高精度等级的元器件同时，应选择抗干扰能力强，在长时间连续测量情况下仍能保证测量精度的元器件。

3）测试要求

① 岩土热响应测试应在测试孔完成并放置至少 48h 以后进行。

② 岩土热响应试验应连续不断，持续时间不宜少于 48h。

③ 试验过程中，加热功率应保持恒定。

④ 地埋管换热器的出口温度稳定后，其温度值宜高于岩土初始平均温度 5℃ 以上且维持时间不应少于 12h。

⑤ 地埋管换热器内流速不应低于 0.2m/s；对于单 U 形管不宜小于 0.6m/s；对于双 U 形管，不宜小于 0.4m/s。

⑥ 试验数据读取和记录的时间间隔不应大于 10min。

4）测试方法及步骤

① 测试装置。现场热响应测试法由 Mogensen 于 1983 年首次提出，主要用于测定埋管现场地下土的热导率及钻孔热阻等。测试装置主要包括循环系统、加热系统、测量系统和辅助设备。循环系统的主要功能是实现水在地埋管换热器与测量仪中的循环流动以及循环水流量的调节。通过一台循环泵提供循环水的驱动力，加上一系列的阀门实现系统中气体的排除以及流量的调节。加热部分主要用于加热循环水，使循环水在地层中散失的热量得到补充，通过调节加热器的功率，以维持地下放热率的恒定。测量系统的主要功能是测量地埋管进回水的水温以及循环水的流量，主要靠两个温度传感器和一个流量计实现。两个温度传感器分别设置在测量仪出水和回水的管道上。流量计安装在测量仪回水管路上。辅助设备包括测量仪用电设备供电、加热功率调节、辅助测温装置等。图 4-12 给出了测试系统装置示意图，主要包括电加热供水箱、电加热器、循环水泵、循环管道、流量控制阀、流量计及温度传感器等。其中电加热器以恒定热功率对水箱内的水加热，加热后的循环水以恒定的流量进入地下换热器的 U 形埋管，与周围土壤换热。加热器开始加热的同时开始计时，以一定时间间隔记

录 U 形埋管的进出口水温，并以其来确定进出口水温平均值。运行一定时间后，关闭加热器，停止试验测试。

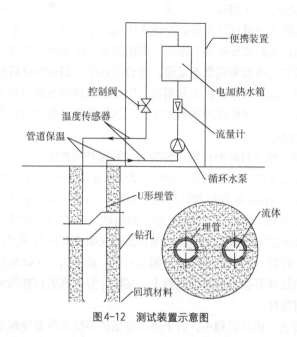

图 4-12　测试装置示意图

② 测试步骤。地下岩土现场热响应测试一般可以按以下步骤进行：

a. 按照实际设计情况钻试验井，选取 U 形管，并按设计要求选取回填材料进行回填，该钻孔将来可以作为地下环路的一个支路使用。

b. 连接 U 形管与地上测试装置循环水管道进出口，并用绝热材料做好外露管道绝热保护工作。

c. 采集地下土壤原始温度，一种方法是将感温探头埋入地下岩土中直接测量，另一种方法是将温度探头插入 U 形管中，测量不同深度处的温度。此外还有启动循环水泵不开启加热器，测量换热器进出口温度，直至进出口温度逐渐趋于一致（5h 内温度相差不超过 0.1℃）。

d. 开启电源，给电加热器和循环水泵供电，保持加热器功率恒定，同时以一定时间间隔记录不同时刻的测量数据，包括地埋管换热器进出口水温、循环水流量、加热器加热功率。

e. 连续测试约 48h 后停止，试验测量结束时，先关闭加热器，停止记录数据，然后才能关闭循环水泵电源。

f. 排干管道内的循环水，断开 U 形管与地上循环水管道的连接，并做好地下 U 形埋管换热器的保护工作，以防止被其他杂物堵塞。

g. 从测试仪器中取出试验数据，利用选定的数据处理方法对试验数据进行处理，获得埋管现场地下岩土的热物性值。

③ 测试结果的影响因素。

a. 测试孔的代表性。进行热响应测试时，测试孔的结构特性与埋管形式对测试结果会产生一定的影响，如钻孔深度、钻孔直径、回填料类型、回填方式、单 U 或双 U 形管等。因此，在实施测试之前，对于已有的钻孔，应选取具有代表性的钻孔进行测试。对于钻孔还未实施的项目，应尽量按照将来要应用的钻孔及埋管方式钻探并安装测试孔，这样，测试条件与实际钻孔更贴近，获得的测试结果更为准确。

b. 热损失或热增益。由于测试工况下循环水与周围环境温度间往往存在一定的温差，因此，不可避免地会因测试装置与环境间的冷热交换而产生热增益或热损失。如不能对其进行有效控制，则会给测试数据的分析带来困难，即使散发给环境的热量或者从环境吸取的热量相对于系统向土壤排放的热量来说微不足道，也会给热响应测试的分析过程带来负面影响，尤其是应用线热源拟合法进行分析时尤为明显。因此，热损失或热增益会对测试结果产生不确定性。实际测试时，为了降低这种不确定性，应尽量将测试装置放置在专用测试帐篷内，并做好设备与管道的保温。

c. 测试持续时间。测试时间的长短是影响测试结果准确性的一个重要因素，在热响应测试装置起步之初就成为人们广泛研究与讨论的对象。Austin 等早在 2000 年就提出了典型的热响应测试时间为 50h，Gehlin 推荐的测试时间为 60h。Smith 和 Perry 认为较小的热导率可以提供比较保守的设计方案，因此 12 ~ 20h 的测试时间就足够了。Witte 等出于试验目的的测试时间长达 250h，而他们的商业测试时间为 50h。实践表明热响应测试初期，温度的发展主要由竖井内的填充材料控制，而不是周围的土壤或岩石，通常认为 48h 是最小的测试周期。时间越长，拟合得到的热导率越小土壤热阻越大，实际计算得到的打井数量越多，从而越能保证系统运行的安全可靠性。

d. 供电电压稳定性。测试过程中，由于供电电压的不稳定性会导致电加热器的加热功率波动，对于某些工地，还会存在突然断电现象，从而导致热响应测试过程中埋管放热热流的非恒定性，这在一定程度上直接影响了测试数据的处理及结果的准确性。为了降低电压波动的影响，可以在热响应测试实施中利用稳压电源来保证电压的稳定性。如果发生断电情况，在断电时间不长的情况下，仍可继续测试，将断电期间的数据去除后再进行数据处理，同样可以得到满意的测试结果。

e. 土壤原始温度。钻井过程中钻孔周围的土壤被黏性流体流动产生的热量加热，或者被润湿剂和干燥剂或其他方法加热，从而导致测试井附近的土壤温度产生变化。如果在土壤温度未恢复到原始自然温度之前就开始测试，则必然会影响热响应测试的精度。目前，关于钻井导致地温受到影响后恢复到未被干扰状态所需的时间还没有系统的研究，Kavanaugh 推荐热响应测试最好在钻井结束 24h 后进行，如果使用黏性水泥砂浆的话，时间应至少在 72h。我国地源热泵工程技术规程中规定的土壤温度恢复时间是至少 48h。

f. 不同深度土壤热导率的变化。在进行热响应测试分析时，通常假定土壤热导率沿钻孔深度方向的性质是相同的。而实际情形是，由于地埋管埋设较深，在此深度范围内岩土类型分布通常是不均匀的，且不同深度处土壤含湿量与地下水渗流速度也不一样，导致其热物性沿深度方向变化较大，这对精确确定埋管深度有很大影响。为了能够反映出土壤的分层热物性，可将钻孔深度范围内的土壤划分成若干层，通过在各深度层 U 形管内布置若干温度测点，在恒加热功率下，测量各深度层中流体的温度、循环流量及加热功率。基于测试数据，对各层土壤采用线热源模型对数据进行处理，利用线热源拟合法并结合参数优化技术，得到不同深度处地下岩土的热导率、容积比热容及钻孔热阻值。

g. 地下水流动。地下水流动对地埋管换热性能的影响一直以来就是地埋管传热领域讨论与研究的焦点问题。Eskilson 利用 Carslaw 等给出的移动线热源问题的稳态解析解，讨论了在达到稳定状态以后地下水流动对地埋管换热的影响，认为在一般的条件下，区域性地下水流动的影响是可以忽略的。Chiasson 等利用有限元法数值求解了二维流动问题，讨论了地下水渗流速度等对埋管换热特性的影响，认为只有在具有较高水力传输特性（如沙、砂砾层）和具有分级多孔特性的岩石中，地下水的流动才会对钻孔的热力性能有较大的影响，仿真结果往往会得到较高的热导率。刁乃仁等采用移动热源理论与格林函数法得到了有渗流时无限大介质中线热源温度响应的解析解，在此基础上归纳得出影响这一传热过程的无量纲量，并分析了地下水流动对地埋管换热器中温度场的影响。然而，关于地下水流动对地下岩土热响应测试结果影响的研究还有待进一步开展。

5）数据处理

① 基于线热源的数据拟合。

a. 线热源模型。如图 4-13 所示，对于竖直地埋管换热器，由于其深度远远大于钻孔直径。因此，对埋设有内部流动着冷、热载热流体的地埋管换热器的钻孔，可以看成是一个线热源与周围岩土进行换热。

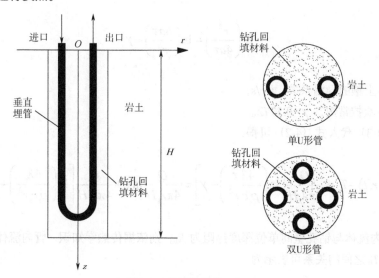

图4-13 竖直地埋管示意图

假设钻孔周围土壤各向同性，忽略深度方向上的热传递，且地埋管与周围土壤的换热功率恒定（可通过控制加热器功率实现），则地埋管与周围土壤间的换热可看作一维圆柱轴对称问题，其数学描述可表示为

$$\begin{cases} \dfrac{\partial^2 T}{\partial r^2} + \dfrac{1}{r} \times \dfrac{\partial T}{\partial r} = \dfrac{\rho_s c_s}{\lambda_s} \times \dfrac{\partial T}{\partial \tau} & \tau > 0, r_b \leqslant r < \infty \\[2mm] T = T_g & \tau = 0, r_b \leqslant r < \infty \\[2mm] Q = -\lambda_s H \dfrac{\partial T}{\partial r} & \tau > 0, r = r_b \\[2mm] \dfrac{\partial T}{\partial r} = 0 & \tau > 0, r \to \infty \end{cases} \tag{4-1}$$

当加热时间大于约 10h 后，上述方程的解可表示为

$$T(r,\tau) = T_g + \frac{Q}{4\pi\lambda_s H} E_i\left(\frac{r^2 \rho_s c_s}{4\lambda_s \tau}\right)$$ (4-2)

式中　$T(r,\tau)$——τ 时刻半径 r 处的土壤温度，℃；

　　　T_g——土壤远边界初始温度，℃；

　　　Q——埋管热流，W；

　　　H——钻孔深度，m；

　　　λ_s——土壤热导率，W/（m·℃）；

　　　$\rho_s c_s$——土壤的容积比热容，J/（m³·K）；

　　　E_i——指数积分函数。

当 $a\tau/r^2 \geq 5$ 时，E_i 可表示为

$$E_i\left(\frac{r^2}{4a\tau}\right) = \ln\left(\frac{4a\tau}{r^2}\right) - \gamma$$ (4-3)

式中　a——土壤的导温系数，m²/s；

　　　γ——欧拉常数，$\gamma = 0.5772$。

将式（4-3）代入式（4-2）可得：

$$T(r,t) - T_g = \frac{Q}{4\pi\lambda_s H}\left[\ln\left(\frac{4\lambda_s \tau}{\rho_s c_s r^2}\right) - \gamma\right] = \frac{Q}{4\pi\lambda_s H}\ln\tau + \frac{Q}{4\pi\lambda_s H}\left[\ln\left(\frac{4\lambda_s}{\rho_s c_s r^2}\right) - \gamma\right]$$ (4-4)

设埋管内流体与钻孔壁间单位深度热阻为 R_b，则依据传热学知识，管内流体平均温度 T_f 与钻孔壁温 T_b 之间的关系可表示为

$$T_f - T_b = \frac{Q}{H}R_b$$ (4-5)

$$Q = c_f \dot{m}\left(T_{g,in} - T_{g,out}\right)$$

$$R_b = R_c + R_p + R_g$$

$$Rc = \frac{1}{2\pi d_{pi} h_c}$$

$$R_p = \frac{1}{4\pi\lambda_p}\ln\left(\frac{d_{po}}{d_{pi}}\right)$$

$$R_g = \frac{1}{2\pi\lambda_g}\ln\left(\frac{d_b}{d_{po}\sqrt{n}}\right)$$

$$h_c = 0.023 \frac{\lambda_f}{d_{pi}} Re^{0.8} Pr^{0.3}$$

式中　$T_{g,in}$——测试孔埋管进口温度的测量值，℃；

$\quad\quad T_{g,out}$——测试孔埋管出口温度的测量值，℃；

$\quad\quad c_f$——循环流体质量比热容，J/（kg·K）；

$\quad\quad \dot{m}$——循环流体质量流量，kg/s；

$\quad\quad d_{pi}$——地埋管管道内径，m；

$\quad\quad d_{po}$——地埋管管道外径，m；

$\quad\quad d_b$——钻孔直径，m；

$\quad\quad R_c$——管内对流换热热阻，m·℃/W；

$\quad\quad R_p$——管壁导热热阻，m·℃/W；

$\quad\quad R_g$——灌浆材料导热热阻；

$\quad\quad n$——钻孔中的埋管数。

由式（4-4）和式（4-5）可得埋管内流体平均温度，可表示为：

$$T_f = \frac{Q}{4\pi\lambda_s H} \ln\tau + \left\{ \frac{Q}{4\pi\lambda_s H} \left[\ln\left(\frac{4\lambda_s}{\rho_s c_s r_b^2}\right) - \gamma \right] + \frac{Q}{H} R_b + T_g \right\} \tag{4-6}$$

b. 数据拟合方法。分析式（4-6）可以看出，需要确定周围土壤热导率 λ_s、土壤容积比热容 $\rho_s c_s$ 及钻孔内总热阻 R_b 3 个未知数。其中 R_b 取决于回填材料热导率、埋管位置及几何尺寸等结构与热物性参数，但对于特定的钻孔埋管，是一个定值。由于热流率 Q 恒定，对于恒定的钻孔埋管，其余均为定值，则上式等号右侧只有 $\ln\tau$ 一个变量，于是可将式（4-6）简化为一个二元一次线性方程

$$T_f = m\ln\tau + b \tag{4-7}$$

$$m = \frac{Q}{4\pi\lambda_s H}$$

$$b = \frac{Q}{4\pi\lambda_s H} \left[\ln\left(\frac{4\lambda_s}{\rho_s c_s r_b^2}\right) - \gamma \right] + \frac{Q}{H} R_b + T_g$$

$$T_f = \left(T_{g,in} + T_{g,out}\right)/2$$

通过实验测试获得的输入功率 Q 及不同时刻埋管流体平均温度 T_f 值，在温度-时间对数坐标轴上拟合出式（4-7），从而得出 m 和 b 的值，据此便可以根据 m 的表达式计算出热导率 λ_s 的值。对于钻孔热阻 R_b 与土壤容积比热容 $\rho_s c_s$ 的确定可以采用以下几种方法：

方法一，通过钻孔现场取样获得土壤类型，查手册获取 $\rho_s c_s$ 的值，然后将计算出的 λ_s 值与 $\rho_s c_s$ 的值代入 b 的表达式反算出钻孔热阻 R_b。

方法二，在已知钻孔埋管结构参数的情况下，根据钻孔热阻 R_b 的表达式计算出钻孔热

阻，将计算出的 R_b 值与 λ_s 值代入 b 的表达式反算出土壤容积比热容 $\rho_s c_s$。

方法三，以计算出的热导率作为已知参数，以未知的钻孔热阻与土壤容积比热容为未知参数，以式（4-7）作为优化参数，将计算出与实测出的埋管流体温度进行对比，利用优化方法得出两个未知参数的最优值。

② 基于解析解模型的参数估计法。

a. 线热源模型。对于线热源模型，除了可以采用上述数据拟合法来处理实验数据外，还可根据参数估计法来确定埋管现场的岩土热物性。基于线热源模型方程式（4-2），钻孔壁温可表示为

$$T_w = T_g + \frac{Q}{4\pi\lambda_s H} E_i\left(\frac{r_b{}^2 \rho_s c_s}{4\lambda_s \tau}\right) \tag{4-8}$$

令单位深度钻孔热阻为 R_0，则埋管流体平均温度 T_f 与钻孔壁温 T_w 之间的关系可写为

$$T_f - T_w = QR_0 / H \tag{4-9}$$

由式（4-8）和式（4-9）可得到埋管内流体平均温度为

$$T_f = T_g + \frac{Q}{H}\left[R_0 + \frac{1}{4\pi\lambda_s} E_i\left(\frac{r_b{}^2 \rho_s c_s}{4\lambda_s \tau}\right)\right] \tag{4-10}$$

式中　T_f——埋管内流体平均温度，℃；

　　　　T_g——土壤远边界温度，℃；

　　　　R_0——单位深度钻孔总热阻，m·℃/W；

　　　　$\rho_s c_s$——钻孔周围土壤容积比热容，J/（m³·℃）。

b. 圆柱热源模型。圆柱热源模型除了将 U 形管用当量直径等价为一根有限半径的单管外，其余假设条件与线热源理论相同。对于恒壁温或恒热流情况，可以给出其精确解。用该模型可以直接得到圆柱孔洞壁面与土壤远边界之间的温差为

$$T_g - T_w = \frac{Q}{\lambda_s H} G(F_o, p) \tag{4-11}$$

假设沿深度方向单位深度钻孔总热阻保持不变并设为 R_0，采用与线热源模型同样的方法可得到埋管内流体平均温度为

$$T_f = T_g + \frac{Q}{H}\left[R_0 + \frac{G\left(\dfrac{\lambda_s \tau}{\rho_s c_s r_b{}^2}, 1\right)}{\lambda_s}\right] \tag{4-12}$$

分析式（4-10）和式（4-12）可以看出，两个方程均有周围土壤热导率 λ_s、土壤容积比热容 $\rho_s c_s$、单位深度钻孔内总热阻 R_0 3 个未知数。其中 R_b 取决于回填材料热导率、埋管位置及几何尺寸等结构与热物性参数，但对于特定的钻孔埋管，是一个定值。因此，采用实验数据，利用式（4-10）或式（4-12）并结合下面给出的参数估计法便可以确定上述 3 个未知参数。

c. 参数估计法。通过控制现场测试装置的加热功率，使钻孔满足常热流边界条件。将通过传热模型计算得到的埋管流体平均温度与实际测量得到的流体平均温度进行对比，利用参数估计法及最优化理论，通过不断调整传热模型中土壤的热物性参数值（包括周围土壤热导率 λ_s、土壤容积比热容 $\rho_s c_s$ 及单位深度钻孔内总热阻 R_0），找出由模型计算出的与实测的平均流体温度值之间的误差最小值，此时对应的各物性参数值即为最终的土壤热物性参数优化值，其优化目标函数为

$$F = \sum_{i=1}^{n} \left[\left(T_{f,cal} \right)_i - \left(T_{f,exp} \right)_i \right]^2 \tag{4-13}$$

式中 $\left(T_{f,cal} \right)_i$ ——第 i 时刻由选定的传热模型计算出的埋管流体平均温度，℃；

$\left(T_{f,exp} \right)_i$ ——第 i 时刻实际测试得到的埋管流体平均温度，可由测出的埋管进、出口流体温度计算平均值得出，℃；

n ——测试的数据组数。

4.3.3 土壤换热器数量计算

地埋管换热器长度的确定是一个比较复杂的计算过程，涉及建筑负荷变化、系统管路布置、管道规格、岩土热物性参数以及气象参数等。计算时，应分别计算出冬季供暖和夏季空调所需的地埋管数量。目前应用比较广泛的是工程概算方法、半经验公式法和动态模拟法。

（1）工程概算法　首先根据建筑物的冷（热）负荷及热泵机组的 COP 确定地埋管的放热量或吸热量，然后确定埋管的布置方式，最后根据热响应测试得到的单位埋深换热量指标即可求出所需地埋管换热器的长度。这种方法简单、直观，比较适合工程初期地埋管设计的估算。

1）确定地埋管换热器的吸放热量

$$夏季放热量 Q_c = Q_0 \left(1 + \frac{1}{COP_c} \right) \tag{4-14}$$

$$冬季吸热量 Q_h = Q_1 \left(1 - \frac{1}{COP_h} \right) \tag{4-15}$$

式中　Q_c ——埋管夏季向土壤中的放热量，kW；

Q_0 ——设计总冷负荷，kW；

Q_h——埋管冬季从土壤中的吸热量，kW；

Q_l——设计总热负荷，kW；

COP_c——设计工况下热泵机组的制冷性能系数，无量纲；

COP_h——设计工况下热泵机组的制热性能系数，无量纲。

2）确定地埋管换热器长度　地埋管换热器的长度与地质、地温参数及进入热泵机组的水温有关。在缺乏具体数据时，可依据现场热响应测试得到的单位埋深换热量来确定。地埋管换热器所需长度可表示为

$$L_h = 1000nQ_h / q_x \tag{4-16}$$
$$L_c = 1000nQ_c / q_f \tag{4-17}$$

式中　L_h——冬季工况下所需地埋管长度，m；

L_c——夏季工况下所需地埋管长度，m；

q_x——单位埋深吸热量，W/m；

q_f——单位埋深放热量，W/m；

n——地埋管长度修正系数，单 U 形管为 2，双 U 形管为 4。

3）确定钻孔间距及数目　为了确定钻孔的平面布置，需要首先确定各钻孔之间的间距。根据国内外有关科研单位的实验研究结果，单根竖直埋管对周围土壤的热作用半径为 2～3m，因此为了避免各管井间的热干扰，其间距根据埋管场地面积可用情况一般可取为 4～6m，这也是国内外常用的工程经验值。

目前，钻孔深度可在 40～200m 范围内，可以根据现场可用埋管区域面积在此范围内先选择一个合适的钻孔深度 H，再通过式（4-18）来计算钻孔数目。

$$N = L / (nH) \tag{4-18}$$

式中　N——钻孔总数；

H——钻孔深度，m。

一般情况下是希望通过增加钻孔数量而不是埋深来满足负荷要求，因为埋深增加不仅会使造价上升，而且还会增加热短路。此外还要考虑管壁的承压问题与单孔的流量问题，主要控制条件是可利用的埋管区域面积。表 4-4 给出了不同管径埋管深度的建议值，表 4-5 给出了不同岩土类型地埋管换热器的各项参数指标，可供设计参考。

表4-4　不同管径埋管深度的建议值

管径	DN20	DN25	DN32	DN40
埋深/m	30～60	45～90	75～150	90～180

表4-5 地埋管各部分热阻及单位埋管深度换热量指标

岩土类型	岩土热导率/[W/(m·K)]	热扩散率/10⁻⁶(m²/s)	埋管形式	管径/mm	对流换热热阻/[m·K/W]	管壁热阻/[(m·K)/W]	回填热阻/[(m·K)/W]	钻孔地层热阻/[(m·K)/W] 运行时间 τ₁	钻孔地层热阻 τ₂	干扰热阻/(m·K/W) 运行时间 τ₃	干扰热阻 τ₄	短期脉冲负荷附加热阻 τ=8h	单位埋管深度换热量/(W/m) 运行份额 F=0.2 τ₁	F=0.2 τ₂	运行份额 F=0.3 τ₁	F=0.3 τ₂	运行份额 F=0.4 τ₁	F=0.4 τ₂
致密黏土（含水量15%）	1.65	0.6	单U	De25	0.00802	0.05282	0.12560	0.324	0.3594	0.0042446	0.03167	0.05185	48	46	44	41	40	37
			单U	De32	0.00668	0.05390	0.10178						52	50	47	44	43	40
			双U	De25	0.00802	0.03657	0.09217						57	55	52	48	47	43
			双U	De32	0.00668	0.03730	0.06835						64	60	57	53	51	47
致密黏土（含水量5%）	1.2	0.63	单U	De25	0.00802	0.05282	0.17269	0.4487	0.4974	0.0068394	0.048319	0.07376	36	35	33	31	30	28
			单U	De32	0.00668	0.05390	0.13995						40	38	36	34	33	30
			双U	De25	0.00802	0.03657	0.12673						44	41	39	36	35	32
			双U	De32	0.00668	0.03730	0.09399						49	46	43	40	38	35
轻质黏土（含水量15%）	0.85	0.59	单U	De25	0.00802	0.05282	0.24380	0.6274	0.696	0.0077695	0.59268	0.09946	27	26	25	23	23	21
			单U	De32	0.00668	0.05390	0.19758						30	29	27	25	24	23
			双U	De25	0.00802	0.03657	0.17891						33	31	29	27	26	24
			双U	De32	0.00668	0.03730	0.13269						37	34	32	30	29	26
轻质黏土(含水量5%)	0.7	0.65	单U	De25	0.00802	0.05282	0.29605	0.7728	0.8562	0.013107	0.088415	0.12919	23	22	20	20	19	17
			单U	De32	0.00668	0.05390	0.23992						25	24	22	21	20	19
			双U	De25	0.00802	0.03657	0.21725						27	25	24	22	21	20
			双U	De32	0.00668	0.03730	0.16112						30	28	26	24	23	21

岩土类型	岩土热导率/[W/(m·K)]	热扩散率/10⁻⁶(m²/s)	埋管形式	管径/mm	对流换热热阻/(m·K/W)	管壁热阻/(m·K/W)	回填热阻/(m·K/W)	钻孔地层热阻/(m·K/W) 运行时间 τ₁	τ₂	干扰热阻/(m·K/W) 运行时间 τ₃	τ₄	短期脉冲负荷附加热阻 τ=8h	单位埋管深度换热量/(W/m) F=0.2 τ₁	F=0.2 τ₂	F=0.3 τ₁	F=0.3 τ₂	F=0.4 τ₁	F=0.4 τ₂
致密砂土(含水量15%)	3.3	1.12	单U	De25	0.00802	0.05282	0.06280						73	68	68	62	63	56
			单U	De32	0.00668	0.05390	0.05089	0.177	0.1947	0.01239	0.0593	0.03825	78	73	72	65	67	59
			双U	De25	0.00802	0.03657	0.04608						88	81	80	72	74	65
			双U	De32	0.00668	0.03730	0.03418						95	88	87	77	79	69
致密砂土(含水量5%)	2.2	1.36	单U	De25	0.00802	0.05282	0.09420						53	49	48	43	45	39
			单U	De32	0.00668	0.05390	0.07634	0.2726	0.2991	0.028383	0.1113	0.06356	56	52	52	46	47	41
			双U	De25	0.00802	0.03657	0.06912						62	57	56	50	51	44
			双U	De32	0.00668	0.03730	0.05127						68	61	61	53	55	47
轻质砂土(含水量15%)	1.55	0.81	单U	De25	0.00802	0.05282	0.13370						43	40	40	36	36	32
			单U	De32	0.00668	0.05390	0.10835	0.3603	0.398	0.011558	0.09747	0.06736	47	43	43	38	39	34
			双U	De25	0.00802	0.03657	0.09811						52	47	46	41	42	37
			双U	De32	0.00668	0.03730	0.7276						57	52	51	45	46	39
轻质砂土(含水量5%)	1.4	1.02	单U	De25	0.00802	0.05282	0.14802						38	36	35	32	32	28
			单U	De32	0.00668	0.05390	0.11996	0.412	0.4537	0.02341	0.1272	0.08557	42	38	38	34	34	30
			双U	De25	0.00802	0.03657	0.10862						45	41	41	36	37	32
			双U	De32	0.00668	0.03730	0.08056						50	45	44	39	40	34
花岗岩	3	1.24	单U	De25	0.00802	0.05282	0.06908						67	63	62	56	58	51
			单U	De32	0.00668	0.05390	0.05598	0.1974	0.2169	0.01712	0.07313	0.04444	72	67	66	60	61	54
			双U	De25	0.00802	0.03657	0.05069						81	74	73	66	67	59
			双U	De32	0.00668	0.03730	0.03760						87	80	79	70	72	62

岩土类型	岩土热导率/[W/(m·K)]	热扩散率/10⁻⁶(m²/s)	埋管形式	管径/mm	对流换热热阻/[(m·K/W)]	管壁热阻/[(m·K/W)]	回填热阻/[(m·K/W)]	钻孔地层热阻/(m·K/W) 运行时间		干扰热阻/(m·K/W) 运行时间		短期脉冲负荷附加热阻	单位埋管深度换热量(W/m)					
								τ_1	τ_2	τ_3	τ_4	$\tau=8h$	运行份额 F=0.2		运行份额 F=0.3		运行份额 F=0.4	
													τ_1	τ_2	τ_1	τ_2	τ_1	τ_2
石灰石	3.1	1.24	单U	De25	0.00802	0.05282	0.06685	0.1911	0.2099	0.0166	0.07077	0.04301	69	64	64	58	59	53
			单U	De32	0.00668	0.05390	0.05418						73	68	68	61	63	55
			双U	De25	0.00802	0.03657	0.04906						83	76	75	67	69	60
			双U	De32	0.00668	0.03730	0.03638						90	82	81	72	74	64
砂岩	2.8	1.01	单U	De25	0.00802	0.05282	0.07401	0.2057	0.2266	0.01143	0.063	0.04254	66	62	61	56	57	51
			单U	De32	0.00668	0.05390	0.05998						71	66	65	59	60	53
			双U	De25	0.00802	0.03657	0.05431						79	73	72	65	66	58
			双U	De32	0.00668	0.03730	0.04028						87	79	78	70	71	62
湿页岩	1.9	0.86	单U	De25	0.00802	0.05282	0.10907	0.2964	0.32716	0.01113	0.08199	0.05702	51	47	46	42	43	38
			单U	De32	0.00668	0.05390	0.08839						55	51	50	45	46	40
			双U	De25	0.00802	0.03657	0.08004						60	56	55	49	50	43
			双U	De32	0.00668	0.03730	0.05936						67	61	59	53	54	46
干页岩	1.55	0.75	单U	De25	0.00802	0.05282	0.13370	0.35633	0.39401	0.00925	0.0952	0.06415	44	41	40	36	37	33
			单U	De32	0.00668	0.05390	0.10835						48	44	43	39	40	35
			双U	De25	0.00802	0.03657	0.09811						52	48	47	42	43	37
			双U	De32	0.00668	0.03730	0.07276						58	53	52	45	46	40

(2) 半经验公式法　由于土壤热量传递过程属于复杂的多孔介质传热传质，影响因素非常复杂，很难用简单的公式加以描述，因此在实际工程中对换热器传热分析常用以半经验公式为主的解析分析方法。

在这一类方法中，以国际地源热泵协会（IGSHPA）和美国供热制冷与空调工程师协会（ASHRAE）曾共同推荐的 IGSHPA 模型方法影响最大，我国 2005 年制定的《地源热泵系统工程技术规范》中土壤换热器的计算方法基本参考了此种方法。该方法是北美确定地下土壤换热器尺寸的标准方法，是以 Kelvin 线热源理论为基础的解析法。它以年最冷月和最热月负荷作为确定土壤换热器尺寸的依据，使用能量分析的温频法计算季节性能系数和能耗。该能量分析只适用于民用建筑。该模型考虑了多根钻井之间的热干扰及地表面的影响。该模型没有考虑热泵机组的间歇运行工况，没有考虑灌浆材料的热影响，没有考虑管内的对流换热热阻，不能直接计算出热泵机组的进液温度，而是使用迭代程序得到近似的其他月平均进液温度。

竖直土壤换热器计算的基础是单个钻井的传热分析。在多个钻井的情况下，可在单孔的基础上运用叠加原理加以扩展。计算土壤换热器所需的长度时按以下步骤进行：

1）根据地埋管平面布置计算土壤传热热阻　土壤换热器传热分析前必须事先确定埋设地埋管群井的平面布置结构，根据选定的平面布置计算土壤换热器在土壤中的传热热阻。

定义单个钻井土壤换热器的土壤传热热阻为

$$R_{\mathrm{s}}(X) = \frac{I(X_{\mathrm{r0}})}{2\pi k_{\mathrm{s}}} \tag{4-19}$$

$$X_{\mathrm{r0}} = \frac{r_0}{2\sqrt{a\tau}}$$

$$I(X_{\mathrm{r0}}) = \int_{X_{\mathrm{r0}}}^{\infty} \frac{1}{\eta} \mathrm{e}^{-\eta^2} \mathrm{d}\eta$$

式中　r_0——土壤换热器埋管外半径，m；

a——土壤热扩散系数，$\mathrm{m^2/s}$；

k_{s}——土壤热导率，W/(m·℃)；

τ——运行时间。

指数积分 $I(X)$ 可使用下式近似计算：

当 $0 < X \leqslant 1$ 时

$$I(X) = 0.5(-\ln X^2 - 0.57721566 + 0.99999193X^2 - 0.249910055X^4 + 0.05519968X^6 - 0.00975004X^8 + 0.00107857X^{10})$$

当 $X > 1$ 时

$$I(X) = \frac{1}{2X^2\mathrm{e}^{X^2}} \times \frac{A}{B}$$

$$A = X^8 + 8.573328X^6 + 18.059017X^4 + 8.637609X^2 + 0.2677737$$

$$B = X^8 + 9.5733223X^6 + 25.632956X^4 + 21.099653X^2 + 3.9684969$$

定义多个钻井土壤换热器的土壤传热热阻

$$R_s = \frac{1}{2\pi k_s}\left[I\left(X_{r0}\right) + \sum_{i=2}^{N} I\left(X_{SDi}\right)\right]$$

(4-20)

式中　$I\left(X_{r0}\right)/2\pi k_s$——半径为 r_0 单管土壤换热器周围的土壤热阻；

　　　　$I\left(X_{SDi}\right)/2\pi k_s$——与所考虑的换热器距离为 SD_i 的换热器对该换热器热干扰引起的附加土壤热阻。

2）土壤换热器管壁热阻　U 形土壤换热器的管壁导热热阻为

$$R_p = \frac{1}{2\pi k_p}\ln\left(\frac{d_e}{d_e - (d_o - d_i)}\right)$$

(4-21)

式中　d_o——管外径，m；

　　　　d_i——管内径，m；

　　　　d_e——当量管的外径，m；

　　　　k_p——管壁的热导率，W/（m·℃）。

对于 U 形土壤换热器，当量管的外径可表示为

$$d_e = \sqrt{n}d_o$$

(4-22)

式中，n 为钻井内土壤换热器支管数目，对于单 U 形管，$n=2$，对于双 U 形管，$n=4$。

3）确定热泵主机的最高进液温度、最低进液温度以及供冷、供热运行份额　建议热泵冬季供热最低进液温度要高出当地最冷室外气温-1.1～4.4℃，夏季制冷最大进液温度以 37.8℃ 作为初始近似值。根据最高和最低进液温度选择热泵机组，从而确定机组的供热/冷能力（CAP_h/CAP_c）及供热/冷性能系数（COP_h/COP_c）。

供热运行份额和制冷运行份额由式（4-23）、式（4-24）确定。

$$F_h = \frac{\text{最冷月中的运行小时数}}{24\times\text{该月天数}}$$

(4-23)

$$F_c = \frac{\text{最热月中的运行小时数}}{24\times\text{该月天数}}$$

(4-24)

4）确定土壤换热器长度　根据前面得到的数据，分别计算满足供热和供冷所需的土壤换热器长度：

$$L_h = \frac{2CAP_h\left(R_p + R_s F_h\right)}{\left(T_M - T_{\min}\right)}\left(\frac{COP_h - 1}{COP_h}\right)$$

(4-25)

$$L_c = \frac{2CAP_c\left(R_p + R_s F_c\right)}{\left(T_{\max} - T_M\right)}\left(\frac{COP_c + 1}{COP_c}\right)$$ (4-26)

式中 L_h，L_c——供热、制冷工况下土壤换热器计算长度，m；

CAP_h，CAP_c——热泵机组处于最低和最高进液温度下的供热、制冷能力；

COP_h，COP_c——处于最低和最高进液温度下的供热、制冷性能系数；

$T_{\min}$，$T_{\max}$——供热工况下的最小进液温度、制冷工况下的最大进液温度，℃；

T_M——土壤未受热扰动时的平均温度，℃。

为同时满足供热、供冷的空调负荷需求，应采用两种工况下土壤换热器长度的较大者作为设计值。

(3) 动态模拟法 地埋管换热器设计计算是地源热泵系统设计所特有的内容，建筑物全年动态负荷、岩土体温度的变化、地埋管及传热介质特性等因素都会影响地埋管换热器的换热效果。因此，考虑地埋管换热器设计计算的特殊性及复杂性，宜采用专用软件进行计算。该软件应具有以下功能：

① 能计算或输入建筑物全年动态负荷；

② 能计算当地岩土体平均温度及地表温度波幅；

③ 能模拟岩土体与换热管间的热传递及岩土体长期储热效果；

④ 能计算岩土体、传热介质及换热管的热物性；

⑤ 能对所设计系统的地埋管换热器的结构进行模拟(如钻孔直径、换热器类型、灌浆情况等)。

目前，在国际上比较认可的地埋管换热器的计算核心为瑞典隆德大学开发的 G-Functions 算法。根据程序界面的不同主要有瑞典隆德 Lund 大学开发的 EED 程序；美国威斯康星 Wisconsin-Madison 大学 Solar Energy 实验室（SEL）开发的 TRNSYS 程序；美国俄克拉荷马州 Oklahoma 大学开发的 GLHEPRO 程序。在国内，许多大专院校也曾对地埋管换热器的计算进行过研究并编制了计算软件。

利用岩土热响应试验进行地埋管换热器的设计，是将岩土综合热物性参数、岩土初始平均温度和空调冷热负荷输入专业软件，在夏季工况和冬季工况运行条件下进行动态耦合计算，通过控制地埋管换热器夏季运行期间出口最高温度和冬季运行期间进口最低温度，进行地埋管换热器的设计。

对冬、夏运行期间地埋管换热器进出口温度进行控制，主要是出于对土壤源热泵系统节能性的考虑，同时保证热泵机组的安全运行。在夏季，如果地埋管换热器出口温度高于33℃，土壤源热泵系统的运行工况与常规的冷却塔相当，无法充分体现地源热泵系统的节能性；在冬季，制定地埋管换热器出口温度限值，是为了防止温度过低，机组结冰，系统能效比降低。对地埋管换热器进出口温度的限制，还应考虑对全年运行能效的影响，在有利于提高冬、夏季全年运行能效和节能量的前提下，夏季运行期间地埋管换热器出口温度和冬季运行地埋管换热器进口温度可做适当调整。

4.3.4 土壤换热器布置形式

(1) 埋管方式 竖直式地热换热器的构造有多种，主要有竖直 U 形埋管与竖直套管，如

图 4-14 所示。竖直 U 形埋管的换热器采用在钻孔中插入 U 形管的方法，一个钻孔中可设置一组或两组 U 形管。钻孔之间的配置应考虑可利用的土地面积，两个钻孔之间的距离可在 4 ~ 6m 之间，管间距离过小会影响换热器的效能。

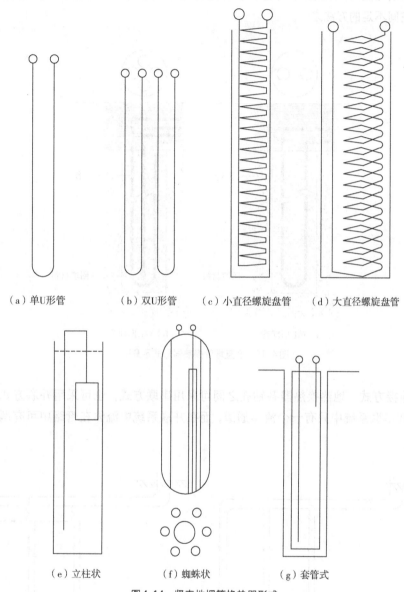

| （a）单U形管 | （b）双U形管 | （c）小直径螺旋盘管 | （d）大直径螺旋盘管 |

| （e）立柱状 | （f）蜘蛛状 | （g）套管式 |

图 4-14　竖直地埋管换热器形式

在实际工程应用，考虑到施工难度以及成本问题，通常使用竖直单 U 形埋管和双 U 形埋管换热器，如图 4-15 所示。尽管单 U 形埋管的钻孔内热阻比双 U 形埋管大 30%以上，但实测与计算结果均表明双 U 形埋管比单 U 形埋管仅可提高 15% ~ 20%的换热能力，这是因为钻孔内热阻仅是埋管传热总热阻的一部分，而钻孔外的岩土层热阻，对双 U 形埋管和单 U 形埋管来说，几乎是一样的。双 U 形埋管管材用量大，安装较复杂，运行中水泵的功耗也相应增加。因此一般地质条件下,多采用单U形埋管。但对于较坚硬的岩石层,选用双U形埋管比较合适,此时每米钻孔费用比每米U形管(包括管件)费用高很多(约10倍以上)。钻孔外岩石层的导热能力较强,埋设双U形管,有效地减少了钻孔内热阻,使单位长度U形埋管的热交换能力明显提高,从经济技术上分析都是合理可行的。另外采用双U形埋管,也是解决地下埋管空间不足的方法之一。

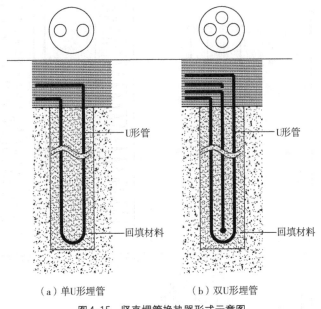

（a）单U形埋管　　　　（b）双U形埋管

图4-15　竖直埋管换热器形式示意图

（2）连接方式　地热换热器各钻孔之间可采用串联方式,也可采用并联方式,如图4-16所示。在串联系统中只有一个流体通道,而在并联系统中流体在管路中可有两个或更多的流道。

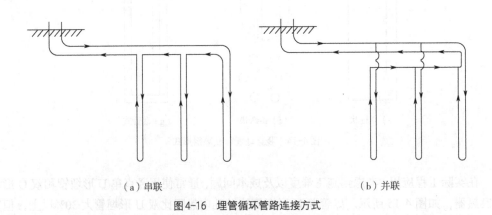

（a）串联　　　　　　　　　　（b）并联

图4-16　埋管循环管路连接方式

并联管路竖直式换热器与串联管路竖直式换热器相比,U形管管径可以更小,从而可以降低管路费用、防冻液费用。由于较小的管路更容易制作安装,也可减少人工费用。U形管管径的减小使钻孔孔径也相应变小，钻孔费用也相应降低。并联管路换热器中，同一环路集管连接的所有钻孔换热量基本相同；而串联管路换热器中，每个钻孔的换热量是不同的，因为串联的各个钻孔传热温差是不一样的。采用并联还是串联取决于系统大小、埋管深浅及安装成本高低等因素。串联系统较并联系统采用的管道管径大，而大直径管道成本亦高。

目前工程上以应用并联系统为主。对于并联流体通道，在设计和制造过程中必须特别注意，确保管内水流速较高以排走空气。此外，并联管道每个管路长度应尽量一致（偏差宜控制在10%以内），以使每个环路都有相同的流量。为确保并联的U形埋管进、出口压力基本相同，可使用较大管径的管道作水平集箱连管，提高地下循环管路的水力稳定性。

（3）水平连接集管　水平集管是连接分、集水器的环路，而后者是循环介质从热泵到土壤换热器各并联环路之间循环流动的重要调节控制装置，其连接支管路的形式也存在串联、并联两种，如图4-17所示。设计时应注意土壤换热器各并联环路间的水力平衡及有利于系统排除空气。与分、集水器相连接的各并联环路的多少，取决于竖直U形埋管与水平连接管路的连接方法、连接管件和系统的大小。

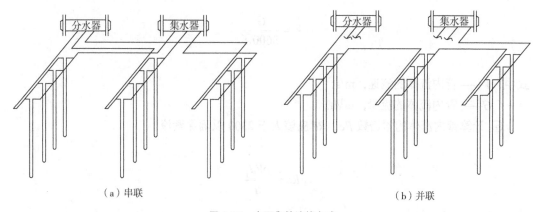

（a）串联　　　　　　　　　　　　（b）并联

图4-17　水平集管连接方式

4.3.5　土壤换热器阻力损失计算

对于以水作为传热介质的地埋管换热器，管道压力损失计算与常规的管内阻力计算方法基本相同，系统总阻力等于沿程阻力与局部阻力之和。以水为循环换热介质的高密度聚乙烯（PE100）换热器管道的阻力损失可按以下方法进行计算。

（1）基本参数的确定和计算

① 确定管内流体的流量、管道公称直径和流体特性。

地埋管换热系统阻力计算的第一步要确定系统循环流量大小，既要考虑热泵机组正常工作对于流量要求，也要考虑对地埋管换热器换热效果和流动阻力的影响。

首先根据热泵机组的需求确定一个系统流量。在依据冷热负荷需求和设计工况选择合适的热泵机组后，热泵机组需要的流量就已经确定了，但冬季和夏季工况对于地埋管换热系统流量的需求不同，还要进行比较，并选择数值较大的作为地埋管换热系统的设计流量。

其次，从保证地埋管换热器的换热效果方面确定一个系统流量。依据《地源热泵系统工程技术规范》（GB 50366—2005）中第 4.3.9 条规定"为确保系统及时排气和加强换热，地埋管换热器内管道推荐流速：双 U 形埋管不宜小于 0.4m/s，单 U 形埋管不宜小于 0.6m/s"，根据所选的地埋管换热器的管道规格和数量，可以得到地埋管换热系统所需的总流量。

将以上两个流量进行比较，宜选择数值较大的作为地埋管换热系统最终的设计流量。

② 计算地埋管的断面面积。

$$A = \frac{\pi d_j^2}{4} \tag{4-27}$$

式中　A——地埋管的断面面积，m^2；

$\quad\quad$ d_j——地埋管的内径，m。

③ 计算管内流体的流速。

$$V = \frac{G}{3600A} \tag{4-28}$$

式中　V——管内流体的流速，m/s；

$\quad\quad$ G——管内流体的流量，m^3/h。

④ 计算管内流体的雷诺数 Re，Re 应该大于 2300 以确保紊流。

$$Re = \frac{\rho V d_j}{\mu} \tag{4-29}$$

式中　Re——管内流体的雷诺数；

$\quad\quad$ ρ——管内流体的密度，kg/m^3；

$\quad\quad$ μ——管内流体的动力黏度，$N \cdot s/m^2$。

（2）沿程阻力计算　管段的沿程阻力 p_y 按式（4-30）和式（4-31）计算。

$$p_y = p_d L \tag{4-30}$$
$$p_d = 0.158 \rho^{0.75} \mu^{0.25} d_j^{1.25} V^{1.75} \tag{4-31}$$

式中　p_y——计算管段的沿程阻力，Pa；

$\quad\quad$ p_d——计算管段单位管长的摩擦阻力，Pa/m；

$\quad\quad$ L——计算管段的长度，m。

在实际计算中，单位管长的摩擦阻力（比摩阻）可通过查表得到。根据所选的管径以及管内流量查表 4-6，得到相应的比摩阻，再乘以管长，可计算出管段的沿程阻力值。计算管道沿程阻力时，比摩阻宜控制在 100～300Pa/m 之间，最大不应超过 400Pa/m，水平管路较长时控制在 100Pa/m 左右。

表4-6　聚乙烯管单位管长摩擦阻力

流量/ (m³/h)	3/4(De20mm) d_i=15.4mm		1(De25mm) d_i=20.4mm		5/4(De32mm) d_i=26.0mm		3/2(De40mm) d_i=32.6mm		2(De50mm) d_i=40.8mm		5/2(De63mm) d_i=51.4mm	
	流速/ (m/s)	压降/ (Pa/m)	流速/ (m/s)	压降/ (Pa/m)	流速/ (m/s)	压降/ (Pa/m)	流速/ (m/s)	压降/ (Pa/m)	流速/ (m/s)	压降/ (Pa/m)	流速/ (m/s)	压降/ (Pa/m)
0.15	0.22	71.7	—	—	—	—	—	—	—	—	—	—
0.20	0.30	118.6	—	—	—	—	—	—	—	—	—	—
0.25	0.37	175.3	0.21	46.1	—	—	—	—	—	—	—	—
0.30	0.45	241.2	0.26	63.4	—	—	—	—	—	—	—	—
0.35	0.52	315.9	0.30	83.1	—	—	—	—	—	—	—	—
0.40	0.60	399.1	0.34	105.0	—	—	—	—	—	—	—	—
0.45	0.67	490.4	0.38	129.0	—	—	—	—	—	—	—	—
0.50	—	—	0.43	155.1	0.26	49.0	—	—	—	—	—	—
0.60	—	—	0.51	213.4	0.31	67.4	—	—	—	—	—	—
0.70	—	—	0.60	279.5	0.37	88.3	—	—	—	—	—	—
0.80	—	—	0.68	353.0	0.42	111.5	—	—	—	—	—	—
0.90	—	—	0.77	433.9	0.47	137.1	0.30	46.8	—	—	—	—
1.00	—	—	—	—	0.52	164.8	0.33	56.3	—	—	—	—
1.20	—	—	—	—	0.63	226.8	0.40	77.4	—	—	—	—
1.40	—	—	—	—	0.73	297.0	0.47	101.4	—	—	—	—
1.60	—	—	—	—	0.84	375.2	0.53	128.1	—	—	—	—
1.80	—	—	—	—	0.94	461.1	0.60	157.4	0.38	54.2	—	—
2.00	—	—	—	—	—	—	0.67	189.3	0.43	65.2	—	—
2.20	—	—	—	—	—	—	0.73	223.7	0.47	77.1	—	—
2.40	—	—	—	—	—	—	0.80	260.5	0.51	89.7	—	—
2.60	—	—	—	—	—	—	0.87	299.6	0.55	103.2	—	—
2.80	—	—	—	—	—	—	0.93	341.1	0.60	117.5	—	—
3.00	—	—	—	—	—	—	1.00	384.9	0.64	132.6	—	—
3.20	—	—	—	—	—	—	1.07	430.9	0.68	148.4	—	—
3.40	—	—	—	—	—	—	—	—	0.72	165.1	0.46	55.1
3.60	—	—	—	—	—	—	—	—	0.77	182.4	0.48	60.9
3.80	—	—	—	—	—	—	—	—	0.81	200.5	0.51	66.9
4.00	—	—	—	—	—	—	—	—	0.85	219.4	0.54	73.2
4.20	—	—	—	—	—	—	—	—	0.89	238.9	0.56	79.8

流量/ (m³/h)	3/4(De20mm) d_i=15.4mm		1(De25mm) d_i=20.4mm		5/4(De32mm) d_i=26.0mm		3/2(De40mm) d_i=32.6mm		2(De50mm) d_i=40.8mm		5/2(De63mm) d_i=51.4mm	
	流速/ (m/s)	压降/ (Pa/m)	流速/ (m/s)	压降/ (Pa/m)	流速/ (m/s)	压降/ (Pa/m)	流速/ (m/s)	压降/ (Pa/m)	流速/ (m/s)	压降/ (Pa/m)	流速/ (m/s)	压降/ (Pa/m)
4.40	—	—	—	—	—	—	—	—	0.94	259.2	0.59	86.5
4.60	—	—	—	—	—	—	—	—	0.98	280.1	0.62	93.5
4.80	—	—	—	—	—	—	—	—	1.02	301.8	0.64	100.8
5.00	—	—	—	—	—	—	—	—	1.06	324.1	0.67	108.2
5.50	—	—	1.17	383.0	0.74	127.9	0.52	55.0	—	—	—	—
6.00	—	—	1.28	446.0	0.80	148.9	0.56	64.0	—	—	—	—
6.50	—	—	—	—	0.87	171.3	0.61	73.6	—	—	—	—
7.00	—	—	—	—	0.94	195.0	0.66	83.8	—	—	—	—
7.50	—	—	—	—	1.00	220.0	0.70	94.6	—	—	—	—
8.00	—	—	—	—	1.07	246.3	0.75	105.9	—	—	—	—
8.50	—	—	—	—	1.14	273.9	0.80	117.7	—	—	—	—
9.00	—	—	—	—	1.21	302.7	0.84	130.1	0.59	55.0	—	—
9.50	—	—	—	—	1.27	332.7	0.89	143.0	0.62	60.5	—	—
10.00	—	—	—	—	1.34	364.0	0.94	156.4	0.65	66.1	—	—
10.50	—	—	—	—	1.41	396.4	0.99	170.4	0.69	72.0	—	—
11.00	—	—	—	—	1.47	430.1	1.03	184.8	0.72	78.2	—	—
11.50	—	—	—	—	—	—	1.08	199.8	0.75	84.5	—	—
12.00	—	—	—	—	—	—	1.13	215.2	0.78	91.0	—	—
12.50	—	—	—	—	—	—	1.17	231.2	0.82	97.7	—	—
13.00	—	—	—	—	—	—	1.22	247.6	0.85	104.7	—	—
13.50	—	—	—	—	—	—	1.27	264.5	0.88	111.8	—	—
14.00	—	—	—	—	—	—	1.31	281.9	0.91	119.2	—	—
14.50	—	—	—	—	—	—	1.36	299.8	0.95	126.7	—	—
15.00	—	—	—	—	—	—	1.41	318.1	0.98	134.5	—	—
15.50	—	—	—	—	—	—	1.45	336.9	1.01	142.4	—	—
16.00	—	—	—	—	—	—	1.50	356.1	1.05	150.6	0.70	57.9
16.50	—	—	—	—	—	—	1.55	375.8	1.08	158.9	0.72	61.1
17.00	—	—	—	—	—	—	1.60	396.0	1.11	167.4	0.74	64.4

流量/ (m³/h)	3/2(De40mm) d=32.6mm		2(De50mm) d=40.8mm		5/2(De63mm) d=51.4mm		3(De75mm) d=61.4mm		7/2(De90mm) d=73.68mm		4(De110mm) d=90mm	
	流速/ (m/s)	压降/ (Pa/m)	流速/ (m/s)	压降/ (Pa/m)	流速/ (m/s)	压降/ (Pa/m)	流速/ (m/s)	压降/ (Pa/m)	流速/ (m/s)	压降/ (Pa/m)	流速/ (m/s)	压降/ (Pa/m)
17.50	—	—	—	—	—	—	1.64	416.6	1.14	176.1	0.76	67.7
18.00	—	—	—	—	—	—	—	—	1.18	185.0	0.79	71.2
18.50	—	—	—	—	—	—	—	—	1.21	194.1	0.81	74.7
19.00	—	—	—	—	—	—	—	—	1.24	203.4	0.83	78.2
19.50	—	—	—	—	—	—	—	—	1.27	212.8	0.85	81.9
20.00	—	—	—	—	—	—	—	—	1.31	222.5	0.87	85.6
21.00	—	—	—	—	—	—	—	—	1.37	242.3	0.92	93.2
22.00	—	—	—	—	—	—	—	—	1.44	262.9	0.96	101.1
23.00	—	—	—	—	—	—	—	—	1.50	284.1	1.00	109.3
24.00	—	—	—	—	—	—	—	—	1.57	306.1	1.05	117.7
25.00	—	—	—	—	—	—	—	—	1.63	328.8	1.09	126.4
26.00	—	—	—	—	—	—	—	—	1.70	352.1	1.14	135.4
27.00	—	—	—	—	—	—	—	—	1.76	376.2	1.18	144.7
28.00	—	—	—	—	—	—	—	—	1.83	400.9	1.22	154.2
29.00	—	—	—	—	—	—	—	—	1.89	426.3	1.27	164.0
30.00	—	—	—	—	—	—	—	—	—	—	1.31	174.0
31.00	—	—	—	—	—	—	—	—	—	—	1.35	184.2
32.00	—	—	—	—	—	—	—	—	—	—	1.40	194.8
33.00	—	—	—	—	—	—	—	—	—	—	1.44	205.5
34.00	—	—	—	—	—	—	—	—	—	—	1.49	216.6
35.00	—	—	—	—	—	—	—	—	—	—	1.53	227.8
36.00	—	—	—	—	—	—	—	—	—	—	1.57	239.4
37.00	—	—	—	—	—	—	—	—	—	—	1.62	251.1
38.00	—	—	—	—	—	—	—	—	—	—	1.66	263.1
39.00	—	—	—	—	—	—	—	—	—	—	1.70	275.3
40.00	—	—	—	—	—	—	—	—	—	—	1.75	287.8
41.00	—	—	—	—	—	—	—	—	—	—	1.79	300.5
42.00	—	—	—	—	—	—	—	—	—	—	1.83	313.5
43.00	—	—	—	—	—	—	—	—	—	—	1.88	326.7
44.00	—	—	—	—	—	—	—	—	—	—	1.92	340.1
45.00	—	—	—	—	—	—	—	—	—	—	1.97	353.7

流量/ (m³/h)	3/2(De40mm) d=32.6mm		2(De50mm) d=40.8mm		5/2(De63mm) d=51.4mm		3(De75mm) d=61.4mm		7/2(De90mm) d=73.68mm		4(De110mm) d=90mm	
	流速/ (m/s)	压降/ (Pa/m)	流速/ (m/s)	压降/ (Pa/m)	流速/ (m/s)	压降/ (Pa/m)	流速/ (m/s)	压降/ (Pa/m)	流速/ (m/s)	压降/ (Pa/m)	流速/ (m/s)	压降/ (Pa/m)
46.00	—	—	—	—	—	—	—	—	—	—	2.01	367.6
47.00	—	—	—	—	—	—	—	—	—	—	2.05	381.7
48.00	—	—	—	—	—	—	—	—	—	—	2.10	396.0
49.00	—	—	—	—	—	—	—	—	—	—	2.14	410.5
50.00	—	—	—	—	—	—	—	—	—	—	2.18	425.3

注：水的密度与黏度取10℃的值，即 ρ=999.73kg/m³， μ=1.308×10^{-2}Pa·s。

（3）局部阻力计算　管道的局部阻力可采用当量长度法计算，将局部阻力转换为相同管径的直管段阻力，转换后的直管段长度称为局部阻力当量长度。用当量长度乘以相应的比摩阻得到局部阻力。地埋管换热器系统中常用的阀门管件当量长度见表4-7和表4-8，计算阻力时可直接选取。

表4-7　阀门当量长度表

名义管径		阀门的当量长度/m		
in	mm	球阀	角阀	闸阀
3/8	De10	5.19	1.83	0.18
1/2	De12	5.49	2.14	0.21
3/4	De20	6.71	2.75	0.27
1	De25	8.85	3.66	0.31
5/4	De32	11.59	4.58	0.46
3/2	De40	13.12	5.49	0.55
2	De50	16.78	7.32	0.70
5/2	De63	21.05	8.85	0.85
3	De75	25.62	10.68	0.98
7/2	De90	30.50	12.51	1.22
4	De110	36.60	14.34	1.37
5	De125	42.70	17.69	1.83
6	De160	51.85	21.35	2.14
8	De200	67.10	25.93	2.75

表4-8 管件当量长度表

名义管径		弯头的当量长度/m				T形三通的当量长度/m			
in	mm	90° 标准型	90° 长半径型	45° 标准型	180° 标准型	旁流三通	直流三通	直流三通后缩小1/4	直流三通后缩小1/2
3/8	De10	0.4	0.3	0.2	0.7	0.8	0.3	0.4	0.4
1/2	De12	0.5	0.3	0.2	0.8	0.9	0.3	0.4	0.5
3/4	De20	0.6	0.4	0.3	1.0	1.2	0.4	0.6	0.6
1	De25	0.8	0.5	0.4	1.3	1.5	0.5	0.7	0.8
5/4	De32	1.0	0.7	0.5	1.7	2.1	0.7	0.9	1.0
3/2	De40	1.2	0.8	0.6	1.9	2.4	0.8	1.1	1.2
2	De50	1.5	1.0	0.8	2.5	3.1	1.0	1.4	1.5
5/2	De63	1.8	1.3	1.0	3.1	3.7	1.3	1.7	1.8
3	De75	2.3	1.5	1.2	3.7	4.6	1.5	2.1	2.3
7/2	De90	2.7	1.8	1.4	4.6	5.5	1.8	2.4	2.7
4	De110	3.1	2.0	1.6	5.2	6.4	2.0	2.7	3.1
5	De125	4.0	2.5	2.0	6.4	7.6	2.5	3.7	4.0
6	De160	4.9	3.1	2.4	7.6	9.2	3.1	4.3	4.9
8	De200	6.1	4.0	3.1	10.1	12.2	4.0	5.5	6.1

4.4 土壤热平衡问题

4.4.1 土壤热平衡概念

土壤源热泵系统热平衡问题在于，实际工况下当冬夏季吸排热量差异过大，超越土壤自恢复能力时，将导致土壤温度的逐年升高或降低，进而造成冷量或热量在地埋管周围的堆积，使系统效率逐年下降，难以体现土壤源热泵高效节能的优势。可见，地下土壤热平衡问题主要是由地下取放热量的差异造成的，但保持土壤热平衡的关键并不是要求地下取放热完全相同，而是说要在一个运行周期（一般以年为时间尺度）内，土壤通过自身的储能与传热扩散，在消除一定冷热负荷不平衡率带来的影响后，地下土壤能恢复到初始状态，即使有时取放热不相等，也能实现土壤的热平衡，这才是土壤热平衡问题的实质。

4.4.2 土壤热失衡的原因

（1）系统负荷特性 土壤源热泵系统本身具有依托环境、因地而异、自适应性不强的特征，如不能使系统从土壤中取放的热量控制在地埋管周围土壤的自恢复能力范围内，容易产生不平衡的隐患。土壤源热泵系统在夏季从室内吸取热量,并通过地埋管向土壤中释放热量,土壤温度随之升高,经历恢复期后,在冬季系统从地下吸收热量供给用户方,土壤温度随之下降,再经历恢复期。理论上,夏季向土壤的排热量与冬季土壤的吸热量相等时,经过一年的周期土壤温度场基本不发生变化,就可以保证土壤源热泵在使用寿命内稳定运行。但由于我国地理条件和气候条件复杂,各地对冷热负荷的需求比例大不相同,北方多以供热为主制冷为辅,南方多制冷为主供热为辅,只有少部分地区自然满足冷热需求量相当(吸放热量差不过分超过土壤自恢复能力),这就使得多数土壤源热泵系统都需要考虑土壤热平衡问题。

(2) 人为因素 人为因素包括系统设计不合理、施工过程不规范以及系统运行管理不当等。为节省初投资,节省占地面积,设计时布置地埋管数量过少,布置过密或采用较浅埋深的现象比较严重,这会导致土壤蓄能体积减小,单位埋深取放热量增加,埋管间温度波叠加,土壤温度难以自恢复,使本来处于可控范围内的热平衡问题加剧。施工阶段缺乏有效的衔接和监督,从而造成未按设计要求施工,导致设计与施工脱节。系统运行过程中,运维人员不按规定开启辅助冷热源设备,未有效利用调峰设施的冷热平衡功能,对流量和阀门的管控不善等一系列问题,致使系统从土壤取放热量的不平衡率高于设计值,产生冷堆积或热堆积。

4.4.3 土壤热失衡的影响和危害

(1) 系统效率降低 土壤的热失衡将致使热泵机组的能效不断降低,甚至有导致热泵机组无法正常运行的风险。证实在严寒或寒冷地区热泵系统冬季供暖所需负荷大于夏季制冷所需负荷,系统冬季从土壤吸取的热量大于夏季向土壤排出的热量,长此以往,土壤温度有逐年降低的可能,导致地源热泵机组冬季时蒸发温度降低,系统耗功率上升,COP值下降,一般地下土壤温度每降低 1℃则通过其制取同等热量的能耗将增加 3%~4%。对于南方地区热失衡情况,也存在制冷量降低,系统效率下降的可能。可以说一个不考虑热平衡问题的土壤源热泵系统是不完善的系统。

(2) 对土壤环境的影响 由于地埋管地源热泵系统直接利用换热器由土壤取热,必然对局部土壤热、湿及盐分迁移产生影响,而影响的多少则需要根据研究的深入逐步量化,使不利因素减到最小。任何一个环节的非正常变化都可能造成生态系统的破坏,业界认为在全年冬夏由土壤取放热量相等的条件下,土壤源热泵不会对生态系统造成任何影响,但由于量化困难及指导性理由不充分,人们对于由热平衡问题引起的热堆积而造成的土壤温度变化,及其对大地热流和生态环境带来的影响所知甚微,但土壤源热泵系统对作用半径内地质环境、水文环境和生态环境的影响不容忽视是不争的事实。由于温度是影响生物酶活性的重要因素,土壤源热泵系统常年由土壤吸取和释放热量的过程无疑会给作用半径内动植物和微生物的生长与生态循环带来不可逆的影响。

4.4.4 解决方案

(1) 系统设计 由于冬夏负荷差异过大引起的地下热平衡问题,在系统设计阶段可采用多种方案解决,对各方案进行对比后根据实际情况选出最优方案。比如,以冬季供热为主的严寒地区采用太阳能集热器收集太阳能或利用燃气燃油和城市热网等方式向土壤补热;以夏季空调为主的地区,可采用冷却塔等设备辅助散热,减轻土壤换热器的负担。同时,应该通过全年动态模拟计算出辅助冷热源的大小及运行时间。此外,在地埋管布置上,在条件允许时通过适当增大埋管布置间距、减小地埋管换热器单位深度承担的负荷等措施减小地埋管换热器群的密集度,避免冷量和热量的过分堆积。

(2) 施工措施 规范的施工是保证系统高效合格的基础,地埋管换热系统属于隐蔽工程,一旦发生泄漏,尤其是在竖直管道部分,基本无法修复,只能通过阀门将损坏的换热器屏蔽。由于在系统连接设计中,通常将多个换热器连成一组,如果一个换热器出现泄漏,会屏蔽掉这一组换热器,从而造成地埋管换热器的数量减少,造成短期内冷热堆积,影响系统的效率。施工中应严格按照施工规范进行管道连接以及压力试验。此外,钻孔的回填施工中,应采用符合规范的回填材料,而且保证回填料在钻孔内充分沉淀并保证其密实度,否则会影响换热器的传热性能。

(3) 系统运行管理 加强和规范土壤源热泵系统的运行管理,是落实设计优化措施、解决土壤热失衡问题的最后环节。通常采用分区恢复、间歇控制、系统调峰等手段来控制和改善土壤热失衡问题,需要对运行管理人员进行相关培训,并制定管理规范。

4.5 土壤源热泵-冷却塔复合式系统

对于夏热冬冷地区,大多数建筑存在夏季冷负荷大于冬季热负荷的问题,单独土壤源热泵系统在该地区使用会导致土壤温度的持续上升,使系统性能下降,运行费用也会逐年升高。为此,使用冷却塔作为辅助散热设备的混合式土壤源热泵系统应运而生。土壤源热泵系统承担的容量由冬季热负荷确定,夏季超出的部分由冷却塔提供,保证地下土壤冬夏季的取放热基本持平,维持土壤的热平衡。

4.5.1 复合系统的形式

在实际应用中,冷却塔-土壤源热泵复合式系统冷却塔和地埋管换热器的连接方式通常分为三种,串联式、并联式和独立运行。

(1) 串联式 冷却塔与地埋管换热系统串联连接系统示意如图 4-18 所示。在串联方式中,冷却水依次流经热泵机组、冷却塔和地埋管换热器,再回到热泵机组。在冷却塔侧设置旁通管路,地埋管单独运行时,打开阀门 V1,关闭阀门 V2;联合运行时,打开阀门 V2,关闭阀门 V1。对于使用开式冷却塔的系统来说,为防止冷却塔系统中污垢进入地埋管换热系统,通常使用换热器将冷却塔与地埋管换热系统隔离。

(2) 并联式 冷却塔与地埋管换热系统并联连接系统示意如图 4-19 所示。在并联方式中,冷却塔和地埋管换热系统通过阀门的切换可各自单独运行,流量可通过流量调节阀调节。和串联方式一样,如果使用开式冷却塔,也需要使用换热器将冷却塔与地埋管换热系统隔离。

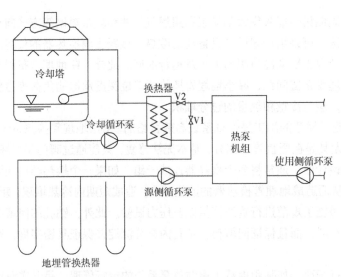

图4-18　冷却塔与地埋管换热系统串联连接系统示意图

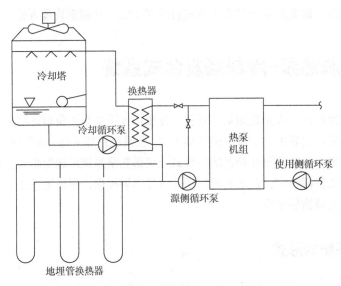

图4-19　冷却塔与地埋管换热系统并联连接系统示意图

（3）独立运行　根据建筑物的冷热负荷特点以及地下土壤热平衡计算结果，选择热泵机组与冷水机组联合为建筑物提供空调。热泵机组与地埋管换热系统、冷水机组与冷却塔各自一一对应，各自独立运行，互不影响，系统示意图如图4-20所示。冬季，热泵机组运行为建筑物供暖，夏季负荷较小时使用热泵机组为建筑物提供空调，负荷较大时启动冷水机组。

4.5.2　控制策略

使用土壤源热泵-冷却塔复合式系统的目的是解决由于冬夏季负荷差异引起的地下土壤热平衡问题，是否能达到目的的关键在于辅助散热系统（冷却塔）的启停控制，这对整个系

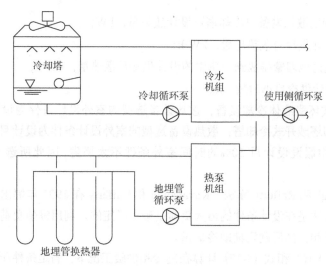

图4-20 冷却塔与地埋管换热系统独立运行系统示意图

统的经济性、运行效果都有着很重要的影响。目前，常规使用的控制方案主要有三种，分别是时间控制、温度控制和温差控制。

（1）时间控制 时间控制主要是指控制冷却塔的运行时间，目前常用的有两种方式，一种是在空调季节一天内的某些时段开启冷却塔，另一种是在非空调季节开启冷却塔降低土壤温度。由于夜晚室外温度较低，冷却效果好，通常选择晚上某个时段开启冷却塔辅助散热，最终需要根据建筑物的负荷特性来确定开启的时段和时长。

（2）温度控制 当热泵机组的进口水温超过某一设定值时，开启辅助冷却塔；当温度恢复到该设定值时，关闭辅助冷却塔。这是冷却塔的一个典型运行方式，设定温度通常控制在24~35℃之间。

（3）温差控制 此处温差指热泵机组的进口温度与室外空气温度的差值，室外空气温度分干球温度和湿球温度。当热泵机组的进口水温与室外空气温度的差值大于设定值时，开启辅助冷却塔；当差值恢复到该设定值时，关闭辅助冷却塔。对于封闭式冷却塔，通常选用干球温度，而对于开式冷却塔则选用湿球温度。

以上是三种常用的复合系统的控制策略，也可以几种策略进行组合使用，最终目的是维持地下土壤的热平衡，保障系统稳定运行。具体控制参数应根据系统负荷特性以及当地气候特点确定。

4.5.3 复合系统的设备选型

复合系统的设计主要是确定地埋管换热器的长度、辅助散热设备冷却塔的容量以及开启的时间等。目前，对于辅助散热设备（冷却塔）的选型主要有三种计算方法。

（1）Ashrae 算法 Ashrae 在 1995 年给出了冷却塔容量的推荐计算公式，如式（4-32）所示。

$$Q_{Rej} = \frac{Q_{Tot.Rej} - Q_{Loop.Rej}}{2H} \tag{4-32}$$

式中 Q_{Rej}——辅助散热设备（冷却塔）设计放热量，kW；

$\quad Q_{\mathrm{Tot,Rej}}$——设计供冷月散热总量，kW·h；

$\quad Q_{\mathrm{Loop,Rej}}$——通过地埋管排放到土壤中的设计供冷月散热量，kW·h；

$\quad H$——设计供冷月小时数，h。

对于干式闭式环路液体冷却设备，散热设备选型的室外设计条件为设计月平均干球温度；对于闭式冷却塔或开式冷却塔，散热设备选型的室外设计条件为设计月平均湿球温度。

此选型方法中假设设计月 50%的时间室外条件不太恶劣，因此所选设备容量有一定余量。

（2）Kavanaugh 和 Rafferty 算法　Kavanaugh 和 Rafferty 在 1997 年提出了一种冷却塔设计选型方法，该方法是在设计条件的最大负荷基础上确定的。利用峰值负荷分别确定供冷和供热所需埋管长度和，然后确定辅助冷却量。

首先根据式（4-16）和式（4-17）计算在制冷和供暖工况下，满足条件所需的埋地换热器长度，再恰当选择热泵最高和最低进水温度设计值，计算在两种工况下所需的埋地换热器长度 L_{c} 和 L_{h}。

最后根据以上的 L_{c} 和 L_{h}，通过式（4-33）计算得到辅助散热设备的容量。

$$Q_{\mathrm{f}} = Q_{\mathrm{c}}\left(\frac{\mathrm{EER}+1}{\mathrm{EER}}\right)\frac{L_{\mathrm{c}}-L_{\mathrm{h}}}{L_{\mathrm{c}}} \tag{4-33}$$

（3）Kavanaugh 改进设计方法　Kavanaugh 等在 1998 年改进了设备选型方法，该选型方法主要是针对并联式的混合式土壤源热泵系统，设计计算不仅仅得出埋管的长度和辅助散热设备的容量，更侧重的是维持每年土壤得失热量的平衡，对减少由于热积聚而产生的对机组性能的影响、避免地下热污染都十分重要。其主要步骤如下：

① 计算 L_{h} 和 L_{c}。制冷和制热工况下所需的地埋管换热器长度计算基于公式（4-34）和式（4-35）。

$$L_{\mathrm{c}} = \frac{q_{\mathrm{a}}R_{\mathrm{ga}}+(C_{\mathrm{fc}}q_{1\mathrm{c}})(R_{\mathrm{b}}+\mathrm{PLF_m}R_{\mathrm{gm}}+R_{\mathrm{gd}}F_{\mathrm{sc}})}{t_{\mathrm{g}}-\dfrac{t_{\mathrm{wi}}+t_{\mathrm{wo}}}{2}-t_{\mathrm{p}}} \tag{4-34}$$

$$L_{\mathrm{h}} = \frac{q_{\mathrm{a}}R_{\mathrm{ga}}+(C_{\mathrm{fh}}q_{1\mathrm{h}})(R_{\mathrm{b}}+\mathrm{PLF_m}R_{\mathrm{gm}}+R_{\mathrm{gd}}F_{\mathrm{sc}})}{t_{\mathrm{g}}-\dfrac{t_{\mathrm{wi}}+t_{\mathrm{wo}}}{2}-t_{\mathrm{p}}} \tag{4-35}$$

式中，q_{a} 由式（4-36）得到。

$$q_{\mathrm{a}} = \frac{C_{\mathrm{fs}}q_{1\mathrm{c}}\mathrm{EFLH_c}+C_{\mathrm{fh}}q_{1\mathrm{h}}\mathrm{EFLH_h}}{8760H} \tag{4-36}$$

式中　　F_{sc}——短路热损失的因子，在钻孔中 U 形管的两管之间存在传热热损失；

L_c——制冷工况所需的地埋管回路长度，m；

L_h——制热工况所需的地埋管回路长度，m；

PLF_m——部分负荷因子，等于设计月等效满负荷运行小时数与当月总运行小时数的比值；

q_a——土壤年净换热量，W；

q_{1c}——建筑设计冷负荷，W；

q_{1h}——建筑设计热负荷，W；

R_{ga}——年土壤有效热阻，m·K/W；

R_{gd}——日土壤有效热阻，m·K/W；

R_{gm}——月土壤有效热阻，m·K/W；

R_b——钻孔热阻，m·K/W；

t_g——未受干扰的土壤温度，℃；

t_p——温度补偿（长期运行中由于相邻钻孔之间的热干扰引起的温度变化），℃；

t_{wi}——地埋侧热泵进口水温，℃；

t_{wo}——地埋侧热泵出口水温，℃；

C_{fc}，C_{fh}——热系机组制冷量和制热量修正系数，分别根据机组设计手册中提供的 EER 和 COP 确定（Kavanaugh 和 Rafferty 1997 年提出，如表 4-9 所示）；

$EFLH_c$，$EFLH_h$——年供冷和供热满负荷运行时间，h。

表4-9　热泵机组制冷量和制热量修正系数

制冷EER	C_{fc}	制热COP	C_{fh}
3.2	1.31	3.0	0.75
3.8	1.26	3.5	0.77
4.4	1.23	4.0	0.80
5.0	1.20	4.5	0.82

② 设计计算辅助设备的流量 LPM_{cooler}，计算式如（4-37）所示。

$$LPM_{cooler} = LPM_{sys} \frac{L_c - L_h}{L_c} \tag{4-37}$$

式中　LPM_{sys}——机组冷凝器侧总水量，L/s。

③ 修正制冷满冷负荷运行时间 $EFLH_c$ 为 $EFLH_{cooler}$，计算式如式（4-38）所示。

$$EFLH_{cooler} = EFLH_c \left(1 - \frac{LPM_{cooler}}{2LPM_{sys}} \right) \tag{4-38}$$

④ 利用 $EFLH_{cooler}$，根据公式（4-34）~式（4-36）重新选择 L_h 和 L_c，并按照式（4-37）

得出新的 $\text{LPM}_{\text{cooler}}$。重复步骤①~④，直到全年冷热平衡和峰值负荷安全运行两个条件均满足，再根据最终获得的 $\text{LPM}_{\text{cooler}}$ 进行辅助散热设备（冷却塔）的选型。

⑤ 根据最终计算得到的 $\text{LPM}_{\text{cooler}}$，最终修正的 $\text{EFLH}_{\text{cooler}}$ 代替 EFLH_{c}，可以计算辅助散热设备所需的运行时间，如公式（4-39）所示。

$$H_{\text{cooler}} = \frac{C_{\text{fc}}q_{\text{1c}}\text{EFLH}_{\text{c}} - C_{\text{fh}}q_{\text{1h}}\text{EFLH}_{\text{h}}}{4.19\text{LPM}_{\text{cooler}}R} \tag{4-39}$$

式中　q_{1h}——设计工况下的额定供暖负荷，kW；

　　　R——辅助设备冷却水进出口温差，℃。

4.5.4　复合系统的设计优化与关键问题

（1）复合式系统的优化　复合式系统的优化主要是指针对一既定负荷的建筑物，如何合理地计算出地埋管的长度及辅助散热装置的冷却能力（决定其容量大小），属于埋管尺寸与辅助散热系统容量间的优化匹配问题。优化设计是复合式系统应用中一个至关重要的内容，决定了其系统的经济性（初投资及运行费用），进而确定了其在市场上的竞争力。目前复合式系统优化设计的研究较少，还只是停留在理论阶段，可应用的基础数据也不足。

复合式系统的优化设计主要是在某一确定的控制策略下进行的，同一系统在不同的控制策略下，其优化的最终结果也不尽相同，只有在最佳的控制策略下，才能得出好的优化结果。因此，在进行优化设计前，首先应该对各种控制策略进行优化比较，以找出最佳的控制方案。一般情况下，可以采用系统模拟的方法先找出最佳的控制策略，然后在该控制方案下以热泵进口温度作为优化指标，采用长期系统模拟来决定埋管尺寸，并相应确定出辅助冷却装置的大小。热泵进口温度一般可维持在-3.4~40.6℃，设计峰值温度控制在29.4~35℃，对于高效率热泵，其最高进口温度亦可设定在43.3℃，这主要取决于所选用的热泵型号及埋管中的流体热特性。

（2）应用中的关键问题

① 冷却塔-土壤源热泵复合式系统主要是针对南方气候条件以及空调负荷大于热负荷的建筑物而设计的，对于不同的地区，其系统的设计、运行方式不尽相同，从而所导致的运行效率也不一样。因此，应该加强对不同气候地区、不同建筑类型复合式系统适应性与运行方式的探讨与研究。

② 复合式系统比较庞大，其运行性能不仅与控制条件有关，而且与系统各部件的相互耦合和匹配性、建筑物的负荷特性及室外气象参数等紧密相连。要对这一复杂系统的运行状况有全面了解，必须进行相应的模拟研究，并开发相应的计算软件模拟其运行状况，以为其优化设计、研究及应用奠定基础，并在此基础上加强整个系统在不同气候地区、不同控制条件下相互匹配性的研究。

③ 控制策略对于复合式系统的设计、运行、初投资及其运行的经济性有很大的影响，对于不同的气候地区，为了达到最佳的运行效果与最小的初投资，其控制策略不同。因此，必

须大力加强整个复合式系统在不同地区最佳控制方案及其相应的自动控制技术方面的研究，以实现整个系统运行状况的自动优化，从而达到最佳的运行状态。

4.6　土壤源热泵-太阳能复合系统

4.6.1　复合系统的形式

土壤源热泵-太阳能复合系统利用土壤源热泵与太阳能集热系统联合运行为建筑物供热，属于太阳能与地热能综合利用的一种形式。对于一些以冬季供暖为主的场合，该系统具有明显的节能与环保效果，同时能保持地下土壤的热平衡。在实际应用中，土壤源热泵-太阳能复合系统通常有两种形式，一是土壤源热泵与太阳能集热系统作为双热源为建筑物供暖，也称为并联系统；二是太阳能集热系统作为土壤源热泵的补充低温热源，由土壤源热泵为建筑物供暖，称为串联系统。

（1）并联系统　在并联系统中，土壤源热泵与太阳能集热系统均可以直接为建筑物供热，由于太阳能的间歇性，一般以土壤源热泵为主，太阳能供热为辅。联合运行可以减少土壤源热泵的运行时间，有利于地下土壤的恢复。系统中一般设有储热水箱，土壤源热泵和太阳能集热系统将制备的热水均储存在水箱中，再供给末端使用。

土壤源热泵与太阳能集热并联系统见图 4-21。

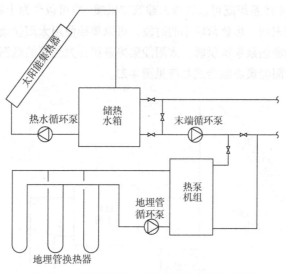

图 4-21　土壤源热泵与太阳能集热并联系统示意图

（2）串联系统　在串联系统中，地下土壤和太阳能集热系统作为热泵的低温热源。冬季，热泵吸收太阳集热系统中的热量为用户供暖，不但可以提高热泵的工作效率，还可以减轻地埋管换热器的负担，维持土壤的冷热平衡。当地下土壤的取放热量相差较大时，可以采用过渡季节蓄热的方式，将太阳能集热系统收集的热量储存在地下土壤中，供冬季热泵制热使用，也称为地下土壤的跨季节蓄热。

土壤源热泵与太阳能集热串联系统见图 4-22。

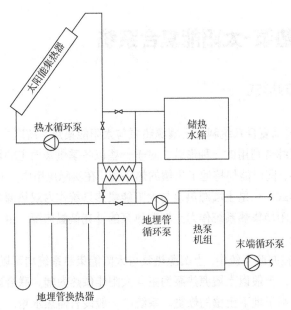

图 4-22　土壤源热泵与太阳能集热串联系统示意图

（3）混合式系统　混合式系统是指土壤源热泵与太阳能集热系统连接采用并联与串联相结合的形式。太阳能集热系统既可以直接为建筑物供暖，也可以作为土壤源热泵的低温热源。在供暖季节的初期和末期，热负荷较小的时段，可以单独使用太阳能集热系统供暖。热负荷较大时段，使用土壤源热泵系统供暖，太阳能集热系统作为热泵的低温热源。

土壤源热泵与太阳能集热混合式系统见图 4-23。

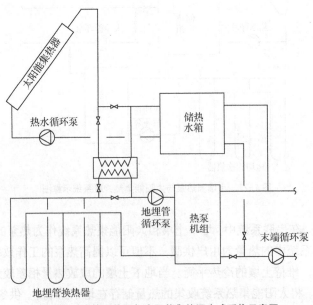

图 4-23　土壤源热泵与太阳能集热混合式系统示意图

实际应用设计中,需要根据项目的具体情况确定系统的组合方式和运行模式,充分发挥太阳能和土壤源热泵的优势,以达到节能减排的目的。

4.6.2 太阳能集热系统设计

(1) 太阳能集热器类型和运行方式
1) 太阳能集热器的类型 (表4-10)

表4-10 太阳能集热器的分类及特点

分类	基本结构		特点
全玻璃真空管太阳能集热器		1—联箱; 2—进水管; 3—出水管; 4—全玻璃真空太阳集热管; 5—尾架	工质在真空管内直排加热;非承压;抗机械冲击性能差;集热效率较高,热损小;防冻性能好;造价低;不易与建筑结合;内外热冲击时,存在炸管泄漏的可能;适于强制循环开式、直流式和自然循环式系统
平板型太阳能集热器		1—壳体; 2—进水管; 3—出水管; 4—透明盖板; 5—吸热板芯	多采用金属吸热板芯加热工质;承压高;抗机械冲击性能好;热损大,中低温热效率高;防冻性能差;造价适中;易与建筑结合;适于强制循环闭式、开式和自然循环式系统
热管式真空管太阳能集热器		1—联箱; 2—进水管; 3—出水管; 4—热管真空管; 5—尾架	在真空管内带有吸收涂层的吸热体传热至热管内相变材料加热工质;承压高;抗机械冲击性差;高温时集热效率高;热损小;防冻性能好;造价高;可与建筑结合;抗内外热冲击性能好;适于强制循环开式、闭式和用水温度较高系统
玻璃金属真空管太阳能集热器		1—联箱; 2—进水管; 3—出水管; 4—全玻璃真空太阳集热管; 5—金属流道; 6—尾架	工质在真空管内的金属流道(如:U形管、直流管等)内循环加热;承压高;抗机械冲击性能差;中温时集热效率高,热损小;防冻性能好;造价较高;可与建筑结合;抗内外热冲击性能好;适于强制循环开式、闭式系统

2）集热系统的运行方式　太阳能集热系统的运行方式主要有直接加热系统和间接加热系统两种，在严寒地区及寒冷地区推荐使用间接加热系统。

（2）太阳能集热器系统计算

1）面积计算

① 直接系统集热器总面积应按下式计算

$$A_\text{C} = 86400 \frac{Q_\text{h} f}{J_\text{T} \eta_\text{cd}(1-\eta_\text{L})} \tag{4-40}$$

式中　A_C——直接系统集热器总面积，m^2；

　　　Q_h——建筑物耗热量，W；

　　　J_T——当地集热器采光面上的平均日太阳辐射量，$\text{J}/ (\text{m}^2 \cdot \text{d})$；

　　　f——太阳能保证率，%；

　　　η_cd——基于总面积的集热器平均集热效率，%；

　　　η_L——管路及储热装置热损失率，%。

② 间接系统集热器总面积应按下式计算

$$A_\text{IN} = A_\text{C} \left(1 + \frac{U_\text{L} A_\text{C}}{U_\text{hx} A_\text{hx}} \right) \tag{4-41}$$

式中　A_IN——间接系统集热器总面积，m^2；

　　　A_C——直接系统集热器总面积，m^2；

　　　U_L——集热器总热损系数，$\text{W}/ (\text{m}^2 \cdot \text{℃})$；

　　　U_hx——换热器传热系数，$\text{W}/ (\text{m}^2 \cdot \text{℃})$；

　　　A_hx——间接系统换热器换热面积，m^2。

③ 间接系统换热器换热面积应按下式计算

$$A_\text{hx} = (1-\eta_\text{L})Q_\text{hx} / (\varepsilon U_\text{hx} \Delta t_\text{j}) \tag{4-42}$$

式中　A_hx——间接系统换热器换热面积，m^2；

　　　η_L——储热水箱到换热器的管路热损失率，一般可取 0.02 ~ 0.05；

　　　Q_hx——换热器换热量，kW；

　　　ε——结垢影响系数，一般取 0.6 ~ 0.8；

　　　U_hx——换热器传热系数，按换热器技术参数确定；

　　　Δt_j——传热温差，宜取 5 ~ 10℃，集热器热性能好，温差取高值，否则取低值。

2）流量计算　太阳能集热系统的设计流量应按下列公式和推荐的参数计算。

① 太阳能集热系统的设计流量应按下式计算

$$G_{\mathrm{s}} = gA \tag{4-43}$$

式中　G_{s}——太阳能集热系统的设计流量，m³/h；

　　　g——太阳能集热器的单位面积流量，m³/ (h·m²)；

　　　A——太阳能集热器的采光面积，m²。

② 太阳能集热器的单位面积流量应根据太阳能集热器生产企业给出的数值确定。在没有企业提供的相关技术参数的情况下，根据不同的系统，宜按表4-11给出的范围取值。

表4-11　太阳能集热器的单位面积流量

系统类型		太阳能集热器的单位面积流量/[m³/ (h · m²)]
小型太阳能 供热水系统	真空管型太阳能集热器	0.035～0.072
	平板型太阳能集热器	0.072
大型集中太阳能供暖系统（集热器总面积大于100m²）		0.021～0.06
小型独户太阳能供暖系统		0.024～0.036
板式换热器间接式太阳能集热供暖系统		0.009～0.012
太阳能空气集热器供暖系统		36

（3）防冻设计　在冬季室外温度可能低于0℃的地区应进行太阳能集热系统的防冻设计，防冻设计应根据系统的形式以及项目所处的地区不同参照表4-12选取。

表4-12　太阳能集热系统的防冻设计选型

建筑气候分区		严寒地区		寒冷地区		夏热冬冷地区		温和地区	
太阳能集热 系统类型		直接系 统	间接系 统	直接系 统	间接系 统	直接系 统	间接系 统	直接系 统	间接系 统
防冻设计 类型	排空系统	—	—	●	—	●	—	●	—
	排回系统	—	●	—	●	—	●	—	—
	防冻液系统	—	●	—	●	—	●	—	●
	循环防冻系统	—	—	●	—	●	—	—	—

注：表中"●"为可选用项。

4.6.3　系统应用的关键问题

太阳能-土壤源热泵复合式系统作为集太阳能热泵与土壤源热泵技术优点于一体的可再生能源综合利用系统，是极有发展潜力的低品位能源利用装置，系统各部件间相互耦合使得其运行特性不仅与集热器和地埋管换热器的运行效率有关，而且与热泵机组的工作效率及建筑物的负荷特性紧密相连。由于整个系统中部件多、功能复杂、运行模式多，而且系统还具有很强的地域性。因此，在其推广应用中尚有很多关键问题待解决，具体如下。

① 太阳能集热器作为系统中的热源采集装置之一，其传热特性与集热效率对整个系统的性能及初投资大小有着很重要的影响，因此，必须进一步探讨与研制各种新型的太阳能集热器，以适合不同地区气候特点、不同采暖要求的系统配套需要，提高集热效率，并在此基础上建立相应的传热模型来优化设计及其与地下埋管换热的耦合特性。

② 地埋管换热器作为系统中集热源采集与蓄热功能于一体的最重要部件，其传热效果对系统性能及初投资起着决定性的作用。传统的地埋管换热器传热模型忽略了土壤中热湿迁移、地下水渗流及土壤冻结对地埋管传热性能的影响。因此，必须建立新的换热器传热传质模型，在此基础上研究提高换热器性能的方法，进一步研制与开发各种形式的高效埋地换热器，以提高其换热效率。

③ 太阳能集热器与地埋管换热器间联合运行是一个比较复杂的传热、传质动态过程，系统各部件间相互耦合使得系统的运行效果不仅与集热器和地埋管换热器的效率有关，而且与热泵机组的工作效率、建筑物的负荷特性及土壤中的换热方式紧密相连。要对这一复杂系统的运行状况有全面了解，必须开发相应的计算程序，模拟其运行。因此，必须在建立各部件（包括集热器、地下埋管、热泵机组、蓄热装置及用户末端等）模型的基础上建立系统模型，进行动态性能仿真与优化设计。

④ 太阳能热源与土壤热源是决定系统运行特性的关键因素，由于不同地区的气候与地质条件不同，使其太阳能资源与土壤热特性各异，从而导致系统的运行效果不同。因此，必须进一步探讨系统在不同气候地区的应用状况及其适应性，研究在不同运行模式下地埋管换热器和太阳能集热器的最佳匹配，并加强系统自动控制技术的研究，以实现整个系统运行状况的自动匹配。

⑤ 为了提高装置的利用率及系统冬季运行性能，利用系统中现有的钻孔 U 形埋管与太阳能集热系统，在夏季空调结束后至冬季的过渡季节进行太阳能跨季节性土壤蓄热，以实现太阳能跨季利用便成为系统研究中的一部分。因此，必须建立合适的土壤埋管蓄热模型，研究利用 U 形埋管进行太阳能土壤蓄热的可行性及其蓄热特性。

⑥ 太阳能-土壤源热泵复式系统的初投资目前比较高，系统性能的可靠性也有待于进一步验证，其经济性根据各地区的具体条件来决定。因此，应在理论与实验研究的基础上对其可靠性与经济性做出正确分析与评价，以进一步推动其应用与发展。在系统的设计中，需要考虑太阳能、土壤热作为热泵热源时谁主谁辅的问题，这需要从系统的初投资、各地区太阳能资源情况、土壤的热物性及系统运行的可靠性及经济性等方面加以综合考虑。

第5章 地下水源热泵系统设计

5.1 地下水资源

地下水是指埋藏和运移于地表以下含水层中的水体。无论是深井水，还是地下热水都是热泵的良好低位热源。地下水分布广泛，水量也较稳定，水质比地表水好。因土壤的隔热和蓄热作用，其水温随季节气温的变化较小，特别是深井水的水温常年基本不变，一般约比当地年平均气温高 1～2℃，使得热泵机组不但运行高效，而且稳定可靠。

5.1.1 地下水的形成

水以三态（气态、液态、固态）的形式存在于自然界中，在一定的条件下各种状态的水可以相互转化。在太阳辐射的能量及地球引力的作用下，自然界中的水总是沿着复杂的路线和途径不断地运动、变化和循环。参与水循环的部分水量，通过大气降水或地表径流下渗，最终可以转化为地下水。要形成稳定储量地下水，基本条件是岩层必须具有相互联系在一起的空隙，地下水可以在这些孔隙中自由运动，这样的岩层在储备有地下水时就称为含水层。含水层的特性取决于组成含水岩层的物质成分、空隙特征、距地表的相对位置、与补给源的相互关系及其他因素等。

自然界的岩石按形成原因可分为三大类：沉积岩、岩浆岩和变质岩。沉积岩是在地表及地表以下不太深处形成的岩体，它是在常温、常压下由风化作用及某些火山作用形成的沉积物再经改造而成的。自然界常见的沉积岩有砾岩、砂岩、页岩、泥岩、石灰岩等，分布最多的是砂岩、页岩和石灰岩，几乎占了沉积岩总量的95%以上。其中砂岩和砾岩因为孔隙率较大、渗透性好而组成含水层。地下水存储在含水层的岩石孔隙中，其存储形式多种多样，有液态水、气态水和固态水。液态水又可分为结合水和重力水。结合水因为与岩石结合较紧密，不容易自由运动，所以很难被利用。我们把互相连通、不被结合水占据的那一部分孔隙，称为有效孔隙。有效孔隙体积与多孔介质总体积之比，称为有效孔隙率。有效孔隙率的大小直接影响含水层的渗透性。有效孔隙率越大，含水层的渗透性就越好。也就是说，含水层的砂层粒度越大，含水层的渗透系数越大，这样一方面单井出水量大，另一方面灌抽比大，地下水容易回灌。因此，国内的地下水源热泵基本都选择地下含水层为砾石和中粗砂的地域，而避免在中细砂区域设立。

地下水的补给一般有两个来源：一是大气降水渗入地下；二是外区地下水由地下透水层渗流到本区。由于地下水并非停止不动，它和地面水一样，由高处（无压水）或承压力大的地方，向低处或承压力小的地方流动。外区的地下水可以流入本区，而本区的地下水也可以流到外区。地下水还可以通过土层毛细管上升到地表，蒸发到空中等。地下水流到外区或蒸发等，称为地下水的排泄。如果某些时候排泄多于补给，本区地下水位将下降。

5.1.2　地下水的类型

地下水存在于各种自然条件下，其聚集、运动的过程各不相同，因而在埋藏条件、分布规律、水动力特征、物理性质、化学成分、动态变化等方面都具有不同特点。地下水按其埋藏条件可分为以下三大类：

（1）上层滞水　它是埋藏于包气带中局部隔水层之上的重力水。"包气带"是指地下水面以上、未被液体水充满饱和、还含有一定数量气体的土层。上层滞水一般埋深较浅、范围小、储水量小，受当地气象因素影响强烈，若长期不下雨它就会消失，因此不能作为地下水源热泵的水源。

（2）潜水　它是埋藏于地表以下，第一个稳定含水层里的具有自由水面的重力水。潜水的埋藏深度及含水层的厚度受地形、气候和地质构造的影响，其中以地形的影响最大。山区地形切割强烈，潜水埋藏深，有的深达数十米至数百米，含水层厚度相差很大。平原地区地形切割微弱，潜水埋藏浅，一般仅数米，甚至露出地表，含水层厚度相差不大。潜水上部通过透水层与地表相通，大气降水、地表水、凝结水可通过透水层的空隙通道，直接渗入补给潜水，因此同一地区的潜水水位埋深对降雨变化敏感。一般来说，潜水补给来源充裕，水量较丰富，特别是在平原地区，埋藏较浅，开采容易。因此，潜水一般可作为地下水源热泵的主要水源加以合理开采。

（3）层间水　它是埋藏于上下两个稳定隔水层之间的含水层中的重力水。如果充满整个含水层，并承受静水压力而能自动上升，又称承压水。当打井打穿上隔水层时，水便能自动上升到一定高度。如果水不能充满两个隔水层之间的含水层时，水不承受静水压力，称无压层间水。当打井穿透上隔水层时，上层潜水就会漏下来。有时在打井过程中，孔中水突然流失了，或水位突然下降，就是这个原因。因为层间水上面有隔水层阻止了当地大气降水、地表水和凝结水等的下渗补给，因而受当地气象因素的直接影响不显著，补给较为困难。层间水的埋藏深度往往达数百米甚至数千米，埋藏不太深（数十米至一百米）的层间水，如为承压水，可作为地下水源热泵的水源。但由于其补给较慢，水位下降后不易恢复，因而应深浅结合，合理开采。

5.1.3　地下水的性质

自然界中的水处于无休止的循环运动之中，不断与大气、土壤和岩石等介质接触、互相作用，因而具有复杂的化学成分、化学性质和物理性质。应用水源热泵机组时，除应关心水源水量外，还应关注水的温度、化学成分、腐蚀度、硬度、矿化度和腐蚀性等因素。

（1）地下水的温度　这是地下水热泵系统设计中的重要参数，关系到地下水流量的确定、换热器的选型计算以及整个系统的优化设计，是工程现场水文调查中必须要测定的参数。

不同地理环境、地质条件及地下深度有不同的地下水水温，其温度变化主要受气温和地温的影响，尤其是地温。水温低于 20℃的地下水，称为冷水；20~50℃者称为温水；高于 50℃者称为热水。一般用缓变温度计测定地下水的温度。研究证明，地下水的温度与同层地温相同。常温带地温在一年四季中的变化不超过 2℃，其水温温度范围一般为 10~22℃。这样的温度冬季比大气温度高，是可利用的低品位热源；夏季比大气温度低，是可利用的冷源。例如：在我国东北中部地区深井水温约 12℃；南部地区约为 12~14℃；华北地区约为 15~19℃；华东地区约为 19~20℃；西北地区约为 18~20℃；中南地区浅水井约为 20~21℃。恒温带以下，地下水温随深度增加而升高，升高多少取决于不同地域和不同岩性的地热增温率。地壳平均地热增温率为 2.5℃/100m，大于这一数值为地热异常。

在恒温带以下，地下水温度变化规律可按下式计算

$$T_G = T_m + (H - h)G \qquad (5\text{-}1)$$

式中　T_G——在 H 深处地下水温度，℃；

　　　T_m——所在地区的年平均气温，℃；

　　　G——地温梯度，℃/m，一般在 0.02℃/m 左右；

　　　H——欲测定地下水水温的深度，m；

　　　h——所在地区恒温带深度，m。

我国地理位置跨度较大，各地区深层土壤及地下水的温度不同。在东北和西北地区，地下水温度一般小于 10℃，而福建等地的地下水温度一般在 20℃左右。我国各地区地下水的水温见表 5-1。

表5-1　我国各地区地下水的水温

分区	地区	地下水水温/℃
第一分区	黑龙江、吉林、内蒙古的全部，辽宁的大部分，河北、陕西、陕西偏北部分，宁夏偏东部分	6~10
第二分区	北京、天津、山东部分，河北、山西、陕西的大部分，河南北部，甘肃、宁夏、辽宁的南部，青海偏东和江苏偏北部分	10~15
第三分区	上海、浙江全部，江西、安徽、江苏大部分，福建北部，湖南、湖北东部，河南南部	15~20
第四分区	广东、香港、澳门、台湾全部，广西大部分，福建、云南南部	20
第五分区	贵州全部，四川、云南的大部分，湖南、湖北的西部，陕西和甘肃的秦岭以南地区，广西偏北的一小部分	15~20

在进行地下水热泵系统设计时，要准确测出当地地下水在夏季和冬季的温度变化情况，以此为依据来设计系统的结构。在不同季节，地下水温度既是地下水水源热泵的冷凝温度又是蒸发温度。夏季，地下水作为冷却水，水温越低越好；冬季，地下水作为热泵热源，温度越高越好，但压缩机的吸气温度不能过高，否则会使压缩机排气温度过高，造成机内润滑油炭化。综合考虑，地下水温度 20℃左右时，水源热泵机组的制冷和制热将处于最佳工况，而

通常地下 20m 处的地下水温度低于 15℃，比较适合作为夏季室内空调的冷源。

地下水温度对水源热泵机组的 COP 值有一定的影响。在制冷工况下，当冷凝器的进水温度升高时，冷凝压力增大，制冷量下降，压缩机的输入功率增大，COP 值下降。在制热工况下，当蒸发器进水温度升高时，蒸发压力增大，制热量增加，压缩机的输入功率缓慢增加，COP 值增加。但当进水温度达到一定值后，进水温度对 COP 值的影响不大。

（2）地下水的水质　水质直接影响地下水水源热泵机组的使用寿命和制冷（热）效率。对地下水水质的基本要求是：清澈、水质稳定、不腐蚀、不滋生微生物或生物、不结垢等。影响地下水水源热泵运行效果和使用寿命的水质指标如下：

① 含砂量和混浊度　有些水源含有泥沙、有机物和胶体悬浮物，使水变得浑浊。地下水的含砂量高，会对机组、管道和阀门造成磨损，加快钢材等的腐蚀速度，严重影响机组使用寿命。混浊度高会在系统中形成沉积，阻塞管道，影响正常运行。而且，含砂量和混浊度高的水，用于地下水回灌会造成含水层阻塞。

② 结垢　水中以正盐和碱式盐形式存在的钙、镁离子，易在换热面上析出沉积形成水垢，严重影响换热效果，影响地下水源热泵机组的运行。地下水中的 Fe^{2+} 以胶体形式存在，Fe^{2+} 易在换热面上凝聚沉积，促使碳酸钙析出结晶，加剧水垢形成。而且，Fe^{2+} 遇到氧气会发生氧化反应，生成 Fe^{3+}，在碱性条件下转化为呈絮状物的氢氧化铁沉积而阻塞管道，影响机组的正常运行。地下水的结垢趋势可通过分析水的硬度，即水中 Ca^{2+}、Mg^{2+} 总量得出，地下水硬度大易生垢。还可以根据雷兹纳稳定指数，或郎格列饱和指数估计水中碳酸钙的结垢趋势。当然这些指数只能判断普通结垢情况，另外，还需要考虑石膏和其他溶解盐等结垢因素的影响。

③ 矿化度　水的矿化度通常以 1L 水中含有的各种盐分的总克数来表示（g/L）。地下水矿化度的高低直接影响土壤的含盐量。适用于地下水水源热泵的地下水一般为淡水和弱咸水。

④ 酸碱度　水的 pH 值小于 7 时，呈酸性，反之呈碱性。地下水 pH 值过高或者过低，都会造成机组的腐蚀，严重影响系统的使用寿命。地下水源热泵的水源 pH 值一般应为 6.5～8.5。

⑤ 水中氯离子、CO_2、硫酸根离子含量　氯离子在很大程度上促进碳的腐蚀，比如高强度低合金钢、不锈钢和其他金属。当地下水的温度低于 25℃，氯化物成分含量（质量分数）在 $200×10^{-6}$ 以下时，使用 304 不锈钢；若氯化物成分含量（质量分数）超出 $200×10^{-6}$，则应使用 316 不锈钢。CO_2 溶解在水中，加速氧化及对高强度低合金钢的腐蚀。硫酸根离子主要对水泥起腐蚀作用。

⑥ 有害细菌、微生物　有害细菌、微生物生长会造成水流不畅和管道侵蚀。表 5-2 给出了地下水水质参考标准。

表5-2　地下水水质参考

序号	项目名称	单位	允许值
1	含砂量	—	<1/200000
2	混浊度	mg/L	<10
3	pH 值	—	7.0～9.2
4	Ca^{2+}、Mg^{2+} 含量	mg/L	<200

序号	项目名称	单位	允许值
5	Fe^{2+}含量	mg/L	<0.5
6	Cl^-含量	mg/L	<1000
7	SO_4^{2-}含量	mg/L	<1500
8	硅酸含量	mg/L	<175
9	游离氯含量	mg/L	0.5~1.0
10	矿化度	g/L	<3
11	污油含量	mg/L	<5（此值不应超出）

地下水水质的稳定性，除可进行各种实验检测外，还可根据水质分析指标通过计算进行判断。水中的碳酸钙饱和pH值通常以pH_s表示，可按下式计算求得

$$pH_s = (9.3 + \Theta_s + \Theta_T) - (\Theta_{Ca} + \Theta_{Al}) \tag{5-2}$$

式中　Θ_s——总溶解固体常数；

　　　Θ_T——温度场数；

　　　Θ_{Ca}——钙硬度常数；

　　　Θ_{Al}——总碱度常数。

可以根据雷兹纳稳定指数估计地下水中碳酸钙的结构趋势。雷兹纳稳定指数简写为RSI，则

$$RSI = 2pH_s - pH_0 \tag{5-3}$$

式中　pH_s——水中碳酸钙的饱和pH值，即碳酸钙能发生沉淀的pH值；

　　　pH_0——系统运行时地下水的实际pH值，即测量得到的水的pH值。

雷兹纳稳定指数判断水结垢趋势见表5-3。

表5-3　雷兹纳稳定指数判定结垢趋势

雷兹纳指数	<4.0	4.0~5.0	5.0~6.0	6.0~7.0	>7.0
结垢趋势	急剧	严重	中度	轻度	无

根据地下水的形成特性及上述水质指标，以华北地区为例，对其地下基岩水的水质进行分析，得到以下规律：径流强的石灰岩类地区，地下水径流流速较高，水流携带能力强，因而该类地区地下水矿化度及硬度低，NH_4^+、Cl^-含量较少，SO_4^{2-}、HCO_3^{2-}、Ca^+、Mg^+等含量却偏高；径流差的（石灰岩或含石膏类）地区，因地下水径流流速较低，水流携带能力差，不但水量小，水质也差，其矿化度及硬度，NH_4^+、Cl^-、SO_4^{2-}、Na^+含量都较高；含石膏类地

层，一般径流条件偏差，相应水质也很差，其矿化度及硬度，NH_4^+、Cl^-、SO_4^{2-}等含量都很高。

可见，基岩含水层水量、水质与区域水文地质形成条件密切相关。区域水文径流条件好，水量就丰富，抽水回水都容易解决，水质也较适用于水源热泵机组使用。因此，水源热泵工程设计施工前，要先了解工程地区的区域水文地质条件，以免造成资源浪费或工程的失败。

5.2 地下水资源勘察与系统形式

5.2.1 地下水资源勘察

在对地下水源热泵系统进行设计之前，必须详细准确地了解地下水的水量、水温和水质等情况，不仅要了解这些参数的静态情况，更要了解它们的动态情况，尤其是变化趋势，这对于保证热泵系统长期稳定地运行至关重要。要了解这些参数，首先可以收集有关水文地质资料，如果根据现有地质资料不能得到准确的地下水相关信息，就要对工程项目所在地的地下水水文地质条件进行勘察。勘察时一般要先凿两口试验井，一口抽水井，一口回灌井。凿井时获取水文地质的相关信息，如分层取岩土样品并分析地下分层情况。成井前后要进行一系列的水文地质试验，试验应包括以下内容：

① 物探测井；

② 抽水试验；

③ 回灌试验；

④ 测量井水水温；

⑤ 地下水水质分析；

⑥ 水流方向和水流速度试验。

通过水文地质的勘察和试验可以获取以下信息：

① 地下水类型　地下水分为上层水、潜水、层间水、裂缝水和溶洞水等几类，其中上层滞水很不稳定，不适宜在热泵系统中应用，其他类型的地下水如果水量丰富，可以用于地下水源热泵系统。

② 含水层岩性、分布、埋深、厚度以及富水性和渗透性　在凿试验井时可以取得地下各层土壤或岩石的样品，通过对岩土样品的分析可以把地下各层的分布情况绘成柱状图。

通过柱状图可以直观了解含水层的相关信息，这对于判断抽水和回灌的难易、设计地下水井的结构都十分重要。

③ 单井抽水量和回灌量　这是地下水源热泵技术应用最重要的数据。根据经验，地下水井的最大出水量可按照地下水井的降深为含水层累积厚度一半时的出水量确定，且降深不大于5m。水井的安全出水量可按最大出水量的 0.4~0.5 计算。考虑到井壁残留的打井护壁泥浆层和过滤器的水阻，水井的安全出水量可以适当放大。

④ 地下水径流方向、速度、水力坡度、补给、排泄条件　通过这些信息，可以分析地下水的变化趋势，判定地下水的稳定性，并对如何布置抽水井和回灌提供重要的参考依据。

⑤ 地下水水温及其分布。

⑥ 地下水水质。

⑦ 地下水水位动态变化。

通过以上信息，可以对地下水资源做出可靠性的评价，提出地下水合理的利用方案，并预测地下水的动态及其对环境的影响，为地下水井的设计提供依据。各地方的水务局在审批水井的手续时，一般都要求先由专业单位出具水资源论证报告，并请相关专家进行论证，这对于地下水源热泵技术的设计和应用是很有帮助的，也是很有必要的，建议相关的使用单位以及设计、施工单位都应该认真参照水资源论证的结果进行设计、建设和使用，而不是作为应付审批的一种手段。

水文地质勘察和试验应参照《供水水文地质勘察规范》（GB 50027）、《管井技术规范》（GB 50296）进行。

5.2.2　地下水源热泵系统的形式

地下水源热泵根据地下水利用形式的不同可分为直接式和间接式两种。直接式地下水源热泵系统将地下水直接供给热泵机组（图 5-1）；而间接式使用换热器将地下水与热泵机组隔开，地下水与换热器间形成一次换热回路，换热器与热泵机组间形成二次换热回路（图 5-2）。由于二次回路中的介质与地下水有温差，因此间接式系统的效率低于直接式，而且需要增加一套循环水泵，从而会增加运行费用和系统投资。但如果出现地下水因水质不好而引起的结垢、泥沙阻塞和腐蚀等问题，使用间接式系统有利于保护热泵机组，降低设备维护费用，增加设备的使用寿命。

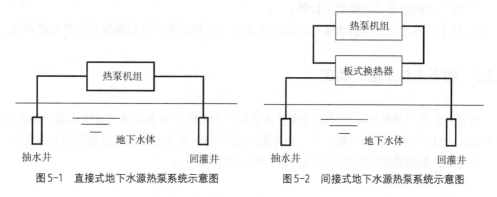

图 5-1　直接式地下水源热泵系统示意图　　　　图 5-2　间接式地下水源热泵系统示意图

对于泥沙问题，应该尽量从地下水井成井工艺区去解决，但只有保证地下水中的泥沙含量在规定的范围以内，才能保证地下水源热泵系统长期稳定正常地运行，并且不对地质环境产生影响。

如果地下水具有腐蚀性，则既可以采用间接式系统，也可以采用直接式系统。如果选用间接式系统，需要采用防腐蚀的板式换热器；如果选用直接式系统，必须采用抗腐蚀的热泵机组。可以根据地下水所含腐蚀性物质的成分和浓度，在生产热泵设备时选用合适的材料。

对于结垢问题，虽然利用间接式系统只需要清洗板式换热器，但是仍然会给运行维护带来不小的麻烦，同时会降低系统的效率，提高运行的成本。因此，当 Fe^{2+}、Ca^{2+}、Mg^{2+} 等容易形成垢质的成分含量较高时，应安装能够满足使用要求的防结垢装置，否则应慎重选择地下水源热泵技术。

和土壤源热泵系统类似，地下水源热泵系统主要由地下水换热系统、热泵机房系统和末端换热系统三大部分组成。地下水换热系统主要由抽水井、回灌井、潜水泵、除砂器和管道阀门等组成，其功能是将地下水从地下含水层中提取出来，输送给热泵机组进行热交换，完成换热后再将地下水回灌到地下同一含水层中。抽水井和回灌井也称为热源井，两者均位于地下，如果出现问题很难维修和改造，对系统的运行将产生致命的影响。

5.3 地下水换热系统设计

5.3.1 设计基本步骤

地下水换热系统的设计可按下列步骤进行：
① 确定本工程项目所需的地下水总水量。
② 确定地下水井的数量和位置。根据勘察报告给出的试验井的出水量和当地水文地质单位的意见，确定每口井的小时出水量。由项目所需的总数量和每口井的出水量，确定井的数量，并布置井的位置。
③ 井或井群连接管路的设计。各水井间采用并联连接方式，通过水利计算选择管路大小。对于间接式系统，还有二次换热回路的系统设计。
④ 板式换热器的选择与计算。
⑤ 地下水回灌方式的确定与计算。
⑥ 潜水泵的选型。根据水泵的形式以及井水系统管路的阻力损失选择适合的潜水泵。

5.3.2 地下水总水量的确定

水源热泵系统冬季和夏季所需的地下水总量是由系统的供水方式（直接式或间接式地下水系统）、水源热泵机组的性能、地下水水温及建筑物采暖空调的冷热负荷等因素决定的。
在夏季，热泵机组按制冷工况运行时，地下水总水量为

$$m_{gw} = \frac{Q_e}{C_p(t_{gw2} - t_{gw1})} \times \frac{EER + 1}{EER} \tag{5-4}$$

式中 m_{gw}——热泵机组按制冷工况运行时，所需的地下水总水量，kg/s；

       t_{gw1}——井水水温，即进入热泵机组的地下水水温，℃；

       t_{gw2}——回灌水水温，即离开热泵机组的地下水水温，℃；

       C_p——水的比压定热容，通常取 4.19kJ/（kg·K）；

       Q_e——建筑物空调设计冷负荷，kW；

    EER——热泵机组的制冷能效比，指热泵机组的制冷量与输入电功率之比。

$Q_e(1 + \dfrac{1}{EER})$ 表示的是热泵机组按制冷工况运行时，由地下水带走的最大热量。它与建筑

设计冷负荷 Q_e 直接相关，是空调冷负荷与热泵机组的压缩机消耗电量之和。

在冬季，热泵机组按制热工况运行时，地下水总水量为

$$m_{gw} = \frac{Q_c}{C_p(t_{gw1} - t_{gw2})} \times \frac{COP - 1}{COP} \tag{5-5}$$

式中　　m_{gw}——热泵机组按制热工况运行时，所需的地下水总水量，kg/s；

　　　　t_{gw1}——井水水温，即进入热泵机组的地下水水温，℃；

　　　　t_{gw2}——回灌水水温，即离开热泵机组的地下水水温，℃；

　　　　C_p——水的比压定热容，通常取 4.19kJ/（kg·K）；

　　　　Q_c——建筑物供暖设计热负荷，kW；

　　COP——热泵机组的制热性能系数，指热泵机组的制热量与输入电功率之比。

$Q_c(1 - \frac{1}{COP})$ 表示的是热泵系统按制热工况运行时，从地下水中吸取的最大热量。它与建筑设计热负荷直接相关，是空调热负荷与热泵机组的压缩机耗电量之差。

5.3.3　板式换热器的选择

板式换热器是一种高效、紧凑的换热设备，近年来，已广泛应用于闭式地下水源热泵空调系统。它将地下水与水源热泵所使用介质分隔开，以避免出现设备的管子积污垢和腐蚀问题。在设计选型中主要注意以下几点：

① 当井水的矿化度小于 350mg/L，含砂量小于 1/1000000 时，地下水系统中可不设置换热器，选用直接供水系统。

② 当水井的矿化度为 350~500mg/L 时，可以采用不锈钢的板式换热器。当井水的矿化度大于 500mg/L 时，则应安装抗腐蚀性强的钛合金板式换热器。

③ 应根据板式换热器的工作压力、流体的压力降和传热系数来选择板式换热器的波纹形式。

④ 一般板间平均流速为 0.2~0.8m/s。

⑤ 单板面积可按流体流过角孔的速度为 6m/s 左右考虑。当角孔中流体速度为 6m/s 时，各种单板面积组成的板式换热器处理量见表 5-4。

⑥ 设计中，可采用厂家使用的专用计算机软件来选择板式换热器。如估算时，对于水-水板式换热器，当板间流速为 0.3~0.5m/s 时，总传热系数 K 概略值为 3000~7000W/(m²·℃)。

⑦ 为了使板式换热器在系统中高效运行，井水侧（一次水回路）和循环水侧（二次水回路）的流量和工作参数必须很好地匹配，否则将使换热器不能在高效下运行。

表5-4　单台最大处理量参考值

单板面积/m²	0.1	0.2	0.3	0.5	0.8	1.0	2.0
角孔直径/mm	40~50	65~90	80~100	125~150	175~200	200~250	约400
单台最大流通能力/（m³/h）	27~42	71.4~137	108~170	264~381	520~678	678~1060	约2500

5.4 热源井的设计与施工

热源井是地下水热泵空调系统抽水井和回灌井的总称，它是地下水换热系统的重要组成部分。它的功能是从地下水源中取出合格的地下水，并送至板式换热器，或直接送至水源热泵机组，以供热交换用；然后，再通过回灌井返回含水层。本节主要介绍热源井的形式、构造及管井设计、施工和运行中的一些问题。

5.4.1 热源井的形式

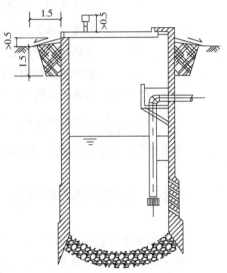

图5-3 大口井的构造

热源井的主要形式有管井、大口井、辐射井等。

① 管井一般是指用凿井机械开凿至含水层中，用井壁管保护井壁，垂直地面的直井，又称机井。管井按含水层的类型划分，有潜水井和承压井；按揭露含水层的程度划分，有完整井和非完整井。管井是目前地下水源热泵空调系统中最常见的。

② 一般井径大于1.5m的井称为大口井。大口井可以作为开采浅层地下水的热源井，其构造如图5-3所示。它构造简单、取材容易、施工方便、使用年限长、容积大，并能兼起调节水量作用等。但大口井深度小，对潜水水位变化适应性差。

③ 辐射井由集水井与若干呈辐射状铺设的水平集水管（辐射管）组合而成。集水井用来汇集从辐射管来的水，同时是辐射管施工的场所，并且是抽水设备安装的场所。辐射管是用来集取地下水的，可以单层铺设，亦可多层铺设，其结构如图5-4所示。辐射井具有管理集中、占地少，便于卫生防护等优点。但它的施工技术难度大，成本较高。

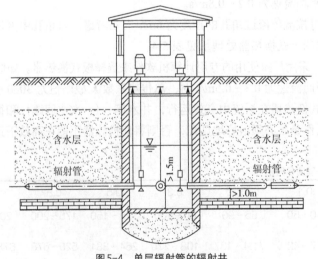

图5-4 单层辐射管的辐射井

管井、大口井和辐射井的基本尺寸及适用范围见表5-5。

表5-5　管井、大口井和辐射井的基本尺寸及适用范围

形式	尺寸	深度	适用范围				
			地下水类型	地下水埋深	含水层厚度	水文地质特征	出水量
管井	井径 50～1000mm，常用150～600mm	井深20～1000m，常用300m以内	潜水、承压水、裂隙水、溶洞水	200m以内，常用在70m以内	大于5m或有多层含水层	适用于任何砂、卵石、砾石地层及构造裂缝隙、岩溶裂隙地带	单井出水量500～6000 m^3/d，最大可达（2～3）×$10^4 m^3/d$
大口井	井径 1.5～10m，常用3～6m	井深20m以内，常用6～15m	潜水、承压水	一般在10m以内	一般为5～15m	适用于砂、卵石、砾石地层，渗透系数最好在20m/d以上	单井出水量$5×10^2$～$1×10^4 m^3/d$，最大为（2～3）×$10^4 m^3/d$
辐射井	集水井直径4～6m，辐射管直径50～300mm，常用75～150mm	集水井深3～12m	潜水、承压水	埋深 12m以内，辐射管距降水层应大于1m	一般大于2m	适用于补给良好的中粗砂、砾石层，但不可含有飘砾	单井出水量$5×10^3$～$5×10^4 m^3/d$，最大为$10×10^4 m^3/d$

5.4.2　管井的构造

管井的构造如图 5-5 所示。它主要由井室、井壁管、过滤器、沉淀管等部分组成。我国现在管井的直径有 200mm、300mm、400m、450mm、500mm、550mm、600mm、650mm 等规格。管井最大出水量可达 $2×10^4$～$3×10^4 m^3/d$。

（1）井室　井室是安装井泵电动机、井口阀门、压力表等，保护井口免受污染和提供运行管理维护的场所。其形式可分为地面式、地下式或半地下式。井室的基本要求：

① 井口应高出地面 0.3～0.5m，以防止井室地面的积水进入井内。

② 井口周围需要用黏土或水泥等不透水材料封闭，其封闭深度不小于 3m。

③ 井室应有采光、通风、采暖、防水等设施。

（2）井壁管　井壁管不透水，它主要安装在不需要进水的岩土层段（如黏性土层段等）。其功能是加固井壁，隔离不良（如水质较差、水头较低）的含水层。井壁管的基本要求有：

① 井壁管应具有足够的强度，能经受地层和人工充填物的侧压力，不易弯曲，内壁平滑圆整，经久耐用。当井深小于 250m 时，井壁管一般采用铸铁管;当井深小于 150m 时，一般采用钢筋混凝土管；当井深较小时，可采用塑料管。

② 井壁管的内径应按出水量要求、水泵类型、吸水管外形尺寸等因素确定，通常大于或等于过滤器的内径。当采用潜水泵或深水泵扬水时，井壁管的内径应比水泵井下部分最大外径大 100mm。

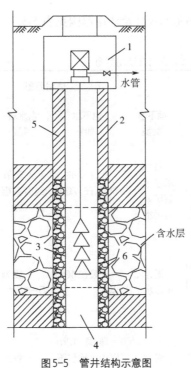

图 5-5　管井结构示意图
1—井室；2—井壁管；3—过滤器；4—沉淀管；5—黏土封闭；6—规格填砾

③ 在井管壁与井壁间的环形空间内填入不透水黏土，形成黏土封闭层，以防不良地下水沿井壁管和井壁之间的环形空间流向填砾层，并通过填砾层进入井中。

(3) 过滤器　过滤器俗称花管，它是带有孔眼或缝隙的管段，与井壁管直接连接，安装在含水层中，其功能是集取地下水和阻挡含水层中的砂粒进入井中。过滤器的基本要求是：

① 具有良好的透水性和阻砂性。

② 具有足够的强度和抗腐蚀性能。

③ 保护人工填砾层和含水层的稳定性。

(4) 沉淀管　沉淀管位于管井的底部，用于沉淀进入井内的细小泥沙颗粒和自地下水析出的其他沉淀物。沉淀管的长度视井深和井水沉砂可能性而定，一般为 2～10m。根据井深可参考表 5-6 所列数据。

表5-6　沉淀管长度参考值

井深/m	沉淀管长度/m	井深/m	沉淀管长度/m
16～30	不小于2	>90	不小于10
31～90	不小于5		

5.4.3　过滤器的设计要点

(1) 过滤器的形式与选择　过滤器的类型很多，概括起来可分为不填砾和填砾两大类。

常用的过滤器结构形式有：

①圆孔、条孔过滤器　由金属管材或非金属管材加工制造而成，即在管上按错开的梅花形钻孔眼或条孔。

②缠丝过滤器　以圆孔、条孔滤水管为骨架，在滤水管外壁铺设若干垫筋($\phi 6 \sim 8mm$)，然后在其外面用直径 $2 \sim 3mm$ 的镀锌钢丝并排缠绕而成。

③包网过滤器　也是以各种圆孔、条孔滤水管为骨架，在滤水管外壁铺设若干条垫筋，然后包裹铜网或棕树皮、尼龙箩底布，再用钢丝缠绕而成。

在过滤器周围回填一定规格的砾石层，形成填砾过滤器。否则，过滤器直接下到井中含水层部分，即为不填砾过滤器。过滤器类型的选择原则为：在各类砂、砾石和卵石含水层中选用填砾过滤器，以防涌砂，保持含水层的稳定性；在保证强度要求的条件下，应尽量采用较大孔隙率的过滤器；在粉细砂层中含铁质较多的地区，应尽量采用双层填砾过滤器。

上述几种过滤器的适用范围见表 5-7。

表5-7　几种主要过滤器的适用范围

过滤器形式	适用范围
圆孔、条孔过滤器（不填砾过滤器）	裂隙、溶隙含水层，砾石、卵石含水层
缠丝过滤器	粗砂含水层，砾石、卵石含水层
包网过滤器	各种砾层含水层

(2) 过滤器进水孔眼直径与孔隙率　过滤器进水孔眼直径或宽度与其接触的含水层颗粒粒径有关，孔眼大，进水通畅，但挡砂效果差；反之，孔眼小，则挡砂效果好，但进水性能差。进水孔眼或宽度可参考表 5-8 选取。

表5-8　过滤器的进水孔眼直径或宽度

过滤器名称	进水孔眼直径或宽度	
	岩层不均匀系数（d_{60}/d_{10}）<2	岩层不均匀系数（d_{60}/d_{10}）>2
圆孔过滤器	（$2.0 \sim 3.0$）d_{50}	（$3.0 \sim 4.0$）d_{50}
条孔缠丝过滤器	（$1.25 \sim 1.5$）d_{50}	（$1.5 \sim 2.0$）d_{50}
包网过滤器	（$1.5 \sim 2.0$）d_{50}	（$2.0 \sim 2.5$）d_{50}

注：1. d_{60}、d_{50}、d_{10} 是指颗粒中按质量计算有60%、30%、10%粒径小于这一粒径。
　　2. 较细砂层取小值，较粗砂层取大值。

过滤器的孔隙率是指管壁圆孔或条孔的孔隙率。各种管材允许孔隙率为：钢管 30% ~ 35%，铸铁管 18% ~ 25%，钢筋混凝土管 10% ~ 15%，塑料管 10%。一般钢制圆孔、条孔过滤器的孔隙率要求在 30% 以上，铸铁过滤器要求在 23% 以上。

(3) 过滤器长度选用的估算

① 当含水层厚度小于 10m 时，过滤器长度应与含水层厚度相等。

② 当含水层很厚时，过滤器长度可按式（5-6）进行概略估算。

$$L = \frac{m_w \alpha}{d} \tag{5-6}$$

式中 L——过滤器的长度，m；

m_w——热源井出水量，m^3/h；

d——过滤器的外径（不填砾过滤器按过滤器缠丝或包网的外径计算，填砾过滤器按填砾层外径计算），mm；

α——取决于含水层颗粒组成的经验系数，按表5-9确定。

表5-9 不同含水层经验系数 α 值

含水层渗透系数 Kl（m/d）	经验系数 α	含水层渗透系数 Kl（m/d）	经验系数 α
2～5	90	15～30	50
5～15	60	30～70	30

③ 最小过滤管长度。

最小过滤管长度可按式（5-7）计算。

$$L_{min} = \frac{m_w}{3600 \times 0.85\pi n V_g D_g} \tag{5-7}$$

式中 L_{min}——最小过滤管长度，m；

n——过滤管进水面层有效孔隙率；

V_g——允许过滤管进水流速，不得大于 0.03m/s，当地下水具有腐蚀性和容易结垢时，还应减少 1/3～1/2 后确定；

D_g——过滤管外径，m；

m_w——生产井的井流量，m^3/h。

对松散层中的管井，还应按式（5-8）进行校核。

$$L_{min} \geqslant \frac{m_w}{240\pi D_k \sqrt{K}} \tag{5-8}$$

式中 D_k——开采段井径，m；

K——含水层渗透系数，m/s。

设计中，还应注意实际选用时尚有余量，对于地下水源热泵热源井尽量采用完整井。

5.4.4 单井流量

① 承压含水层中的单个定流量完整井井流量按式（5-9）计算。

$$m_w = \frac{4\pi K M S_p}{W(u)} \times 3600 \qquad (5-9)$$

式中　m_w——热源井的井流量，m^3/h；

　　　K——含水层渗透系数，m/s；

　　　M——含水层厚度，m；

　　　S_p——长期抽水允许的降深，应根据当地的水文地质条件，经过技术经济比较确定，一般情况下可取 5m；

　　　$W(u)$——泰斯井函数，按式(5-10)计算。

$$W(u) = \int_u^{\infty} \frac{e^{-x}}{x} dx \qquad (5-10)$$

u 的计算式为

$$u = \frac{r_e^2 \mu_s}{4Kt} \qquad (5-11)$$

式中　r_e——热源井的有效半径，一般来说，对于生产井由于洗井和长期抽水，有效半径会大于实际井径r_w，m；

　　　μ_s——含水层储水系数，m^{-1}；

　　　t——计算时间，可取热源井的寿命 15 年，s。

② 潜水完整井单井流量按式（5-12）计算。

$$m_w = \frac{2\pi K (2h_0 - S_p) S_p}{W(u)} \times 3600 \qquad (5-12)$$

式中　h_0——含水层初始厚度，m。

③ 地下水源热泵所需的井数按式（5-13）计算。

$$N = \frac{3600 m_{gw}}{\rho_w m_w} \qquad (5-13)$$

式中 N——热源井的井数，向上取整；

ρ_w——地下水的密度，kg/m^3。

设计中，应注意以下两点：

① 对于一般的井群设计来说，应当有备用管井，备用管井的数量宜按照设计水量的10%~20%设置，并不得少于1口。但对于地下水源热泵系统来说，部分负荷出现的时间较长，井群同时工作的时间较短，考虑到节省系统投资，生产井可以不设置备用管井。

② 井间距的大小直接影响地下水热泵的热贯通程度。热贯通定义为热泵运行期间抽水温度发生改变的现象。轻微的热贯通是可以接受的，但强烈的热贯通会降低系统承担负荷的能力，过大的温度变化会影响热泵机组的效率，严重的还能使地下水冻结，造成事故。因此，在设计中，对于渗透性较好的松散砂、石层，井间距应在100m左右，且回灌井宜在生产井的下游；对于渗透性较差的含水层，井间距一般在50m左右，不宜小于50m。

5.4.5 管井的施工

必须十分重视管井施工质量问题，应由专业队伍施工，做好每一工艺环节，才能获得较大出水量和优质水。一口优质管井可使用20多年。

管井施工的程序应为：钻凿井孔→物探测井→冲孔→换浆→井管安装→回填滤料→黏土封闭→洗井→抽水和回灌试验→管井验收。下面简要介绍工程的主要过程。

(1) 钻凿井孔   钻凿井孔的方法主要有回转钻进和冲击钻进。

回转钻进是用回转钻机带动钻头旋转对地层切削、挤压、研磨破碎而钻凿井孔的。其过程是：钻机的动力（电动机或柴油机）通过传动装置使转盘旋转，转盘带动主钻杆，主钻杆接钻杆，钻杆接钻头，从而使钻头旋转并切削地层不断钻进。当钻进一个主钻杆深度后，由钻机的卷扬机提起钻具，将钻杆用卡盘卡在井口，取下主钻杆，接一根钻杆，再接主钻杆，继续钻进，如此反复进行，直至设计井深。

冲击钻进主要靠钻头对地层的冲击作用钻凿井孔。冲击钻进过程是：钻机的动力通过传动装置带动钻具钻头在井中做上下往复运动，冲击破碎地层。当钻进一定深度（约0.5m）后，即提出钻具，放下取土筒，将井内岩土碎块取上来，然后再放下钻具，继续冲击钻进。如此重复钻进，直至设计井深。

终孔直径应根据井管外径和主要含水层的种类确定：在砾石、粗砂层中，孔径应比井管外径大150mm；在中、细、粉砂层中，应大于200mm。但采用笼状填砾过滤器时，孔径应比井管外径大300mm。

(2) 物探测井   井孔打成后，需马上进行物探测井，查明地层构造、含水层与隔水层的深度、厚度、地下水的水质等，以便为井管安装、填砾和黏土封闭提供可靠的资料。

(3) 冲孔、换浆   为了在井管安装前将井孔中的泥浆及沉淀物排出井孔，应进行冲孔、换浆。即用钻机将不带钻头的钻杆放入井底，用泥浆泵吸取清水打入井中，将泥浆换出，直至井孔全为清水为止。

(4) 井管安装   换浆完毕后，应立即进行井管安装（简称下管）。下管的顺序一般为沉淀管、过滤管、井壁管。安装中应注意：

① 下管前应根据凿井资料，确定过滤器的长度和安装位置（称排管）。

② 可采用加扶正器的方法，保证井管在井孔中顺直居中。一般每隔 30～50m 安装一个扶正器（如用长约 20cm、宽 5～10cm、厚度略小于井管外径与井壁之间距离的三块木块，在井管外壁按 120°放置，用钢丝缠牢）。

（5）填砾和黏土封闭　下管完毕后，应立即填砾和封闭。管井填砾和封闭质量的优劣，都直接影响管井的水量。为此，应注意下列问题：

① 填砾时要平稳、均匀、连续、密实，应随时测量填砾深度，掌握砾料回填状况，以免出现中途堵塞现象。

② 黏土封闭一般用黏土球，球径约为 25mm。

③ 当填至井口时，应进行夯实。

（6）洗井、抽水和回灌试验　洗井就是用抽水的方法，使地下水产生强大的水流，冲刷泥皮和将杂质颗粒冲带到井中，再抽到地面上，从而达到清洗含水层中的泥浆、细小颗粒和冲刷井壁上的泥皮目的。其方法主要有水泵洗井、压缩空气洗井和活塞洗井等多种方法。应根据井管的结构、施工状况、地层的水文地质条件以及设备条件加以选用。

洗井的标准是彻底破坏泥浆壁，将含水层中残留的泥浆和岩土碎屑清除干净。当井水含砂量在 1/50000～1/20000 以下（1/50000 以下适用粗砂地层，1/20000 以下适用细砂地层）时，洗井为合格。

抽水试验一般在洗井的同时进行，但要求稳定延续 12h。通过抽水试验对井的水质、水量、出水能力做出适当的评价。

回灌试验应该稳定延续 36h 以上，回灌量应大于设计回灌量。

（7）管井的验收　管井竣工后，应由设计单位、施工单位和使用单位根据《管井技术规范》（GB 50296—2014）共同验收。

管井验收时，施工单位应提交下列资料：

1）管井施工说明书

① 管井的地质柱状图。

② 井径、井深、过滤器规格和位置、填砾和封闭深度等。

③ 施工记录。

④ 井管安装资料、洗井资料、水质分析等资料。

2）管井使用说明

① 抽水设备的型号及规格。

② 井的最大允许开采量。

③ 水井使用中可能发生的问题及使用维修的建议等。

④ 钻井中的岩样。

5.4.6　管井的维护与管理

目前，很多管井由于运行管理不当，出现了出水量衰减、堵塞等现象，甚至导致早期报废。为此，必须加强管井的维护管理工作。在运行管理中应注意：

① 保持井室内的环境，不得积水。

② 建立和健全管井运行记录与维护管理档案。

③ 严格执行管井、机泵的操作规程和维修制度，按时进行日常维修和定期维修。

④ 如管井出现出水量减少、井水含砂量增大等情况，应请专家和工程技术人员仔细检查，找出原因和采取技术措施解决；坚持定期对地下水化验，其结果报送有关部门备案。

⑤ 在停泵期间，应隔一段时间进行一次维护性抽水，以防止过滤器堵塞，同时检查设备完好情况。

⑥ 对机泵易损易磨零件，要有足够的备用件。

⑦ 做好热源井群地面的植被覆盖。

5.5 地下水的回灌

5.5.1 地下水回灌技术

地下水不仅是热泵优良的低位热源，更是宝贵的资源，是人类赖以生存的最基本最重要的物质之一。我国很多地区的水资源都十分短缺，600多个城市中有300多个城市缺水。在水资源严重短缺的今天，地下水资源的保护尤为重要。因此，利用地下水源热泵技术提取浅层地热能时，必须保证地下水资源不被浪费和污染。从这个意义上讲，地下水回灌技术是地下水源热泵技术应用最关键的技术之一。而且，在应用地下水源热泵技术时，如果不能将抽取的地下水全部回灌到同一含水层内，将带来一系列的地质问题以及生态环境问题，如地下水位下降、含水层疏干、地面下沉、河道断流等。同时，也会导致无法长期、稳定地提供地下水，从而无法保证地下水源热泵系统的正常运行。为此，在地下水源热泵系统设计中，必须采取有效的回灌措施，以保证地下水全部返回抽水层，保持地下水的水位、水量和水压不变，维持地下水储量和地层压力的平衡。

目前，在我国地下水源热泵技术的应用中，有很多项目出现了回灌困难甚至无法回灌的问题，回灌成了地下水源热泵技术应用中的最大难点，是制约水源热泵技术发展的主要瓶颈。

(1) 地下水回灌的方法　　地下水源热泵技术中的地下水回灌是指由抽水井抽出的地下水经热泵机组换热之后，再通过回灌井返回抽取水的含水层中。它不同于地下水人工补给（也称回灌，或称人工地下水回灌）。地下水人工补给是指将多余的地表水、暴雨径流水或再生污水通过地面渗滤或回灌井注水等方法，将水从地面上输送到地下含水层中，作为新的地下水源储存起来供开发利用。但二者的回灌方法却基本相同，可以互相借鉴。

回灌井的组成和构造与抽水井基本相同，但需要加强回灌井过滤器的抗蚀能力。这是因为回灌时水中增加了溶解氧与二氧化碳，从而会加剧金属过滤器的腐蚀，特别是缠丝过滤器的镀锌钢丝更容易腐蚀。

含水层渗透系数的大小是决定回灌难易程度的关键因素。如果含水层为颗粒比较大的卵砾石或粗砂，其渗透系数比较大，回灌比较容易；如果含水层为颗粒比较小的中细砂，回灌比较困难；如果含水层为粉细砂或含有黏性土，则不适合应用地下水源热泵技术。

在含水层渗透系数比较大的地质条件下，在理论上灌抽井数比（在保证全部回灌的条件下，回灌井数与抽水井数之比）可以为1。但是由于回灌井的堵塞和腐蚀等因素的影响，实际灌抽井数比远大于1，而且回灌井的堵塞和腐蚀是随使用时间累加的，若不采取措施，使用时间越长，灌抽井数比越大，直到无法使用。在采取防堵塞和腐蚀措施的情况下，为了保证回灌效果，灌抽井数比一般不小于2。

地下水源热泵系统的地下水回灌方法主要有四种：重力（自流）回灌、压力回灌、真空回灌以及大口井或辐射井回灌。

1）重力回灌　重力回灌又称无压自流回灌。它依靠水的自然重力，即依靠水井中回灌水位和静水位之差进行回灌。此方法的优点是系统简单，适用于低水位和渗透性良好的含水层。现在国内大多数地下水源热泵系统的地下水回灌都采用重力回灌方式。

2）压力回灌　通过提高回灌水水压的方法将热泵系统用后的地下水灌回含水层内，压力回灌适用于高水位和低渗透性的含水层和承压含水层。它的优点是有利于克服回灌的堵塞，也能维持稳定的回灌速率。但它的缺点是，回灌时对井的过滤层和含砂层冲击力强，并使热泵系统的能耗增加。

3）真空回灌　真空回灌又称负压回灌，在密闭的回灌井中，开泵扬水时，井管和管路内充满地下水。停泵后立即关闭泵出口的控制阀门，此时由于重力作用，井管内的水迅速下降，在管内的水面与控制阀之间造成真空度。在真空状态下，开启回灌水管路上的进水阀接通井管，靠真空虹吸作用，水就迅速进入井管内，并克服阻力向含水层中渗透。真空回灌适用于地下水位埋藏较深（静水位埋藏深度大于10m）、渗透性良好的含水层。因为回灌时，对井的滤水层冲击不强，所以很适宜老井。

4）大口井或辐射井回灌　在地下水位比较低的地质条件下，如果含水层以上还存在渗透性较好的卵砾石层或中粗砂层，可以利用大口井或辐射井进行回灌。在地质条件合适的情况下，大口井和辐射井可以大幅度提高回灌量，减小灌抽井数比。

(2) 造成回灌堵塞的主要原因　地下水源热泵系统运行中经常出现回灌量逐渐减少，甚至是运行很短时间回灌水就由井口溢出的情况，使得地下水源热泵系统不得不停止运行，采取洗井等措施以恢复回灌井的回灌能力，这主要是由回灌井堵塞造成的。

造成回灌井堵塞，可能是物理、化学或生物等某一方面的原因，也可能是它们共同作用的结果。分析已有的实际经验，可以把回灌井堵塞的原因归纳为以下几种情况。

1）悬浮物堵塞　如果回灌水中细砂等悬浮物含量过高，会堵塞回灌井过滤器的空隙，从而使回灌井的回灌能力不断减小，直到无法回灌，这是回灌井堵塞中最常见的情况。因此通过预处理，控制住水井中悬浮物的含量是防止堵塞的首要措施。

2）微生物的生长　回灌水中的微生物在适宜的条件下会在回灌井壁迅速繁殖，形成生物膜，堵塞透水空隙，降低水井的透水能力。防止生物膜的形成，可通过去除水中的有机质或进行预消毒杀死微生物等手段来实现。

3）化学沉淀　当水中的各种离子与空气接触时，会引起某些化学反应，产生化合物沉淀。这不仅会堵塞水井过滤器，甚至可能因新生成的化学物质而影响水质。例如由于回灌水中含有较多的溶解氧，如果地下水中含有较多的亚铁离子，就会发生化学反应生成氢氧化铁胶体，附着在水井管壁上，使回灌无法进行。此外，Ca^{2+}、Mg^{2+}、Mn^{2+}也容易与空气接触产生化合物沉淀，堵塞水井过滤器。在碳酸盐含量较多的地区可以通过加酸来改变水的 pH 值，以防止化学沉淀的形成。

另外，水中的离子和含水层中黏土颗粒上的阳离子发生交换，会导致黏性颗粒膨胀与扩散，解决方法是注入 $CaCl_2$ 等盐类。

4) 气泡堵塞 由于系统封闭不严，回灌水中可能挟带大量气泡，同时水中溶解性气体也可能因温度、压力的变化而释放出来。此外，还可能因为产生化学反应而生成气体物质，最典型的如反硝化反应会生成氮气和氮氧化物。发生此种堵塞，要经常检查回灌的密封效果，发现漏气及时处理，对其他原因产生的气体应进行特殊处理。另外，安装时一定要将回灌管插入水位以下。

5) 砂粒堵塞 因回灌水改变了井的水流方向，使砂层受到冲动，部分过滤层受到破坏，地层中少部分细砂透过人工滤层和滤网孔隙进入井内造成堵塞。发生砂粒堵塞时，要停止回灌和减少回灌量，并进行适量回流回扬，以使滤层重新排列。

6) 腐蚀 过滤器在地下水中腐蚀和生锈是很普遍的现象。当地下水具有腐蚀性时，其腐蚀和堵塞现象更为严重。实践表明，地下水对过滤器的腐蚀和堵塞几乎是同时发生的，只是在不同条件下，二者发展的速度不尽相同。地下水水质是引起腐蚀的根本原因。管道和水井的过滤器受到腐蚀以后，会使水中的铁质增加，很容易堵塞过滤器和砂层的孔隙。

(3) 减缓回灌井堵塞的技术措施 减缓回灌井堵塞的技术措施主要有定期回扬和抽水井与回灌井互换使用两类办法。

1) 定期回扬 回扬就是从回灌井中抽水，排除过滤器和含水层中的杂质、气泡和沉积物。回扬能有效减缓过滤器和含水层的淤塞，短时间恢复回灌能力，延长洗井周期。在国内，通常采用定期回扬的方法来维持地下水源热泵系统的地下水回灌。

地下水源热泵系统回扬次数和回扬的时间主要取决于含水层水性以及水井的特征、水质、回灌水量、回灌方法等因素。

2) 抽水井与回灌井互换使用 将造成一定堵塞的回灌井在未达到不能正常回灌前，调整功能作为抽水井使用，而让没有堵塞的抽水井改作回灌井，如此可使水井洗井的周期大大延长，是防止回灌井堵塞的有效技术措施之一。对于按供冷和采暖季抽水井与回灌井互换使用的，还有利于保持岩土体和含水层的热平衡，能提高热泵机组的制冷制热效率。

灌抽两用井的设计不同于抽水井，这是由于灌抽两用井灌水、抽水交替使用，易使填砾层压密下沉，因此填砾层要有足够高度，一般应高出所利用的含水层顶板 8m 以上，必要时应安置补砾管，供运行中添加砾石用。

(4) 回灌井出现堵塞的处理办法 无论是单独采用回扬或抽水井与回灌井互换使用的方法，还是两种方法一起采用，都只能减缓回灌井的堵塞。当回灌井的回灌量减少到不能满足运行要求时，必须采取有效的办法，对堵塞进行处理。可采取以下几种处理办法：

1) 以泥沙等机械杂质为主的堵塞 主要用清刷和洗井（活塞、空压机、干冰或二氧化碳、压力水）进行处理。具体做法如下。

① 清刷 用钢丝刷接在钻杆上，在过滤器内壁上下拉动，清除过滤器内表面上的泥沙。

② 活塞洗井 使活塞在井内上下移动，引起水流速度和方向反复变化，将过滤器表面及其周围含水层中细小砂粒及杂质冲洗出来。

③ 压缩空气洗井 将高压空气集中在过滤器中的一段进行冲洗。每次注入高压空气约 5~10min，然后打开阀门，使气、水迅速冒出。如此反复进行多次，然后再移至下一段冲洗。

④ 干冰法洗井　在井内投入干冰，干冰升华产生大量二氧化碳气体，以致井内压力剧增，促使井水向外强力喷射，从而引起地下水急速涌向井内，使过滤器及其周围的含水层得到冲洗。

⑤ 二氧化碳洗井　集中向井内注入液态二氧化碳，产生如同压缩空气和干冰洗井的效果。

2）以化学沉积物为主的堵塞　主要以酸洗法清洗，通常可用 10% ~ 15% 的盐酸溶液，如果有机物较多，可加入一定量的硫酸，如果硅酸盐较多，可加入一定量的氟化铵以形成氨氟酸。此外，为防止酸液对过滤器的侵蚀，一般需在清洗液中加一定量的缓蚀剂（常用甲醛的水溶液）。

3）因微生物繁殖造成的堵塞　通常应用氯化法同酸洗法联合清洗。无论采用哪种清洗方法，事先均需查明造成堵塞的直接原因，判明采用清洗法的可行性。清洗时应严格执行操作规程，事后应排水清洗，以免洗井造成地下水局部污染。

5.5.2　回灌井回灌的设计施工要点

回灌井的设计首先要进行回灌场地的选择，然后确定渗滤速率，即正确地确定灌抽比，以确定单井的回灌量，并确定回灌井个数，最后在场地内布置回灌井。

回灌井的设计与施工要点和生产井的设计与施工要点基本相同，在 5.4.5 节中已给予介绍。现就不同点介绍如下：

① 回灌井井壁管应采用铸铁管或钢管。另外还应注意，由于长期回灌和涂沫效应，井会出现堵塞现象，引起回灌井的有效半径小于实际井径。

② 回灌经验表明，真空回灌时，对于第四组松散沉积层，颗粒细的含水层单位回灌量一般为开采量的 1/3 ~ 1/2，而颗粒粗的含水层则约为 1/2 ~ 2/3。相关研究也表明为了保证回灌效率，回灌井过滤网速度通常设计为生产井过滤网速度的 1/2。

③ 回灌井滤水管长度要求尽量长，以增加过滤网面积，因此，回灌井宜为完整井。

④ 灌采井的滤水管采用笼状双层填砾过滤器。例如，井管外径为 219mm 时，其笼状双层填砾过滤器为：内层为外径 244mm 低碳钢塑料喷涂滤网，缠丝间隙 1.5mm，孔隙率 34%；外层为外径 343mm 低碳钢塑料喷涂滤网，缠丝间隙 1.0mm，孔隙率 26.6%；双层滤网之间充填 2 ~ 3mm 的石英砂；滤水管与井壁之间环状间隙充填 1.5 ~ 5.0mm 的石英砂，其充填高度要高于顶层过滤管以上 20 ~ 30m。实践证明，采用笼状双层填砾滤水管能增加井的单位回灌量和出水量，能延长井的使用年限，对压力回灌尤为适用。

⑤ 真空回灌需要井口密封。所谓井口密封是指泵管接头、井口法兰、阀门、压力表、温度计等连接部位的密封。密封不好，将会无法利用虹吸原理产生水头进行回灌，甚至会使空气进入含水层而引起气相堵塞现象。

⑥ 地下水源热泵回灌井地面配套设备现无规范化的做法，但可向其他专业（如人工回灌、地下含水层季节储储、地热利用回灌技术、石油注水等）学习回灌井地面配套设备的设置。例如，地热利用中的回灌井地面通常设置粗过滤器、精过滤器、排气罐和进出口监测仪表等。粗过滤器一般采用 50 ~ 80μm 的过滤网或过滤棒，精过滤器采用 1 ~ 3μm 的缠绕棒式

滤芯。

⑦ 地下水源热泵回灌井的井孔钻探必须采用反循环清水钻进，防止泥浆堵塞井壁影响井的回灌量。

⑧ 洗井时采用活塞、空气压缩机、水泵三联合洗井法，洗井效果达到砂清水洁。

⑨ 回灌井的回水管应埋入静水位线以下，使回水管形成闭式水系统，以防空气侵入水系统和减少回灌水压。

5.6　地下水源热泵系统设计需要注意的问题

地下水源热泵技术既能供热又能制冷，并且既节能又环保，投资相对于其他地源热泵方式也是最低的。但是这一技术对水文地质条件的要求较高，对施工安装的技术水平和规范程度要求也很高，如果水文地质条件不合适，或者施工安装不合格，很容易出现问题。有以下几方面的问题需要地下水源热泵技术的建设使用单位和设计施工单位特别注意。

(1) 地下水量的稳定性　由于地下水中提取的能量在地下水源热泵系统向建筑提供的总能量中占 75% 左右，因此充足而且稳定的地下水资源是地下水源热泵应用的先决条件。地下水量不足、地下水量不稳定以及没有足够的布置地下水井的场地等原因都会限制地下水源热泵技术的应用。而且，这些问题都取决于客观实际条件，无法从技术上和主观态度上解决，因此应用地下水源热泵技术必须尊重客观实际、因地制宜，决策前需要充分做好水文地质勘察和水资源论证，不可盲目、轻率。

浅层地下水是动态的，它和地表水一样，也不断地由高处或压力大的地方，向低处或压力小的地方流动。地下水还可以通过土壤毛细管上升到地表，蒸发到空气中。所以一个地方地下水的流失是不可避免的，要保持这个地方的地下水量，就要有稳定的补给。地下水补给一般有两个来源，一是大气降水渗入地下，称为大气补给，大气补给可靠性小；二是外区地下水由地下透水层渗流到本区，也称径流补给，径流补给可靠性好。如果地下水的流失多于补给，水位就会下降，水位持续下降就会影响地下水源热泵系统的正常使用。

要应用地下水源热泵，就必须充分了解地下水的储存量、流失情况和补给情况，根据这些情况分析和判断地下水资源的稳定性。一旦地下水的水量存在不断减少的风险，就不能采用地下水源热泵。切不可麻痹大意，否则会造成热泵系统无法使用的严重后果。

(2) 地下水的回灌　地下水的回灌是限制地下水源热泵技术应用最为重要的因素之一，地下水不仅是优质的热泵冷热源，更是宝贵的淡水资源，所以经热泵换热后的地下水必须回灌。一方面，回灌可以储能，可以为热泵机组提供持续充足的冷热源；另一方面，回灌可以保护地下水资源。如果回灌出现问题，不仅会造成水资源的大量浪费，而且会增加城市排水量和污水处理的成本；并且由于冬季气温往往低于 0℃，如果不能有效回灌，地下水一旦溢出，就会造成浅层土壤渗水冻结，有时候会导致非常严重的后果，这些都是在工程实践中遇到过的问题。

从技术角度讲，地下水的回灌要比地下水的抽取困难得多，要保证地下水能够长期稳定顺畅地回灌则更为困难。但在实际的工程应用中，无论是在勘察设计上还是在施工工艺上，人们对回灌的重视都远远不够，这也是很多项目出现回灌困难的主要原因。

在含水层渗透性比较好的地区（如含水层为中粗砂、卵砾石等），只要采取合理的技术，认真做好设计和施工，回灌问题是完全可以解决的。但是在含水层渗透性比较差的地区（如含水层为中细砂、粉细砂、砂黏土等），则要慎重采用或不采用地下水源热泵技术。

（3）地下水的腐蚀和结垢问题　尽管大部分地下水都是没有腐蚀性的淡水，但也有不少地方的地下水受到了严重的污染，不同程度地含有酸碱盐等腐蚀性的物质。在这种情况下如果水井、管道、水泵、热泵机组等相关设施的材料选择达不到要求，就很容易造成腐蚀，对热泵系统来说是致命的。

水中的 Ca^{2+}、Mg^{2+} 易在换热面上析出沉积，形成水垢，会影响换热效果，降低热泵机组的运行效率。但更严重的是 Fe^{2+}，不仅容易在换热面上凝聚沉积，而且，Fe^{2+} 遇到氧气会发生氧化反应生成 Fe^{3+}，在碱性条件下转化为呈絮状的氢氧化铁沉积而阻塞管道，影响换热装置或热泵机组的正常运行。

如果在地下水水质不明确的地区应用地下水源热泵，必须对地下水进行取样化验，根据水质情况采取相应的措施。只要正确对待，地下水的水质问题和结垢问题就都是可以解决的。

（4）地下水的含砂问题　这是地下水源热泵应用中常见的问题，也是一个容易被忽视的问题。如果地下水中含砂量过多，不仅会造成换热器和管道的堵塞，还会引发地质问题。只要成井工艺科学合理，地下水的含砂量完全可以控制在规范要求的二十万分之一以内。

（5）地下水的温度平衡问题　当建筑的冬季负荷与夏季负荷相差较大时，冬天从地下水中吸收的热量和夏天向地下水中释放的热量就会相差很大，这时如果地下水没有很好的流动性，不能把积聚的冷或热及时带走，地下水的温度就会逐步发生变化，就需要进行冷或热补偿。如果地下水的温度变低，就需要用太阳能或锅炉进行热量补偿；如果地下水的温度升高，就需要用冷却水塔进行冷量补偿。

在地质条件可行的地区，可以采用反季节储能的办法解决这一问题。

（6）冬夏转换阀门的质量问题　地源热泵系统冬季可以向建筑的末端系统供热，夏季可以向建筑的末端系统供冷，但其冬夏的转换一般不是在机组内实现的，而是在机组外靠阀门的切换实现。冬夏切换的阀门如果质量不好或者水中杂质较多，就会关闭不严，使热泵机组冷凝器加热过的热水和蒸发器冷却过的冷水相互混合，即空调水和水源水相互混合，不仅造成能量的巨大损失，而且由于空调水多为软化水，含盐高，且因长期运行，含有很多铁屑等杂质，一旦进入水源水系统，就会对地下水等水源造成污染，同时水源水质千差万别，一旦进入空调水系统也会对空调水系统造成污染。例如有些地下水源热泵项目在空调末端中发现大量砂子，就是这个原因，如果水源水是污水或海水，那危害就会更大。

（7）热泵机组输出功率随工况变化的问题　热泵的输出功率并不是一个固定的值。制热时，水源水的温度越高，末端空调系统的供水温度越低，热泵系统的效率就越高，热泵系统的制热量也越大。制冷时，正好相反。所以进行系统设计时，必须考虑实际应用时的工况。

第6章　地表水源热泵系统设计

6.1　地表水源热泵系统概述

6.1.1　地表水

地表水包括河流、湖泊、水库、海洋、池塘、沼泽、冰川等。其水温随季节、纬度和海拔不同而变化。一般来说，只要地表水冬季不结冰，就可作为低温热源使用。冬季水温也比较稳定，除了严寒季节，一般水温不会下降到4℃以下，例如上海黄浦江1月份的水温为6.7℃、4月份为16.1℃、7月份为29.5℃、10月份为21.9℃；武汉长江1月份的平均水温为6.7℃；武汉东湖1月份平均水温为3.1℃。如能进行较好的水质处理，则无论是夏季作为冷却水，还是冬季作为热泵热源水都是可行的。

我国有丰富的地表水资源，如能作为热泵的热源，则可获得较好的经济效果。地表水中的海水约占自然界水总储量的96.5%。海滨城市有条件利用海水，国内外已有利用海水作热源的实例，但海水水源泵在我国的大规模实用化才刚刚开始，仅少数城市有极少数的项目使用了海水源热泵技术。

海水温度有明显的季节变化和日变化。太阳辐射的日变化是水温日变化最主要的原因。据估算，到达地表的太阳辐射能约有80%被海洋表面吸收。可见，海洋是一个巨大的能量储存库。如果仅考虑100m深的表层海水，即占整个气候系统总热量的95.6%。海洋水温昼夜变化不超过4℃，随深度增加，变化幅度减小。15m以下深度，海水温度无昼夜变化，140m以下，无季节性变化。赤道及两极地带海洋水的温度年温差不超过5℃，而温带海洋水温年温差为10~15℃，有时可达23℃。

海洋中水温为-2~30℃，海洋水温在垂直方向上，上层和下层截然不同。上部在1000~2000m的水层内，水温从表层向下层降低很快，而2000m以下则水温几乎没有变化。深层水温低，大体为-1~4℃。海洋表层水温的分布主要取决于太阳辐射和洋流性质。等温线大体与纬线平行，低纬水温高，高纬水温低，纬度平均每增高1°，水温下降0.3℃。北半球大洋的年平均水温均高于同纬的南半球，北半球的水温平均高于南半球3.2℃。

河水温度的日变化一般为早晨低，最低水温出现在6~8时；午后高，最高水温出现在15~16时。与气温极值出现时间比较，有滞后现象，一般10时的水温接近日平均值。河水温度的年变化，夏季高冬季低。北半球最高水温出现在7~8月，最低水温在1月。

水温的垂向分布，一般早晨6时或7时，河水的表面水温低，越向河底水温越高，形成逆温现象；午后13时或14时，河水的表面水温高，越向河底水温越低，形成正温现象；19时则又转为水面温度低于河底温度，温差一般为0.3~1.7℃，随水深、天气等情况而异。在有温泉热水或工业热废水排入的河段，水温分布与上述不同。

水温横向分布，在天然情况下，自河流解冻至7、8月间，接近岸边的水温高于河中的水温，其温差约1.2℃，冬季则相反；在具有不同水温的支流或泉水汇入的河段，左右岸水温发生差异；在有冷却水排入的岸边，水温比对岸高；若河流一边种水生植物，也能使左右岸水温不一样。

陆地上的地表水，即江、河、湖、水库的水，比海水和地下水的矿化度低，但含泥沙等固体颗粒物、胶质悬浮物及藻类等有机物较多，含砂量和浑浊度较高，需经必要处理方可作为热泵水源。如果将地表水直接供应到每台热泵机组进行换热，则容易导致热泵机组寿命降低，换热器结垢而性能下降，严重时还会导致管路阻塞，因此不宜将地表水直接供应到每台热泵机组换热。地表水源热泵空调系统的换热，对水体中生态环境的影响有时也需要预先加以考虑。根据水源热泵机组的原理可知，地表水源热泵空调系统对地表水的利用，仅限于热量的提取和转换，并在使用过程中严格限制对地表水进行任何的化学处理，有限的处理也仅是对其进行过滤、沉淀以及加热冷却等物理处理，地表水的成分在整个使用过程中没有发生任何变化。在严格遵循以上原则的前提下，水源热泵机组的运行不会带来所在区域地表水污染的问题。在系统设计和施工合理，且地表水热泵系统正常使用的前提下，一般不会对环境造成负面影响。

6.1.2 地表水源热泵应用的形式

地表水源热泵系统也由地表水换热系统、热泵机房系统和末端换热系统组成，其中热泵机房系统和末端换热系统与前面两种地源热泵系统一样，本节重点介绍地表水换热系统。

地表水换热系统的形式根据其利用水源的方式可分为闭式系统和开式系统，其中开式系统又可分为直接式系统和间接式系统。

（1）闭式地表水换热系统 闭式地表水换热系统将塑料盘管抛入地表水源中，以盘管作为换热器，盘管内的中介水与地表水通过盘管进行热交换。不提取地表水，故不需设置地表水取水口和排放口，对地表水也不产生任何影响。地表水源闭式系统见图6-1。

闭式系统可以采用洁净水或者含防冻液的水溶液作为换热介质，这使热泵机组结垢的可能性降低。闭式系统不需要将地表水水体提升到一定的高度，因此其循环水泵的扬程较低，水源输送能耗不大。

闭式系统换热盘管的材料常用耐腐蚀的高密度聚乙烯管，也可采用热导率大的不锈钢管、铜管或钛合金换热器。用金属管所需的换热面积比塑料管要小，而且比塑料管具有更高的抗冲击强度，可用于流速较高的动水中，但造价比塑料管换热器要高得多，金属管的表面也容易腐蚀。

在利用湖水及水库水时，盘管外表面完全浸泡在流速不高的水体中，其换热方式基本是自然对流，换热系数较低，且盘管的外表面受地表水水质的影响往往会结垢，使换热效率进一步降低。因此在湖水或水库水中盘管的方式只适用于小型建筑的供暖和制冷。

江水河水则不适合采用换热盘管式热泵系统。江河的水位通常随季节的波动较大，为避免因水位变化而使换热盘管暴露于水面以上引起江水换热的失效，应将盘管换热器置于水体内底部。但江河水中通常含有大量泥沙和杂物，且江河水泥沙含量通常随着水深而增加，如将换热盘管置于水体底部，则泥沙以及水中杂物必然要覆盖换热器表面而难以达到换热效果。这就需要随时调整换热器的位置以便与水位的变化保持同步，这在江河水位变化大的流域可操作性比较差，因此目前在江河水源热泵系统中很少采用闭式系统。

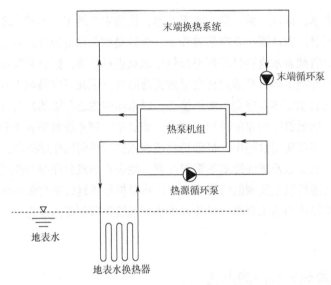

图6-1　地表水源热泵闭式系统

（2）开式地表水换热系统　开式地表水换热系统直接抽取地表水，送入换热器或直接进入热泵机组以强制对流的方式进行换热，与闭式系统的自然对流方式相比，换热效率大大提高。但开式系统需要解决地表水中泥沙和杂物堵塞换热器的问题，并要考虑换热产生的结垢、腐蚀、微生物滋长等现象对系统的影响。尤其是对于开式直接系统，由于地表水直接进入热泵机组，需要根据其水质情况进行处理并采取有效的防堵和防腐措施。开式系统主要分为直接式和间接式系统，如图6-2所示。

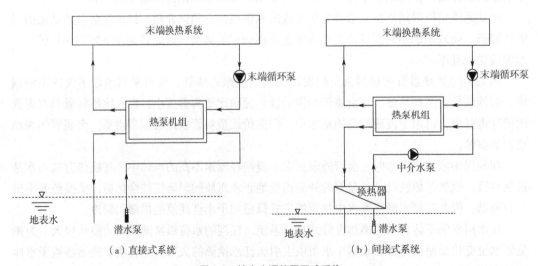

图6-2　地表水源热泵开式系统

6.1.3 地表水源热泵的特点

总的来讲，地表水源热泵具有以下特点：

① 地表水源热泵利用了每年制热运行前地表水体中蓄存的太阳能资源，这是一种清洁的可再生能源。

② 地表水源热泵机组冬季运行水温一般比室外气温高，夏季运行水温一般比室外气温低，能获得较高的制冷及制热 COP 值。

③ 地表水体温度波动的范围小于空气，水温相对较为稳定，这使得热泵机组运行更稳定、可靠，不存在空气源热泵的冬季除霜等问题。

④ 地表水源热泵可以对建筑物供热和供冷，在冬季热负荷较小或不需要供热的地方，还可以供应生活热水。一套系统可以代替原来的锅炉和制冷机两套系统，没有锅炉房、冷却塔和空调室外机，节省建筑空间，也有利于建筑的美观。

⑤ 如果建筑物附近有足够的地表水源可资利用，地表水源热泵系统的造价相比地埋管地源热泵明显降低。

6.1.4 地表水源热泵研究与应用中存在的主要问题

由于起步较晚，地表水源热泵在我国还属于一种新型的制冷采暖方式，对地表水源热泵技术还缺乏系统的研究，具体来说，存在以下一些问题：

① 系统的优化设计问题。地表水源热泵系统的设计大多根据经验数据或国外的推荐值进行，没有形成完善的地表水源热泵系统优化设计方法，影响了此类工程的初投资和运行节能效果，往往难以体现出此类系统的优势。地表水源热泵系统的设备配置、所服务建筑的面积及负荷特点、水源输送距离、地表水面积、深度及其水温特性等，都对系统的初投资和运行能耗产生重要的影响。需要研究系统形式、结构、规模、设计参数及设备配置等的优化策略与方法。

② 地表水体换热机理、特性及水温预测方法研究。地表水温直接影响热泵系统的性能系数及地表水体的生态环境，目前对于热泵系统运行时地表水体的换热机理、换热特性及水温预测方法还未形成系统的研究。

③ 地表水温度过高、过低及地表水量不足影响系统的可靠性和稳定性。地表水被地表水源热泵系统排热（取热）后的温度不能过高（过低），否则不仅影响水环境质量，还会使热泵系统的能效比降低。冬季水温过低时，热泵的供热量不足，换热器内会出现结冻，使系统无法正常运行。地表水量不足更容易导致取水温度夏季偏高和冬季偏低，不仅影响系统的能效比，且对水体生态环境的影响加剧。可见，地表水温度过高、过低及地表水量不足均会影响系统的可靠性和稳定性，复合式系统是解决这一问题的有效措施。

④ 对地表水体生态环境影响的评价。由于人类的活动，将工业废水、生活污水以及农田径流中的氮、磷等植物营养物质排入地表水体，这些营养物质会促进藻类的繁殖，而水温升高会加快有机污染物的氮、磷分解速度，加快藻类的繁殖，加快地表水体富营养化的进程。

水温升高还会使水中的溶解氧减少，藻类的呼吸作用及死亡藻类被微生物分解时需要消耗大量的溶解氧，发生富营养化的地表水处于缺氧状态，影响鱼类的生存。由此可见，在设计、建造地表水源热泵系统前，必须对系统排热与取热对地表水体生态环境的影响进行评价，了解排水对所在水域温度场的影响，并采取有效措施使排水对地表水体生态环境的影响尽可能小。

⑤ 水处理及换热器防腐除垢问题。地表水的水质比清洁水差，但与污水相比又有很大的不同，不能照搬原生污水热泵系统的系统结构、水处理工艺和防腐除垢措施，换热设备运行时需要采用经济有效的防腐除垢方法。

6.2　地表水源热泵工程勘察

6.2.1　工程场地及地表水源勘察

地表水地源热泵系统方案设计前，应对工程场地状况进行调查，包括以下内容：

① 地表水源周边的地形、坡度及面积；

② 工程场地内已有建筑物和规划建筑物的分布及占地面积；

③ 工程场地内树木植被、排水沟、池塘的分布及电源供应状况；

④ 工程场地内已有的、规划的地下管线及地下构筑物的分布及其埋深。

此外，还应对工程场地内地表水源的状况进行勘察，了解工程场地内地表水资源是否允许使用，获得设计所需的第一手资料。应包括下列内容：

① 地表水源与热泵机房（包括泵房）的水平距离及垂向距离；

② 地表水源的性质、用途、深度及面积；

③ 不同深度的地表水温，水位的季节性变化；

④ 地表水流速和流量的动态变化；

⑤ 地表水水质及其动态变化规律；

⑥ 地表水源被利用的情况；

⑦ 地表水取水和排水的适宜地点及路线。

6.2.2　地表水设计水温的确定

地表水设计水温是地表水源热泵系统设计与计算必需的基本数据，目前对于地表水源热泵系统设计中地表水设计水温的确定方法尚无明确的规定。参照《工业循环水冷却设计规范》GB/T 50102—2014 中规定的冷却池设计水温确定方法，可以按以下方法确定地表水的设计水温：

① 水深大于 4m 的水体，采用多年平均的年最热月和最冷月月平均自然水温，即在各年的月平均自然水温中，选取出现最高值和最低值的月份，然后分别计算各自的多年平均值，分别作为夏季和冬季的地表水设计水温。

② 水深小于 4m 的水体，采用多年平均的年最炎热和最寒冷连续 15 天的平均自然水温，即选取各年中气温最高和最低的连续 15 天，求出其平均水温，然后分别计算各自的多年平均值，分别作为夏季和冬季的地表水设计水温。

很明显，水深小于 4m 的浅水体设计水温夏季更高、冬季更低，这是因为浅水体的水温受气象条件的影响更明显。以上方法要求有 1 年以上的水温全年分布数据，如果缺乏 1 年以上的观测数据，可以根据当地的典型气象年参数，采用经验公式法或数学模型法计算出全年水温分布。

冬季地表水温的高低决定了系统的制热性能，我国许多纬度较低的南方地区冬季地表水温一般在 4~10℃ 之间，高纬度的北方地区冬季地表水温一般低于 4℃。在方案论证时要重点分析冬季地表水温对制热运行的影响。

制冷工况下地表水成为空调系统的冷却水，代替了传统空调方式中冷却塔的作用，要求地表水源热泵系统的制冷性能系数不能低于带冷却塔的冷水机组系统，也就是说地表水的取水温度不能过高。在空调用冷却塔的设计工况中，夏热冬冷地区的夏季空调设计湿球温度一般在 27.5~29℃ 之间，平均温度在 28℃ 左右，当湿球温度为 28℃ 时，其出水温度为 32℃。如果两种系统的冷却水量相同，根据冷却塔出水温度与湿球温度的差距，要求夏季地表水设计温度 t_w 与夏季空调设计湿球温度 t_s 的差值不大于 4℃，即

$$t_w - t_s \leqslant 4℃ \tag{6-1}$$

根据夏热冬冷地区夏季空调设计湿球温度的分布情况，该地区夏季地表水设计温度不应超过 31.5~33℃。如果夏季地表水设计温度偏高，则热泵机组在制冷性能方面与冷水机组相比并无优势。除地表水温的要求外，地表水泵能耗不应高于冷却塔风机和冷却水泵能耗之和，可以通过加大地表水利用温差及流量调节等措施降低地表水泵能耗。

6.3 开式地表水源热泵系统设计

6.3.1 取水口的位置

一般来说，取水口的位置应选择在长期稳定的河床上。位置选用原则如下：

① 在弯曲河段，宜在凹岸"顶冲点"（水流对凹岸冲刷最强烈的点）下游处设置取水口。

② 在顺直河段，宜在主流近岸处设置取水口。

③ 取水口应选在地形地质良好、便于施工的河段。

④ 一般情况下，应尽量避免在河流交汇处设置取水口。如果必需设置，应通过实地调查和资料分析，确定泥沙、淤积的影响范围，将取水口设置在影响范围之外。

⑤ 在河流分岔处取水时，应注重调查研究，掌握河汊的水特性与河道演变规律，将取水口位置选在发展的汉道上。

⑥ 避免在游荡性河段及湖岸浅滩处设置取水口。

⑦ 送取水口和取水构筑物应注意下述影响因素：

a. 泥沙、水草等杂物会使取水头部淤积堵塞，阻断水流。

b. 河流历年的径流资料及其统计分析数据是设计大型地表水热泵站取水构筑物的重要依据。

c. 注意人为因素对河床稳定性的影响等。

6.3.2 岸边式取水构筑物

固定式取水构筑物是常见的取水形式，通常它分为岸边式和河床式两种。所谓岸边式取水构筑物，是指建于河流的一岸，直接从河岸边取水的构筑物。

（1）岸边式取水构筑物的基本形式　岸边式取水构筑物的基本形式可分为合建式和分建式。

合建式岸边取水构筑物进水间与泵房合建在一起，布置紧凑，占地面积小，水泵吸水管路短，运行安全，维护管理方便。但合建式取水构筑物要求岸边水深相对较大，而且河岸较陡，同时对地质条件要求相对也较高。

根据岸边的地质条件，可将合建式岸边取水构筑物的基础设计成阶梯式（图6-3）或水平式（图6-4）。

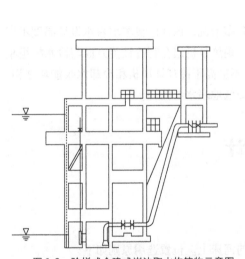

图6-3　阶梯式合建式岸边取水构筑物示意图

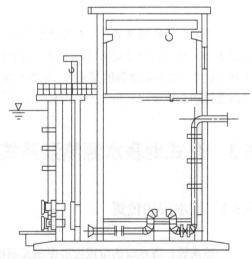

图6-4　水平式合建式岸边取水构筑物示意图

分建式岸边取水构筑物进水间与泵房分开设置，如图6-5所示。

进水间和泵房分建，可以分别进行结构处理，单独施工，适于地质较差、不宜合建的场合。由于分建式构筑物造成水泵的吸水管较长，故供水安全可靠性相对降低。因此，进水间与泵房间的距离尽量要小。

（2）岸边式取水构筑物设计应注意的问题

① 岸边式取水构筑物应保证在洪水位、常水位、枯水位等都能取到含砂量较小的水，所

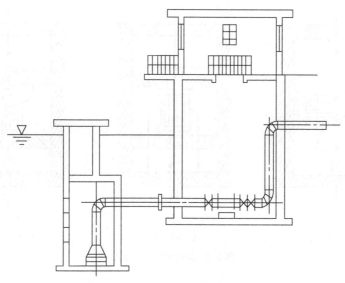

图6-5 分建式岸边取水构筑物示意图

以岸边式取水构筑物往往采用在不同高程处分层设置进水窗的方法取水。

② 为了截留水中粗大的漂浮物，须在进水口处设置格栅。格栅要便于拆卸和清洗。

③ 为进一步截留水中细小的杂质，可在格栅后设置格网。格网有平板格网和旋转格网两种。

平板格网由框架与耐腐蚀性的金属格网构成，构造简单，但冲洗麻烦。

旋转格网由许多窄长的平板网铰接而成，可绕上下两个转轮旋转，可间歇旋转，也可连续旋转。当格网上的拦截物达到一定数量时，就可将其提升至操作间清洗，清洗水压一般为200～400kPa。旋转格网及其布置如图6-6和图6-7所示。

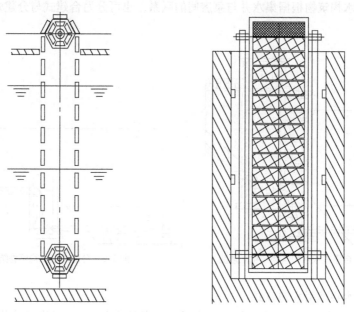

图6-6 旋转网格结构示意图

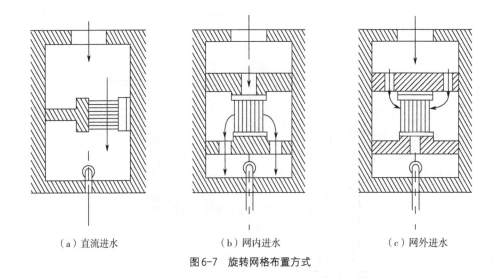

（a）直流进水　　　　　　　（b）网内进水　　　　　　　（c）网外进水

图6-7　旋转网格布置方式

　　旋转格网拦污效果好，冲洗方便，可用于拦截细小的杂质。旋转格网一般用于水量较大、水中漂浮物较多的场合。格栅安装在岸边式取水构筑物进水间的入口处，格网安装在水泵吸水间的入口处。

6.3.3　河床式取水构筑物

　　河床式取水构筑物是通过伸入江河中的取水头部取水，然后通过进水管将水引入集水井。河床式取水构筑物适于下列情况：主流离岸边较远、岸坡较缓、岸边水深不足或水质较差等情况。河床式取水构筑物除采用取水头部替代进水窗外，其余组成与岸边式取水构筑物基本相同。

　　河床式取水构筑物根据集水井与泵房间的联系，也可分为合建式与分建式，如图6-8和图6-9所示。

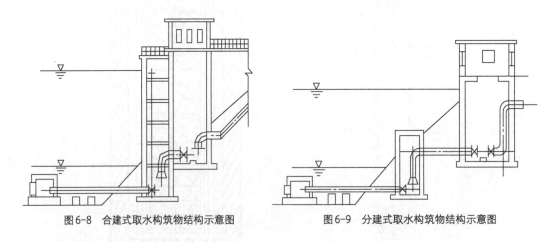

图6-8　合建式取水构筑物结构示意图　　　　图6-9　分建式取水构筑物结构示意图

　　（1）从取水头部引水的方式
　　① 自流管取水。河水在重力作用下，从取水头部流入集水井，经格网后进入水泵吸水间。

这种引水方法安全可靠，但土方开挖量较大。在洪水期底砂及草情严重、河底易发生淤积、河水主流游荡不定等情况下，最好不用自流管引水。

② 虹吸管引水。采用虹吸管引水（图 6-10）时，河水从取水头部靠虹吸作用流至集水井中。这种引水方法适于河水水位变化幅度较大、河床为坚硬的岩石或不稳定的砂土、岸边设有防洪堤等情况时从河中引水。由于虹吸管管路相对较长，容积也大，真空引水水泵启动时间较长。

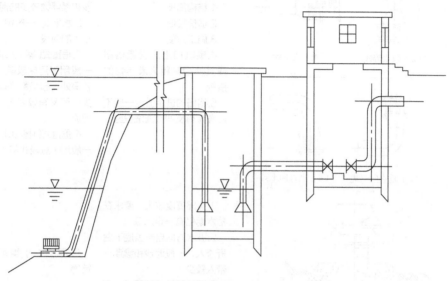

图6-10　分建式虹吸管取水构筑物结构示意图

③ 水泵直接抽水。河水由伸入河中的水泵吸水管（图 6-11）直接取水。这种引水方式由于没有经过格网，故只适用于河水水质较好，且水中漂浮杂质少，不需设格网时的情况。

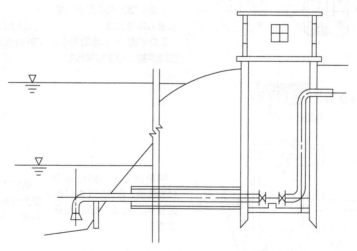

图6-11　水泵直吸式取水构筑物结构示意图

（2）取水头部的形式和构造　河床式取水构筑物取水头部的形式和构造见表6-1。

表6-1　固定式取水头部及适用条件

形式	图示	特点	适用条件
管式取水头部（喇叭管取水头部）	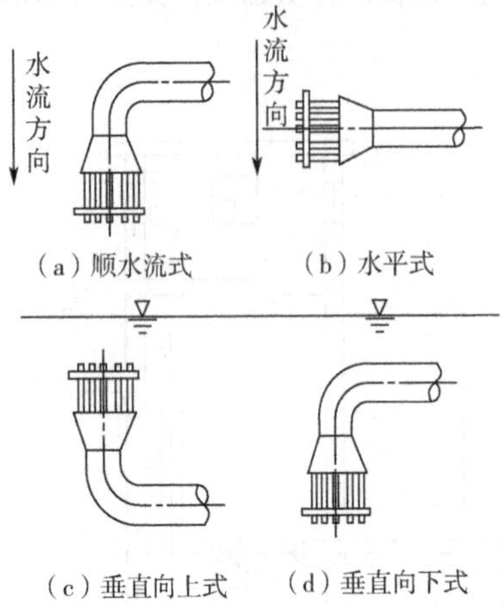 　（a）顺水流式　（b）水平式　（c）垂直向上式　（d）垂直向下式	1.结构简单 2.造价较低 3.施工方便 4.喇叭口上应设置格栅或其他拦截粗大漂浮物的措施 5.格栅的进水流速一般不应考虑有反冲或清洗设施	1.顺水流式，一般用于泥沙和漂浮物较多的河流 2.水平式，一般用于纵坡较小的河段 3.垂直式（喇叭口向上），一般用于河床较陡、河水较深处，无冰凌、漂浮物较少，而又有较多推移质的河流 4.垂直式（喇叭口向下），一般用于直吸式取水泵房
蘑菇形取水头部	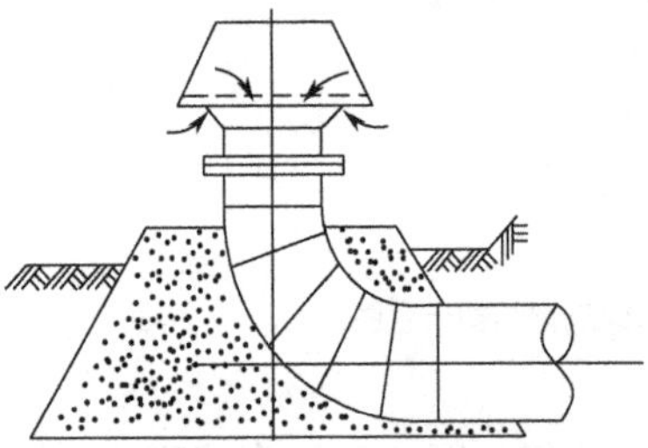	1.头部高度较大，要求在枯水期仍有一定水深 2.进水方向自帽盖底下曲折流入，一般泥沙和漂浮物带入较少 3.帽盖可做成装配式，便于拆卸检修 4.施工安装较困难	适用于中小型取水构筑物
鱼形罩及鱼鳞式取水头部	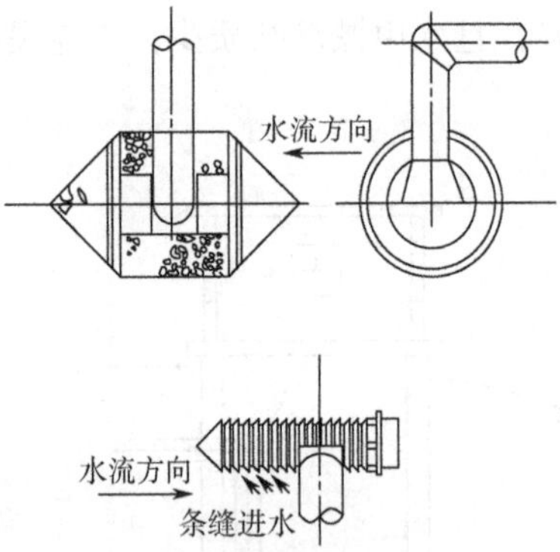 　水流方向　条缝进水	1.鱼形罩为圆孔进水，鱼鳞罩为条缝进水 2.外形圆滑、水流阻力小、防漂浮物、草类效果较好	适用于水泵直接吸水式的中小型取水构筑物
箱式取水头部	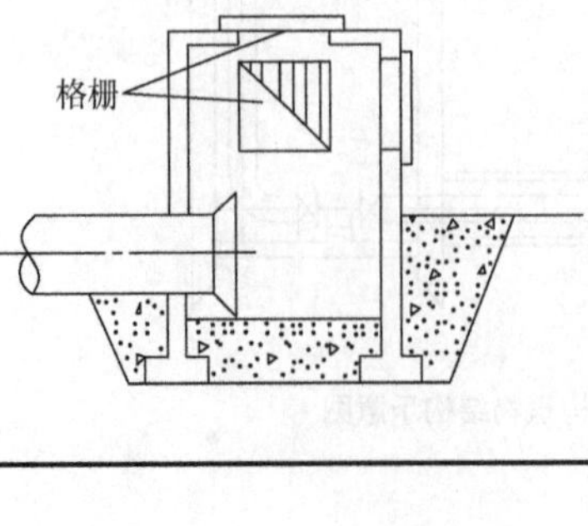 　格栅	钢筋混凝土箱体可采用预制构件，根据施工条件作为整体浮运或分成几部分在水下拼接	适用于水深较浅、含砂量少以及冬季潜冰较多的河流，且取水量较大时

形式	图示	特点	适用条件
岸边隧洞式喇叭口形取水头部	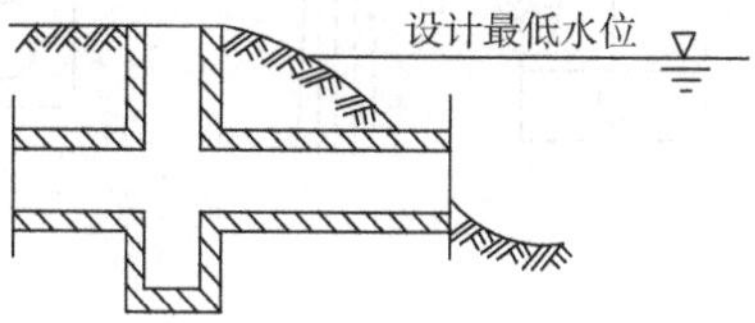	1.倾斜喇叭口形的自流管管口做成与河岸一致，进水部分采用插板式格栅 2.根据岸坡基岩情况，自流管可采用隧洞掘进施工，最后再将取水口部分岩石进行爆破通水 3.可减少水下工作量，施工方便，节省投资	适用于取水量较大、取水河段主流近岸、岸坡较陡、地质条件较好时
桩架式取水头部	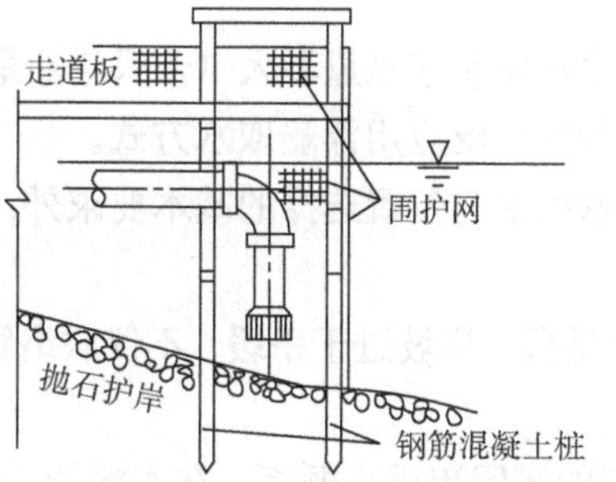	1.可用木桩和钢筋混凝土桩，打入河底桩的深度视河床地质和冲刷条件确定 2.框架周围宜加以围护，防止漂浮物进入 3.大型取水头部一般水平安装，也可向下弯	适用于河床地质宜打桩和水位变化不大的河流

注：本表摘自刘自放、张廉均、邵丕红编写的《水资源与取水工程》。

6.3.4 浮船取水

浮船取水利用船体作为取水构筑物，由三部分组成。

（1）浮船 浮船一般采用钢丝网水泥船或钢板船。通常制造成平底囤船的形式，平面为矩形，断面为梯形或矩形，其尺寸大小应根据设备（水泵、中间换热器、平衡水箱等）及管路布置、操作和检修要求、浮船稳定性因素确定。

（2）浮船上的水泵、中间换热器等设备 水泵多安装在甲板上，其设备应布置紧凑、操作检修方便，但要注意解决船的垂心升高带来的稳定性下降问题。如果浮船在水泵运转、风浪作用、移船时难以保持平衡与稳定，可用平衡水箱或压舱垂物来调整平衡。

（3）连接管 浮船随河水涨落而升降，随风浪而摇摆，船上的水泵压水管与岸边的输水管之间应当采用转动灵活的联络管相连接，目前多采用摇臂式连接。套筒接头摇臂式连接的联络管由钢管和几个套筒旋转接头组成。水位涨落时，联络管可以围绕岸边支墩上的固定接头转动。这种连接的优点是不需要拆换接头，不用经常移船，能适应河流水位的猛涨猛落，管理方便，而且不中断供水。目前已用于水位变化幅度达20m的河流。由于一个套筒接头只能在一个平面上转动，因此一根联络管上需要设置5个或7个套筒接头，才能适应浮船上下、左右摇摆运动。图6-12为由5个套筒接头组成的摇臂或联络管。

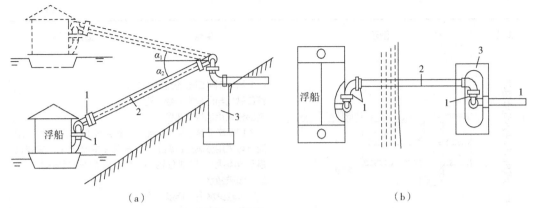

（a）

（b）

图6-12　摇臂式套筒接头连接
1—套筒接头；2—摇臂或联络管；3—岸边支墩

浮船取水适用于水源水位变化幅度大、供水要求急和取水量不大（一只浮船最大取水能力可达 $30×10^4m^3/d$）的场合。我国西南、中南等地区广泛应用浮船取水方式。

浮船取水的位置选择除应符合有关地表水取水构筑物位置选择的基本要求外，还应注意以下事项：

① 河岸要有一定的坡度，避开河漫滩和浅滩地段。岸坡过于平缓，不仅联络管增长，而且移船不方便，容易搁浅。

② 设在水流平缓、风浪小的地方，以便浮船的锚固和减小颠簸。在水流湍急的河流上，浮船位置应避开急流和大回流区，并与航道保持一定的距离。

6.3.5　渗滤取水

天然河床渗滤取水是一种利用天然河床底部砂砾石层作为滤床，直接净化高浊度、微污染江河水的取水净水工艺技术。由于在渗滤过程中河水会与滤床换热，取出的水温夏季比河水低，冬季比河水高，且水质好，适合热泵系统利用。

渗滤取水技术最早出现在 1992 年，这种取水工艺对于高浊度的江河水能够直接净化，具有工艺简单、占地少、操作简便等优点，在四川、重庆地区得到了应用和推广。鉴于渗滤取水工程的初投资较大，工程的勘察、施工等情况复杂，如果将渗滤取水应用于地表水源热泵系统，宜在取水换热后对其进行二次利用，提高渗滤取水系统的综合利用效益。目前在重庆市出现了采用渗滤取水技术的江水源热泵工程。

图 6-13 给出渗滤取水的原理图，由竖井、输水平巷、渗流孔群组成。竖井是取水的主要集水设施，渗滤水由深井泵抽出，井直径一般为 4～6m；输水平巷是江底渗流孔的施工通道和取水输水通道；渗流孔群是江底输水平巷基岩中向上河底

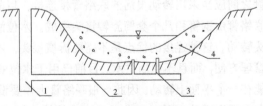

图6-13　渗滤取水原理图
1—竖井；2—输水平巷；3—取水孔；4—砂砾石层

砂砾石层钻凿的取水孔，其孔群数量根据砂砾石层的渗透性和取水量而确定。在取水孔内安装过滤器，过滤器长度一般为 1~5m。

渗滤取水的取水原理是靠取水系统自身诱导河水下渗，穿过河床表层滤膜、砂砾石层和过滤器进入渗滤孔及汇水系统，形成取水的持续补给。河水转化为河床渗透水有两种形式：一种是河水经过河床砂砾石层过滤，直接从渗流孔群的渗透取水孔汇流进入河底输水隧道，这部分水称为渗流孔渗透水；另一种是河床潜流水通过基岩裂隙汇聚，从河底输水隧道基岩裂隙中浸出和涌出，称为裂隙渗透水。渗滤取水技术的水质净化是河水慢速渗透，在穿过河床砂砾石层的过程中实现的。河水在穿过河床渗透时，水中的悬浮杂质被河床表层滤膜和砂砾石层截留而得到净化，这其中包括一系列物理化学和生物化学作用，有机械筛滤、生物吸附降解、沉淀、扩散、传递及静电吸附等作用。被截留的杂质大部分会被河水冲刷并带走，余下少量的杂质在河床上淤积形成滤膜，河水冲刷滤膜有利于滤膜的更新，使系统能长期取水。

6.3.6　地表水排水设施

与电厂排水相比，开式地表水源热泵系统的排水量不算大，但要求射流能够快速与地表水体发生充分的掺混，并消耗掉射流的多余能量，转变成平缓的水流。对于开式系统可考虑采用底流消能方法和面流消能方法。

底流消能是一种基本的消能形式，消能效果较好。图 6-14（a）为底流消能的原理示意图。该方法在下游设置消能池，从排水管或排水槽中泄出的水流在消能池产生水跃，水跃的表面漩滚和强烈紊动起到了消能的作用，使下泄的高速水流通过水跃发生掺混而转变为缓流。为了在下游形成消能池，需要适当降低下游护坦的高程，并在护坦末端设置消能坎或消能墙用来壅高水位，使坎前形成消能池。为了抵抗排水水流的冲刷，护坦一般由钢筋混凝土筑成。消能池应具有足够的深度和长度，从而有效地产生水跃，并将水跃控制在消能池内。对于具体的工程应通过水力计算来确定消能池的深度和长度，计算方法可参阅水力学方面的书籍。

图 6-14（b）为面流消能的原理示意图。该方法需要设置专门的泄水建筑物，并将泄水建筑物的末端做成跌坎，使下泄水流经跌坎后射向下游水域的表层；高速水流与河床（湖床）之间形成巨大的漩滚，起到消能的作用，避免了下泄水流对河床（湖床）的冲刷。面流消能要求下游水深比较大且水位较稳定。

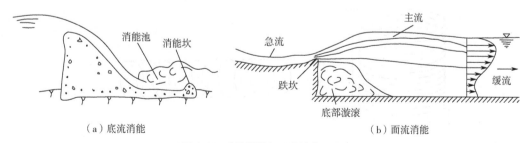

（a）底流消能　　　　　　　　　　（b）面流消能

图6-14　底流消能与面流消能原理图

6.4 闭式地表水源热泵系统设计

6.4.1 闭式地表水源热泵设计步骤

当有地表水体（江、河、湖等）可以当作冷热源时，应首先搜集和确定使用地表水所需的资料。水池或湖泊的面积及深度对系统供冷性能的影响，要比对供热性能的影响大。为使系统运行良好，湖水或河水的深度应超过4.6m。对于浅水池或湖泊（4.6~6.1m），热负荷应不超过13W/m²（水面）；对于深水湖（>9.2m），热负荷应不超过69.5W/m²（水面）。闭式地表水源热泵系统设计主要分为以下几个步骤。

① 确定江、河、湖或水池中水体在一年四季不同深度的温度变化规律。由于地表水体的温度变化大，因此对水体在全年各个季节的温度变化和不同深度温度的变化测定是设计的一项主要工作内容。

② 确定地表水换热器类型及材料。地表水源热泵系统的设计，主要是地表水体中的换热器设计。闭式地表水换热器长期放置在水下，要求耐腐蚀、不易结垢，并具有足够的强度。就闭式地表水换热器的材质而言，可分为塑料管换热器和金属换热器。其中最常用的是塑料管换热器，由聚乙烯管（PE）或聚丁烯管（PB）卷绕而成，故又称水下盘管。水下盘管分为盘卷式和排圈式两种结构。图6-15（a）为盘卷式盘管，由PE管盘卷成螺旋状，捆绑后借助底部的重物将盘管沉入水底。PE管在盘卷时，管子之间会存在相互重叠与搭接的现象，在一定程度上削弱了盘管的外表面换热系数和有效换热面积，需要用隔离物将PE管适当地隔开，分隔后的层数不应少于3层。隔离物可采用废旧管子，每个隔离层至少采用4根废旧管子。需要用尼龙绳对盘管进行有效的捆绑，尼龙绳应将PE管束、隔离层及底部重物牢固地捆绑在一起。底部重物通常采用混凝土块，也有的采用废旧轮胎。混凝土块的高度不小于250mm，以防止水底淤泥淹没盘管。混凝土块表面应预制钢制连接口，以便将沉块与盘管进行捆绑。

图6-15（b）为排圈式盘管，同样需要借助底部重物将其沉入水底。排圈式盘管结构减少了管子之间的相互重叠与搭接，换热效率高一些，所需的盘管长度小一些。但由于盘管占用的水体面积大，不便于清洗、安装和维护管理，一般用于小型热泵系统。如果需要清洗塑料管换热器表面的污垢，只需放空管内流体，由于塑料管的密度小于水，塑料盘管将浮至水面，然后对其进行清洗。相对而言，盘卷式盘管的制作、安装及清洗更方便，占用的水体面积较小，可以实现标准化生产和制作，在实际中应用更为普遍。

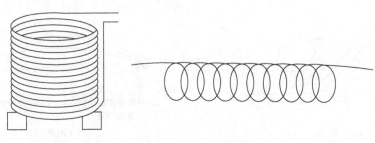

（a）盘卷式盘管　　　　　　　　　（b）排圈式盘管

图6-15　地表水换热器盘管

③ 选择地表水换热器中的防冻剂种类。在冬季，当水体温度为 5.6 ~ 7.2℃时，盘管出口的温度会在 1.7 ~ 4.4℃之间，由于系统液体在 0.37L/(s·kW)流量运行，温度降为 2.8 ~ 3.3℃，这样即使在南方的水体中运行，水源热泵的出口温度也会接近甚至低于 0℃，因此必须采用防冻剂。常用的防冻剂有氯化钙、丙烯乙二醇、甲醛、酒精等。

④ 确定地表水换热器盘管的长度。盘管的长度取决于供冷工况时的最大散热量以及供热工况时水环路的最大吸热量。可根据接近温度（盘管出口温度与水体温度之差），确定单位热负荷所需的盘管长度，如图 6-16 ~ 图 6-19 所示；然后根据供冷工况时的最大散热量或供热工况时水环路的最大吸热量，计算出地表水换热器所需盘管的总长度。

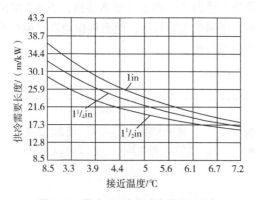

图6-16　供冷工况盘卷式盘管需要长度

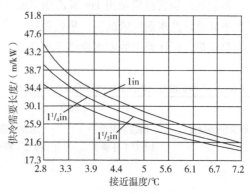

图6-17　供冷工况排圈式盘管需要长度

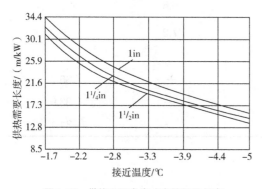

图6-18　供热工况盘卷式盘管需要长度

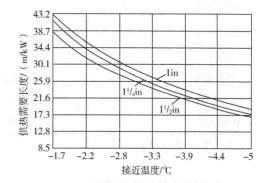

图6-19　供热工况排圈式盘管需要长度

⑤ 设计盘管的构造和流程。确定盘管环路数量，把盘管分组连接到环路集管上，根据水体布置环路集管。设计原则为：每个盘管的长度相等且成为一个环路，环路的流量要保证使其内的换热介质处于湍流流动（$Re>3000$），同时使盘管的压力损失不超过 61kPa；合理布置各个环路组成的环路集管，使之与现有水体形状相适应，并使环路集管最短；在每个环路集管中，环路的数量应相同，以保证流量平衡和环路集管管径相同。

6.4.2　盘卷式盘管换热器设计

盘卷式盘管换热器是由一定长度的塑料管卷成盘状的换热器，其形状如图 6-15 (a) 所示。

塑料盘管换热器放在地表水中，热泵机组循环水（供热工况时为冷媒水，制冷工况时为冷却水）在盘管内流动，盘管换热器利用管内外的液体温差进行换热。

塑料盘管换热器的材料为聚乙烯管或聚丁烯管，塑料管规格为 3/4in、1in、1¼in、1½in 几种。

（1）塑料盘管换热器长度计算　地表水换热器盘管的长度取决于供冷工况时水环路的最大散热量或者供热工况时水环路的最大吸热量。供冷工况时水环路的最大散热量为每个分区的总冷负荷、热泵机组耗功产生的热量和中央泵站释放的热量总和。供热工况时水环路的最大吸热量为各分区热负荷加上水环路的热损失减去热泵机组耗功产生的热量再减去集中泵站加到水环路中的热量。

假设换热器管盘管使用 1in 聚乙烯管道，换热介质为 20%的乙二醇水溶液，表 6-2 给出了在不同设计进水温度情况下，单位负荷（冷吨）所需的盘管长度，然后根据地表水换热系统的总负荷，可计算出地表水换热系统所需的盘管总长度。

表6-2　不同长度地表水热交换盘管的设计进水温度　　　　　　　　　　　　　　　　　单位：℃

热交换器盘管	北方		南方	
	地表水温度 4.5℃（冬季）	地表水温度 10℃（夏季）	地表水温度 10℃（冬季）	地表水温度 26℃（夏季）
供热				
31m/冷吨	—	—	3.8	—
62m/冷吨	0	—	5.6	—
93m/冷吨	1.3	—	7.2	—
供冷				
31m/冷吨	—	20.6	—	36.7
62m/冷吨	—	17.2	—	33.9
93m/冷吨	—	15	—	31.1

注：1冷吨=3.517kW。

（2）塑料盘管换热器设计

上面确定了换热器盘管的总长度后，下面开始设计换热器盘管的构造和流程，即要解决几个问题：使用多长的塑料管组成一个盘管构成一个环路；多少组盘管组成一个供水环路，怎样把盘管分组连接到供水环路集管上；根据现有水体如何布置环路集管。

等长盘管的数量确定方法是：先根据地表水温度状况和换热器设计进水温度按表 6-3 选取一种规格的盘管，再用换热器盘管的总长度除以单个盘管的长度就得到等长盘管的数量。

表6-3　塑料盘管换热器环路选型指南

环路集管流量 /(m³/h)	聚乙烯管环路 集管尺寸/in	聚丁烯管环路 集管尺寸/in	环路数/ 环路集管	流量/ 环路/(m³/h)	聚丁烯管环路 尺寸/in	聚丁烯 管环路尺寸/in
1.36	1	1	1	1.36	1	1
			2	0.68	¾	¾

环路集管流量/(m³/h)	聚乙烯管环路集管尺寸/in	聚丁烯管环路集管尺寸/in	环路数/环路集管	流量/环路/(m³/h)	聚丁烯管环路尺寸/in	聚丁烯管环路尺寸/in
2.05	1	1¼	1	2.05	1	1¼
			2	1.03	¾	1
			3	0.68	¾	¾
2.73	1	1½	2	1.37	1	1¼
			3	0.91	¾	1
			4	0.68	¾	¾
3.41	1¼	1½	2	1.71	1	1¼
			3	1.14	1	1
			4	0.85	¾	1
			5	0.68	¾	¾
			6	0.57	¾	¾
5.12	2	2	2	2.56	1¼	1½
			3	1.71	1¼	1¼
			4	1.28	1	1¼
			5	1.02	¾	1
			6	0.85	¾	1
			7	0.73	¾	¾
			8	0.64	¾	¾
6.82	2	2	2	3.41	1¼	1½
			3	2.27	1¼	1½
			4	1.71	1¼	1¼
			5	1.36	1	1¼
			6	1.14	¾	1¼
			7	0.97	¾	1
			8	0.85	¾	1
			9	0.76	¾	¾
			10	0.68	¾	¾
			11	0.62	¾	¾
8.53	2	3	2	4.27	1½	1½
			3	2.84	1¼	1½
			4	2.13	1¼	1¼
			5	1.71	1¼	1¼
			6	1.42	1	1¼

环路集管流量/(m³/h)	聚乙烯管环路集管尺寸/in	聚丁烯管环路集管尺寸/in	环路数/环路集管	流量/环路/(m³/h)	聚丁烯管环路尺寸/in	聚丁烯管环路尺寸/in
8.53	2	3	7	1.22	¾	1¼
			8	1.07	¾	1
			9	0.95	¾	1
			10	0.85	¾	¾
			11	0.76	¾	¾
			12	0.71	¾	¾
			13	0.66	¾	¾
10.23	2	3	3	3.41	1¼	1½
			4	2.56	1¼	1½
			5	2.05	1¼	1¼
			6	1.71	1¼	1¼
			7	1.46	1	1¼
			8	1.28	1	1¼
			9	1.14	¾	1¼
			10	1.02	¾	1
			11	0.93	¾	1
			12	0.85	¾	1
			13	0.79	¾	¾
			14	0.73	¾	¾
			15	0.68	¾	¾
			16	0.64	¾	¾
11.94	2	3	3	3.98	1½	1½
			4	2.99	1¼	1½
			5	2.39	1¼	1½
			6	1.99	1¼	1¼
			7	1.71	1¼	1¼
			8	1.49	1	1¼
			9	1.33	1	1¼
			10	1.19	¾	1¼
			11	1.09	¾	1
			12	1.00	¾	1
			13	0.92	¾	1
			14	0.85	¾	¾

环路集管流量/(m³/h)	聚乙烯管环路集管尺寸/in	聚丁烯管环路集管尺寸/in	环路数/环路集管	流量/环路/(m³/h)	聚丁烯管环路尺寸/in	聚丁烯管环路尺寸/in
11.94	2	3	15	0.80	¾	¾
			16	0.75	¾	¾
			17	0.70	¾	¾
			18	0.66	¾	¾
			19	0.63	¾	¾
13.64	3	3	3	4.55	1½	1½
			4	3.41	1½	1½
			5	2.73	1¼	1½
			6	2.27	1¼	1½
			7	1.95	1¼	1¼
			8	1.71	1¼	1¼
			9	1.52	1	1¼
			10	1.36	1	1¼
			11	1.24	¾	1¼
			12	1.14	¾	1
			13	1.05	¾	1
			14	0.97	¾	1
			15	0.91	¾	1
			16	0.85	¾	1
			17	0.80	¾	¾
			18	0.76	¾	¾
			19	0.72	¾	¾
			20	0.68	¾	¾
			21	0.65	¾	¾
			22	0.62	¾	¾
15.35	3	3	3	5.07	1½	1½
			4	3.84	1½	1½
			5	3.07	1¼	1½
			6	2.56	1¼	1½
			7	2.19	1¼	1¼
			8	1.92	1¼	1¼
			9	1.71	1¼	1¼
			10	1.54	1	1¼

环路集管流量 /(m³/h)	聚乙烯管环路集管尺寸/in	聚丁烯管环路集管尺寸/in	环路数/环路集管	流量/环路/(m³/h)	聚丁烯管环路尺寸/in	聚丁烯管环路尺寸/in
			11	1.40	1	1¼
			12	1.28	¾	1¼
			13	1.18	¾	1¼
			14	1.10	¾	1
			15	1.02	¾	1
			16	0.96	¾	1
15.35	3	3	17	0.90	¾	1
			18	0.85	¾	1
			19	0.81	¾	¾
			20	0.77	¾	¾
			21	0.73	¾	¾
			22	0.70	¾	¾
			23	0.67	¾	¾
			24	0.64	¾	¾
			4	4.27	1½	1½
			5	3.41	1½	1½
			6	2.84	1¼	1½
			7	2.44	1¼	1½
			8	2.13	1¼	1¼
			9	1.90	1¼	1¼
			10	1.71	1¼	1¼
			11	1.55	1	1¼
			12	1.42	1	1¼
17.06	3	3	13	1.31	1	1¼
			14	1.22	1	1¼
			15	1.14	¾	1¼
			16	1.07	¾	1
			17	1.00	¾	1
			18	0.95	¾	1
			19	0.90	¾	1
			20	0.85	¾	1
			21	0.81	¾	¾
			22	0.78	¾	¾

环路集管流量 /(m³/h)	聚乙烯管环路集管尺寸/in	聚丁烯管环路集管尺寸/in	环路数/环路集管	流量/环路/(m³/h)	聚丁烯管环路尺寸/in	聚丁烯管环路尺寸/in
			23	0.74	¾	¾
			24	0.71	¾	¾
17.06	3	3	25	0.68	¾	¾
			26	0.66	¾	¾
			27	0.63	¾	¾

换热器盘管分组连接到环路集管上，不同管道材质的连接方法如图 6-20 和图 6-21 所示。实际工程中，聚乙烯管的应用相对比较广泛，管路阻力计算参照本书 4.3.5 节部分。

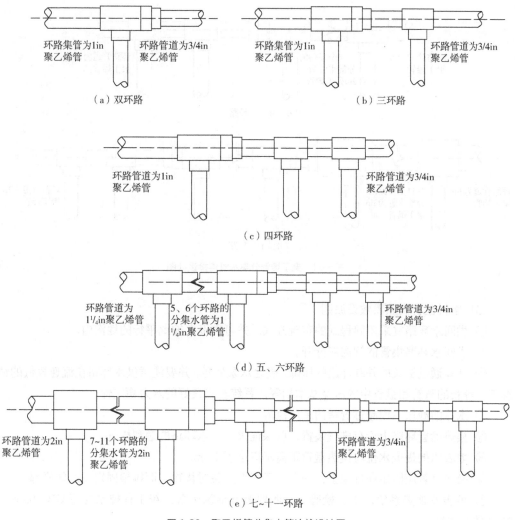

图6-20　聚乙烯管分集水管连接设计图

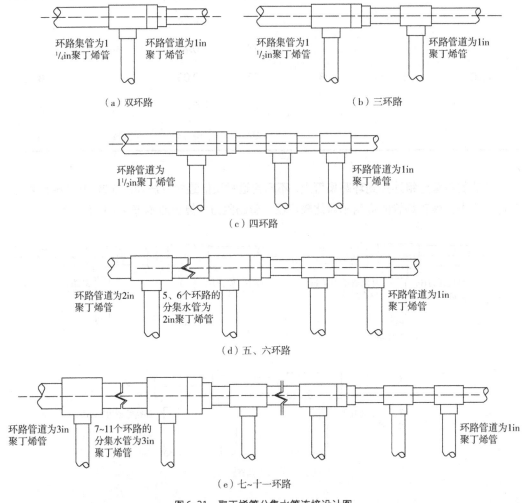

（a）双环路

环路集管为1
$1/4$in聚丁烯管

环路管道为1in
聚丁烯管

（b）三环路

环路集管为1
$1/2$in聚丁烯管

环路管道为1in
聚丁烯管

（c）四环路

环路管道为
$1^1/_2$in聚丁烯管

环路管道为1in
聚丁烯管

（d）五、六环路

环路管道为2in
聚丁烯管

5、6个环路的
分集水管为
2in聚丁烯管

环路管道为1in
聚丁烯管

（e）七~十一环路

环路管道为3in
聚丁烯管

7~11个环路的
分集水管为3in
聚丁烯管

环路管道为1in
聚丁烯管

图6-21　聚丁烯管分集水管连接设计图

（3）塑料盘管换热器敷设原则

① 供回水环路宜采用同程式的布置方式，并可敷设在彼此平行的地沟内。

② 供回水环路集管的管沟应分开。

③ 计算通过最长的并联环路的压降，确定水泵型号，并要注意供水环路在流速较低的情况下，等长的直管和盘管中的压降基本相等，系统具有良好的水力稳定性。

④ 水体的静压不要超过管材的承压范围。

⑤ 换热盘管环路上设有排气装置，以保证供、回水环路的顺利排气。

⑥ 地表水的最低水位与换热盘管距离不应小于 1.5m。

⑦ 换热盘管应固定在排架上，并在管子下部安装衬垫物，而排架固定在水体底部。

⑧ 地表水换热系统施工、检验与验收要遵守地源热泵系统工程技术规范 GB 50366—2012 的有关规定。

6.5 海水源热泵系统设计

海水源热泵系统的工作原理与其他地表水式热泵系统基本相同，但由于海水的特殊性质，因此在源侧换热系统形式上与其他系统有所区别。本节单独介绍海水源热泵海水侧换热系统的设计方法。

6.5.1 海水源热泵系统设计的基本原则

海水源热泵系统设计时，应遵循以下基本原则：

① 海水循环水流量要求是根据计算得到的最大得热量和最大释热量确定的。

② 根据具体系统形式的不同，对不同部位进行防腐处理。

③ 如果选择一个带有板式换热器的闭式海水源热泵系统，建筑物的高度就不必考虑。

④ 海水系统的运行温度要求管道保温。

⑤ 考虑海水系统的投资效益比，较大的建筑物比小的建筑物好，因为海水取水设施的投资并没有随容量的增加而线性上升。

6.5.2 海水源热泵系统的设计方案

根据使用区域的规模、功能和开发进度，海水源热泵系统主要有以下三种设计方案。

（1）集中式海水源热泵系统　集中式海水源热泵系统就是将大型海水源热泵机组集中设置于统一的热泵机房内（热泵机房根据需要设置），热泵机房制备的冷、热水通过小区外网输送至各用户。这种设计适用于建筑物相对集中的区域，每个泵站可以设多个热泵机组，根据负荷变化情况进行台数调节。

因为并非所有的用户都在同一时刻达到峰值负荷，集中式系统可以减少设备的总装机容量，有利于降低自身的初投资。集中式系统一般采用大型热泵机组，COP 值比小型机组要高，提高了能量利用效率。

（2）多级泵站海水源热泵系统　在规模大、建筑群分散并存在多个功能组团的区域，仅靠设置一两个热泵站进行区域供冷和供热，不论是在机组的运行效率方面还是运行调节方面都很难达到最优。因此，系统可以由一个主站和多个子站构成，设计成多级泵站海水源热泵系统。主站的供水水温可以不用太高，10～15℃即可，二级热泵站可以根据末端设备的不同需要灵活运行。采取这种系统运行调节比较方便，便于管理。

（3）分散式海水源热泵系统　分散式系统一般应为间接式系统，所有的热泵机组都分散至各用户，室外管网系统只为各用户机组提供所需的循环水，而循环水一般不是海水。与集中式海水源热泵系统相比，该系统的热泵机组分散，容量相对较小，初投资会相应增加，机组的 COP 值也会比集中放置的大型机组略低，并且各用户仍然要有冷热源机房，但该系统中各用户的热泵机组相对独立，增大了用户的灵活性，如各用户可根据自身的特定需要来调节热泵的进出水温度高低。

在系统设计时，应根据当地海水参数、建筑物的类型及使用特点、系统造价等综合考虑选择何种设计方案。

6.5.3 海水取水构筑物

(1) 引水管渠取水 当海滩比较平缓时，可采用引水管渠取水，如图 6-22 和图 6-23 所示。

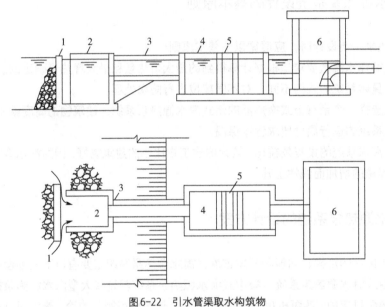

图 6-22 引水管渠取水构筑物
1—防浪墙；2—进水斗；3—引水渠；4—沉淀池；5—滤网；6—泵房

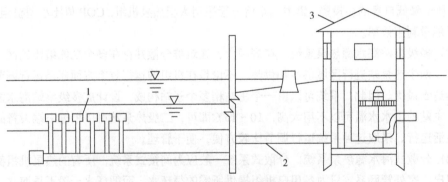

图 6-23 海底引水的取水构筑物
1—管式进水口；2—自流引水管；3—取水泵房

(2) 岸边式取水 在深水海岸，若地质条件及水质良好，可考虑设置岸边式取水构筑物。岸边式取水泵房如图 6-24 所示。

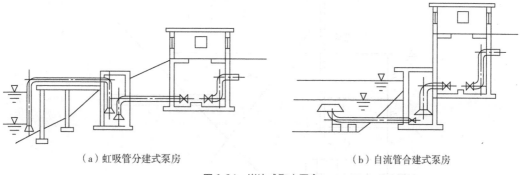

（a）虹吸管分建式泵房　　　　　　　　　　　　（b）自流管合建式泵房

图6-24　岸边式取水泵房

（3）斗槽式取水　斗槽式取水构筑物如图 6-25 所示。斗槽的作用是防止波浪的影响和使泥沙沉淀。

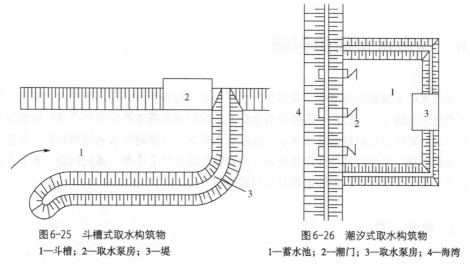

图6-25　斗槽式取水构筑物

1—斗槽；2—取水泵房；3—堤

图6-26　潮汐式取水构筑物

1—蓄水池；2—潮门；3—取水泵房；4—海湾

（4）潮汐式取水　潮汐式取水构筑物如图 6-26 所示。涨潮时，海水自动推开潮门，蓄水池蓄水；退潮时，潮门自动关闭，可使蓄水池中蓄水。利用潮汐蓄水，可以节省投资和电耗。

（5）幕墙式取水　幕墙式取水构筑物如图 6-27 和图 6-28 所示。幕墙式取水是在海岸线的外侧修建幕墙，海水可通过幕墙进入取水口。

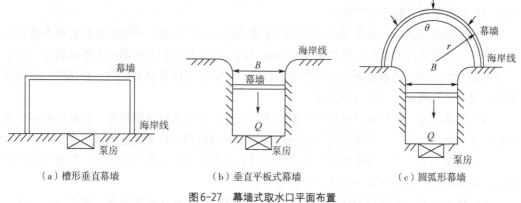

（a）槽形垂直幕墙　　　　　　　（b）垂直平板式幕墙　　　　　　　（c）圆弧形幕墙

图6-27　幕墙式取水口平面布置

r—圆弧形幕墙半径；θ—圆弧形幕墙中心角度；B—幕墙宽度；Q—取水量

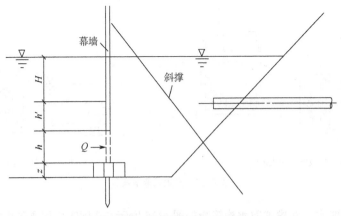

图 6-28　幕墙结构断面示意图

H—表层海水厚度；h'—进水口上端到跃层的距离；h—进水口高度；z—进水口下端到海底的距离

6.6　地表水水质的影响

地表水由于暴露在环境中，其水量、水温和水质都要受到外部环境的直接影响。要使地表水源热泵系统正常运行，一是要取到水量、水温和水质基本稳定并适合热泵系统应用的地表水，二是要想办法应对地表水水量、水温和水质变化可能对热泵系统的影响。要保证地表水水量和水温符合热泵系统应用的要求，需要解决取水环节中的一系列问题，本节主要讨论地表水水质对热泵系统应用的影响及应对措施。

6.6.1　结垢问题

地表水中的无机物、有机物和微生物在系统长时间运行后会在金属表面产生污垢物，这个过程称为结垢。通常由于不同的水质会产生不同成分的污垢。

（1）析晶污垢　在江河水流动条件下，呈过饱和溶解的无机盐析出并沉淀在金属表面形成结晶体，这种污垢通常也称为水垢。

（2）微粒污垢　悬浮在江河水中的固体微粒在金属表面上的积聚，包括沉淀污垢（即重力污垢）和其他胶体粒子沉淀物。

（3）化学反应污垢　由化学反应形成的金属表面上的沉积物，不包括金属材料本身参加的反应。化学反应污垢通常和有机化学联系在一起。和微粒污垢及析晶污垢不同的是，防止化学反应污垢最重要的是要弄清污垢形成的机理。化学反应通常是复杂的，并可能涉及很多机制，诸如自然氧化、化合及分解等。

（4）腐蚀污垢　金属表面材料本身参与化学反应所产生的腐蚀物积聚。这种污垢不仅本身污染了换热面，而且还可能促使其他潜在的污秽物质附着于换热面而形成垢层。

（5）生物污垢　由宏观生物体和微生物体附着于金属表面上形成的污垢，生物污垢产生黏泥，黏泥反过来又为生物污垢繁殖提供条件。

（6）凝固污垢　由纯净液体或多组分溶液的高溶解成分在过冷的金属表面上凝固而成。

实际上换热设备表面的污垢并不是单纯的一种，通常是好几种污垢协同作用的结果，尤其是像江河水作为热源水时，江水中存在有机物、无机物、生物、泥沙以及其他悬浮物，使得各种污垢协同作用，形成混合污垢。

6.6.2 堵塞问题

地表水中存在泥沙以及其他悬浮物，在换热器以及输送管道中，由于流动条件的改变，会产生一定的堵塞现象。出现和影响堵塞主要有如下几个方面：

① 由于地表水在管道中长期流动，泥沙及悬浮物黏附在管道上，长时间积累，使得管道截面积变小，甚至完全堵塞。

② 由于管道截面变化或者流动方向变化，地表水中的固体颗粒流动方向改变，接触壁面的概率增加，会加大堵塞。

③ 当换热器内流动空间较大时，水的速度变小，泥沙容易沉淀，出现泥沙堆积，堵塞流道。在壳管式换热器的封头内，地表水进入换热管前容易出现这种情况。

④ 当流动空间出现强旋流时，容易在漩涡部沉淀堵塞。

为解决泥沙的堵塞和沉淀问题，可采用以下方案。

江（河）水在换热管外流动，换热介质在换热管内流动，如图6-29和图6-30所示。含有泥沙的江（河）水由入口进入，从换热器壳体（简称壳程）由右上部向下流动，经过右部挡板底部时，会继续在右部挡板和中间挡板之间向壳体上部流动，到达壳体上部时，沿着中间挡板和左部挡板之间向壳体下部流动，然后经过左部挡板底部折流向上，由出口流出（为增加江水流动速度，挡板可设置多个，图6-29中仅示出三个挡板）。在流动过程中，由于含有泥沙的江水和管内流体存在温度差，两种流体会在整个壳体内通过换热管束表面进行热交换。被冷却或者加热的换热介质由右下部进入管箱，然后进入下部换热管束，通过换热管束表面与含有固体杂质的流体进行热交换后，流入左侧的管箱，从管箱再进入上部管束，再次进行热交换，最后由出口流出。

含有固体杂质的江（河）水在壳程流动时，江（河）水中的固体杂质颗粒由于重量和壳体内流体流动速度较小等原因，会产生一定的沉淀，沉淀的泥沙会落在挡板、换热管束、集砂斗边壁和底部。由于重量作用，泥沙最终会滑落到集砂斗中形成堆积。可以利用集砂斗底部的排砂管将泥沙排除，排泥沙方式可以选择连续排沙和定期排沙。

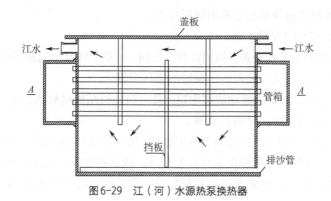

图6-29 江（河）水源热泵换热器

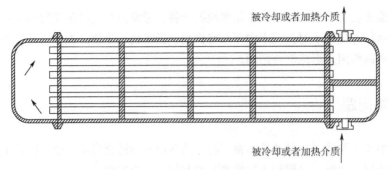

被冷却或者加热介质

图6-30　江（河）水源热泵换热器 A—A 剖面图

为方便换热器的清洗，换热器壳体与盖板应活动连接，即将换热器盖板设计成可以拆卸的。当需要冲洗换热器时，可将盖板打开，对换热管束进行彻底清洗。

6.6.3　腐蚀问题

地表水中以海水的腐蚀性最强，如果能应对海水的腐蚀问题，其他地表水如江、河、湖水等就都不是问题了。

海水对金属尤其是黑色金属有强烈的腐蚀作用。如何解决海水对设备和管道的腐蚀问题，而且要简单易行，成为海水源热泵技术的关键。应用海水源热泵技术时，在材料选择和结构上都要考虑海水的腐蚀性，同时应采取相应的防腐措施。

（1）海水腐蚀的原因

① 电化学腐蚀。海水属于强电解质，钢铁材料在海水中会发生类似原电池的反应，从而失去电子被氧化腐蚀。

② 氯离子腐蚀。海水中含有较多的氯离子，具有很强的腐蚀性，其对不锈钢换热器造成的腐蚀种类主要有两种，即应力腐蚀和点蚀。

③ 电偶腐蚀。由于结构及工艺上的要求，循环水泵是由多种金属材料制成的，这几种材料在海水中的最大电位差可达到几十毫伏，它们组合后会构成宏观原电池的腐蚀。电偶腐蚀的结果往往造成设备部件接触部位的腐蚀及快速穿孔，这种腐蚀的破坏性是巨大的，目前在海水对水泵造成的腐蚀破坏之中，这类腐蚀最为严重和普遍。

④ 磨损腐蚀。是指摩擦副对偶表面在相对滑动过程中，表面材料与周围介质发生化学或电化学反应，并伴随机械作用而引起的材料损失。

（2）应对海水腐蚀的方案

① 采用耐腐蚀的材料及设备，如铝黄铜、镍铜、铸铁、钛合金以及非金属材料制作的管道、管件、阀件等，专门设计的耐海水腐蚀的循环泵等。

② 表面涂敷防护，如管内壁涂防腐涂料，采用有内衬防腐材料的管件、阀件等。涂料有环氧树脂漆、环氧沥青涂料、硅酸锌漆等。

③ 采用阴极保护，通常的做法有牺牲阳极保护法和外加电流的阴极保护法。

④ 采用强度等级较高的抗硫酸盐水泥及制品，或采用混凝土表面涂敷防腐技术。

金属钛在海水，特别是污染海水中具有良好的耐蚀性，耐海水高速冲刷腐蚀的性能尤为突出。表6-4列出了钛管与其他冷凝器管材腐蚀性能的相对比较。由于钛在所有浓度的硫化物中都不受腐蚀，因此钛不仅在洁净的海水中完全耐腐蚀，而且在含硫化物的污染海水中也具有良好的耐蚀性。同时钛在水流速高达20m/s和含砂量高达40g/L的条件下，均具有优良的耐腐蚀性能。

采用金属钛虽然解决了腐蚀问题，但是也带来了其他问题。首先是换热性能问题，钛管的热导率约为B30的58.4%，其导热性能较差。但是实验表明换热器的传热性能并不只取决于管材的热导率，它还与管壁厚度、两侧流体的对流换热系数以及运行期间管壁面的结垢状况等一系列因素有关，可以通过采用薄壁钛管和使用强化传热表面来弥补以上不足。其次是经济性问题，钛板换热器价格昂贵，造价较高，一次性投资大。但由于钛的密度小，比强度高，在设计与制造同样设备时与传统材料B30铜镍合金相比，投料可减少一半，且由于其使用寿命长，因而折算的年投资费用并不高。此外，钛管耐海水腐蚀能力强，在整个运行期间可以避免因换热器损坏而检修、检漏、换管、堵管和停机等引起的大量损失，大大提高了运行的安全可靠性，降低了运行成本。因此，从长期运行的经济性角度来讲，薄壁钛管换热器的综合经济效益仍优于其他管材换热器。

表6-4　钛管与其他冷凝器管材腐蚀性能的对比

腐蚀种类	材质				
	钛	海军黄铜	B10	B30	铝黄铜
全面腐蚀	6	2	4	4	3
冲蚀	6	2	4	5	2
孔蚀	6	4	6	5	4
应力腐蚀	6	1	6	5	1
Cl⁻腐蚀	6	3	6	5	5
NH₃浸蚀	6	2	4	5	2

注：数字表示相对耐腐蚀性，6为最优，1为最差。

除了采用钛管以外，海水换热器也可采用塑料换热器、特种合金换热器等。取水水泵的腐蚀问题也是海水源热泵的技术难点之一。海水取水泵主要的保护对象包括：外接管（水泵泵壳）内外壁、内接管（轴套）、泵轴、叶轮、导叶体及哈夫锁环等。目前国内滨海电厂循环水泵的主要保护手段是在泵内采用涂层加外加电流阴极保护技术，泵外采用涂层加牺牲阳极保护方法。泵腔内比较狭小，不适宜安装牺牲阳极，另外泵腔内海水流动过程工艺参数变化大，而外加电流阴极保护法恰恰具有电压、电流可调节性，并可随工艺参数及外界条件的不同而实现自动控制，同时外加电流用的辅助阳极具有体积小、排流量大的特点，通过法兰接口将电极置入泵内，可实现对海水循环泵内壁、泵轴、导叶体、叶轮等的保护。在对泵轴、叶轮、导叶体的保护设计中，为降低泵壳、导叶体与泵轴、叶轮等的接触电阻，降低泵轴杂散电流腐蚀，提高外加电流阴极保护效果，一般在泵壳与泵轴间安装导电环、电刷装置。泵壳外壁不受空间等条件限制，而牺牲阳极具有结构简单、安装方便、可靠以及电位均匀等优点，因此常采用牺牲阳极保护。

6.6.4 水生生物的影响

地表水中生长着大量的水生生物，其中以海洋中的生物最丰富。海洋生物包括固着生物（藤壶类、牡蛎等）、黏附微生物（细菌、硅藻和真菌等）、附着生物（海藻类等）和吸营生物（贻贝、海葵等）。这些水生生物在适宜条件下都能大量繁殖，给地表水循环带来极大危害。有些水生生物极易大量黏附在管壁上，形成黏泥沉积，严重时可直接堵塞管道，同时海洋生物还会促进海水的腐蚀问题。控制水生生物也是地表水源热泵系统正常运行的必要措施之一。

常用水生生物控制的措施有：

① 设置过滤装置，如拦污栅、隔栅、筛网等粗过滤和精过滤设施。

② 投放药物，如氧化型杀生剂（氯气、二氧化氯、臭氧）和非氧化型杀生剂（十六烷基化吡啶、异氰尿酸酯等）。通常以加氯法采用较多，效果较好。

③ 电解海水法。电解产生的次氯酸钠可杀死海洋生物幼虫或虫卵。

④ 含毒涂料防护法等。

⑤ 防污涂漆的主要成分以有机锡系和硅系漆为主，涂层的主要部位包括循环水系统（水管、冷凝水室、循环水泵等）和吸水口周围设备（旋转筛网等）。防污漆法是通过漆膜中防污剂的药物作用和漆膜表面的物理作用来防止水生生物生长和附着的。

第7章 污水源热泵系统设计

7.1 污水源热泵系统概述

污水源热泵就是以城市污水、工业废水作为热泵低位热源的一种热泵应用形式，冬季从污水中提取热量为建筑物提供采暖及热水，夏季向污水中释放热量为建筑物提供空调。

7.1.1 污水源热泵的特点

相比于其他类型的热泵，污水源热泵有着明显的优越性，同时也有一定的局限性。

（1）污水源热泵的优势　尽管污水源热泵技术应用时间不长，但已经充分显示了它的优越性，主要表现如下。

① 与空气源热泵相比，避免了冬季结霜和除霜问题，而且由于污水水温比较稳定，使得热泵工作性能也比较稳定。污水源热泵的平均制热制冷性能系数比传统的空气源热泵高出40%左右。

② 与地下水源热泵相比，污水源热泵无需从地下抽取地下水，也不用将水回灌地下，可以避免由于回灌不当而引发的地下水资源流失等问题。

③ 城市污水冬暖夏凉，受气候影响小，水温变化幅度小。与地表水水温和空气温度相比，城市污水水温冬季较高，夏季较低，可以利用的换热温差更大。北方地区大气温度的年温差可能达到40℃，而城市污水的年温差只有20℃左右，是比较理想的热泵热源和空调冷源。

④ 与电锅炉相比，污水源热泵可节省2/3以上的电能，比燃料锅炉节省1/2的能源，而且还能避免由于使用传统锅炉造成的大气污染，具有良好的环保效果。

⑤ 污水水量充足，可利用区域广阔。城市污水量为城市供水量的85%以上，数量巨大。相关部门统计，2010年我国年污水排放量达720亿立方米，若将全部污水热能再生利用，按5℃温降计算，污水源热泵系统可为10亿平方米以上的建筑供暖。如北京高碑店污水处理厂的污水排放量为100万立方米/天，可解决500万平方米建筑的供暖制冷问题。很多大中型城市污水量巨大，均可建立污水热能回收与利用系统。

⑥ 环境效益明显。污水属可再生能源，符合国家可持续发展战略。系统运行过程中没有燃烧，没有废弃物，不用远距离输送热量，只提取污水中的热量，不改变其化学、物理性质。不存在地下水的回灌和地表水的污染问题，不污染环境。污水源热泵系统可以将大量建筑内的废热排放到污水中，而不是通过冷却水塔或空调室外机组排放到室外环境，使城市热岛效应得到缓解。

(2) 污水源热泵的局限性

① 污水源热泵系统的使用区域有很大限制，一般只适用于有大量污水排放的区域，例如城市污水处理厂附近、城市排水干渠沿线区域以及大型工业企业周边区域等。

② 污水源热泵对污水的排放流量要求很高。如果污水排放的流量不稳定，就会严重影响到热泵机组的输出性能。

③ 污水源热泵机组对污水的水质也有一定要求，如果污水水质有强腐蚀性，或含有大量不容易去除的固体、胶体杂质，会大大增加系统的造价。

④ 污水源热泵系统的初投资也很高，如果热用户离污水干渠或污水处理站的距离太远，则铺设污水引水退水管线就会产生很高的费用。

⑤ 污水的防堵换热设施还有待进一步改进和提高。目前污水防堵机的工作性能还不够稳定，污水换热器的换热系数较低，占地面积很大，限制了污水源热泵的发展与应用。

7.1.2 污水的特性

(1) 城市原生污水 城市原生污水主要是指城市污水干渠中未经处理的污水，一般主要是生活污水，水质较恶劣，水温、水量均有一定的变化规律。

1) 水温 城市原生污水的水温除与季节性有关外，每天不同时段的水温也有一定的变化。通过对不同地区、不同时段的水温测试，其一般规律见表7-1。

表7-1 城市原生污水的水温情况

时间	3:00~6:00	6:00~8:00	8:00~23:00	23:00~3:00
冬季/℃	8~14			
	8~10	10~13	12~14	10~12
夏季/℃	23~28			

在干渠为明渠（未封闭）或有部分地表水渗入时，或在经济不发达地区，其水温最低可达4~6℃。在具体工程设计时，一般设计取值按9~11℃，但最好以实测数据为准。

2) 水量 通常，夏季城市原生污水的水量大于冬季，冬季采暖季的日水量基本保持总量不变，但每天不同时段的水量有一定的变化，与人们的生活习惯有关。一般每天不同时段的变化幅度见表7-2。

表7-2 城市原生污水的水量变化幅度

时间	7:00~9:00	9:00~12:00	12:00~15:00	15:00~17:00	17:00~21:00	21:00~3:00	3:00~7:00
冬季	120%	100%	120%	100%	120%	90%	80%
夏季	高于冬季水量						

城市原生污水的流量每天有三个高峰值，出现在建筑生活用水量较大后的 1~2h，3:00~7:00 水量较小，达到低谷值。因此，应在 4:00~6:00 测试污水流量，其他时段的流量通常会较大。

3）悬浮物和杂质 城市原生污水中的杂物大致可以分为四类：第一类是絮状的小尺径悬浮物；第二类是头发丝等中尺径悬浮物；第三类是塑料袋等大尺径悬浮物；第四类是颗粒状泥沙、黏泥等杂质。

这些杂物的大小、数量及流动特性足以对换热设备和管路造成严重堵塞。第一类小尺径悬浮物是过滤的难点杂物，即使采用 1~2mm 孔径的滤面进行过滤，也不能保证后续换热设备不堵塞。第二类中尺径悬浮物会随机性地从滤孔中穿透，也会在滤面缠绕，造成滤面堵塞，即使对滤面实施反冲洗，大部分悬浮物也依然会缠绕在滤面上。第三类大尺径悬浮物容易被过滤掉，但也容易造成管路和阀门堵塞。第四类颗粒状杂质会在系统流量减小后，在局部管路或部分换热管内形成淤泥堵塞。

城市原生污水中的悬浮物和杂质具有量大、成分复杂、随机性大等显著特点，是原生污水源热泵系统面临的核心问题。

4）腐蚀性 城市原生污水以生活污水为主，其 pH 约等于 7，基本呈中性，其腐蚀性较弱。经实践应用证明，采用普通碳钢材质，留有一定的腐蚀余量，再采用阴阳极保护措施，可以很好地解决腐蚀问题。采用其他材质，通常价格昂贵，经济性较差。

（2）已处理污水 这里所述的已处理污水是指城市污水处理厂的已处理污水、非工业污水处理后的排放水，因为工业污水处理后的水温会较高。

通常，已处理污水的悬浮物和杂质含量按质量浓度分数计算，这是从水质的角度考虑。对于热泵系统，当从堵塞的角度考虑时，则按每吨水中的数量计算，这些悬浮物和杂质已足以对系统造成严重危害。

1）水温 冬季，已处理污水的水温通常较城市原生污水的水温低 1~2℃，这与认为的已处理污水水温较原生污水水温高，即污水处理过程中污水经过曝气处理后水温会升高相反。实际在污水处理过程中，污水要经过初沉池、生化池和二沉池，与大气直接接触，冬季水温呈降低过程，夏季呈升高过程。

另外，已处理污水水温还与气候条件有关，通常下暴雪后，水温会降低，或采暖末期冰雪融化，对水温也有一定的影响。在污水源热泵系统工程实践中，已处理污水的水温见表 7-3。

表 7-3 已处理污水水温

气候条件	一般情况	雪后、采暖末期	持续极寒天
冬季水温/℃	10~13	8~10	6~8
夏季水温/℃	25~30	—	—

2）水量 已处理污水的日总水量与城市原生污水的日总水量相等，但水量集中、稳定。一般在 3:00~6:00 水量会减小，为平均水量的 60%~80%。这与采暖用水量的变化规律是一致的，因此以平均小时水量作为设计用水量可以保证系统运行，但要考虑水温变化造成的影响。

3) 悬浮物和杂质 已处理污水中的悬浮物和杂质含量已极少，但还存在一些小尺径漂浮物和黏泥，如小塑料片、树叶等。由于污水源热泵系统的用水量很大，仍然需要对污水采取有效的防堵措施。

假如 1t 水中含有 1 个悬浮物，以供 $1×10^4m^2$ 建筑物的热泵系统用水量 80t/h 计算，则每小时将有 80 个悬浮物需要通过，即使有 50% 的悬浮物可以随机通过，但余下的也足以很快对换热设备造成堵塞。

4) 腐蚀性 已处理污水的腐蚀性仅表现为氧腐蚀，采用阴阳极保护和密闭循环即可。另外，清洗维护后用清水保养。换热器材质可以采用普通碳钢，采用不锈钢等防腐材质会显著增加系统的投资。

7.1.3 工业污废水

工业污废水主要有以下几方面的特点：水温相对较高，冬季一般都在 20℃ 以上，污水源热泵系统的运行效率显著增大，系统投资也会明显减小，这个特点是非常有利的；工业污水的水量大小与工业生产直接相关，具有不稳定性，节假日等停产后，水量几乎为零，这个特点是不利的，通常需要考虑备用热源；工业污水种类较多，悬浮物和杂质含量及腐蚀特性不同，需要针对具体项目进行水质化验及水温、水质和水量变化规律调查。

(1) 水温 按水温大致可以将工业污废水分为三类：一类是纺织行业废水等低温水；二类是电厂循环冷却水等中温水；三类是钢铁行业冲渣废水等高温水。水温分布范围见表 7-4。

表7-4 工业污废水水温

水温	冬季温度/℃	夏季温度/℃	备注
低温水	20～25	25～30	常温热泵，高效运行
中温水	25～30	30～40	可用高温热泵
高温水	65～75	70～80	可直接换热利用

(2) 悬浮物和杂质 工业污废水中的悬浮物和杂质与工业生产类型直接相关，纺织行业废水含有大量的纤维悬浮物、印染原料，钢铁行业冲渣废水则含有大量的颗粒状杂质，需要采取防堵防垢措施。

(3) 腐蚀性 工业污废水通常具有一定的腐蚀性，需要有针对性地做好防腐处理或材质选择。一般可采用阴阳极保护或 304 不锈钢等。

7.1.4 系统形式

系统形式有直接式和间接式。目前的工程应用主要是间接式系统，但直接式系统在理论上工艺简单、系统效率高，是研究发展的必然趋势。然而目前对直接式系统的防堵、防垢问题还未能很好解决，污水直接进入机组后，至少在对污垢问题没有有效应对措施的情况下，造成系统运行可靠性差、系统综合效率低，综合性能不如间接式系统。

要想污水或地表水直接进热泵机组，机组的两器（蒸发器和冷凝器）应该采用疏导式换热器。采用疏导式换热器，是因为对污水或地表水很难进行"有效过滤"。所说的"有效过滤"是指过滤到机组的两器不会堵塞，而事实上污水或地表水中小于滤孔尺寸的悬浮物和杂质穿过滤孔后会在设备内聚集，阻塞通道，造成水流不畅。因此，直接式系统中，最好采用疏导式热泵机组。

（1）直接式系统 直接式系统是指污水直接进入热泵机组，没有二次换热过程，如图7-1所示。污水经水泵输送进入热泵机组，然后返回水源下游。

污水在进入热泵机组之前，一般都要设置过滤装置防堵，也称前置水处理。当热泵机组的蒸发器或冷凝器（疏导式换热器）自身具有防堵功能时，则不再设置过滤装置。

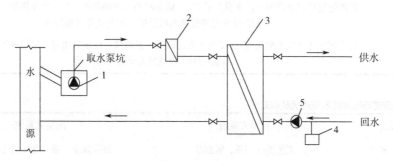

图7-1 直接式系统
1—取水泵；2—过滤装置；3—热泵机组；4—软化水系统；5—末端泵

该系统必须解决的关键问题是防堵、防垢，以避免对热泵机组的两器造成危害。原生污水不宜采用直接式系统，除非热泵机组的蒸发器或冷凝器为疏导式换热器，这是因为过滤装置难以实现"有效过滤"；对污水处理厂的排放水来讲，如取热温差较大（5℃以上温差）或考虑污水温度、流量不稳定时也不宜采用该系统，也会面临蒸发器防冻问题；污水处理厂的排放水温度在10℃以上，取热温差为4~5℃，采用直接式系统时，需要对污水进行"有效过滤"或采用疏导式热泵机组，而机组的蒸发器和冷凝器则宜采用光管，并且需要考虑1~2个采暖季对机组的两器进行清洗维护。

（2）间接式系统 间接式系统是指设置二次换热过程，加设中间换热器，污水不直接进入热泵机组，二次水或中介水进入热泵机组，如图7-2所示。污水先将冷热量交换给二次水，二次水再进入热泵机组，系统增加了一个水循环系统。

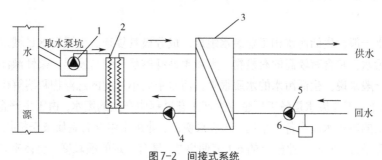

图7-2 间接式系统
1—取水泵；2—换热器；3—热泵机组；4—中介泵；5—末端泵；6—补水系统

该系统的主要目的是将污水的堵塞和污垢问题转移到中间换热器上，而在中间换热器上解决堵塞和污垢问题则相对容易，这是因为中间换热器为水/水换热，两侧压力、温度等接近，换热器结构、面积等易于设计控制。另外，即使没有效解决堵塞和污垢问题，也不会给系统造成严重危害和损失。

该系统的另一个目的是解决冻结问题。在污水温度较低（7℃以下）时，尤其是原生污水中的明渠水流等低温水，如直接进机组，机组蒸发器将面临冻结问题，通过设置二次换热，添加防冻液可有效解决此问题。两系统的应用条件见表7-5，两系统的优缺点见表7-6。

表7-5　直接式与间接式系统的应用条件

系统形式	适用条件
直接式	污水处理厂已处理污水、水温大于7℃；要求水质、水温条件较好，水量稳定；采用有效的前置防堵装置或热泵机组的两器为疏导式换热器
间接式	原生污水（水质恶劣）；已处理污水大温降、水温水量不稳定等情况；采用有效的前置防堵装置或中间换热器为疏导式换热器

表7-6　直接式与间接式系统的优缺点对比

系统形式	直接式系统	间接式系统
系统工艺	工艺流程简单，管路少	流程复杂，多一套中介循环系统
防堵防垢	对防堵防垢要求较高	对防堵防垢要求相对较低
安全可靠性	相对较低，如出现问题，对热泵机组危害较大	相对较高，不会对热泵机组和系统造成严重危害
应用场合	已处理污水，水温较高	原生污水或水温较低
机组要求	有效过滤加蒸发器换热管为光管，或直接采用疏导式蒸发器	常规水源热泵机组加上工况调整

此外，应针对污水水质的特点，设计和优化污水源热泵系统换热器的构造，使其具有防阻塞、防腐蚀、防繁殖微生物等功能。由于换热设备的不同，可组合成多种污水源热泵形式，如图7-3所示。

7.2　污水源热泵应用的关键问题

城市污水一般由生活污水和工业废水组成，成分极其复杂。生活污水是城市居民日常生活中产生的污水，常含有较高的有机物、大量柔性纤维状杂物与发丝、柔性漂浮物和微尺度悬浮物等。一般来说，生活污水的水质很差，污水中大小尺度的悬浮物和溶解化合物等污物含量达1%以上。工业废水是各工厂企业生产工艺过程中产生的废水，由于生产企业不同，其生产过程产生的废水水质也各不相同，一般来说，工业废水中含有金属及无机化合物、油类、有机污染物等成分，同时工业废水的pH值偏离7，具有一定的酸碱度。整体来说，影响污水源热泵的正常运行主要有以下几个问题，在系统设计中需要注意。

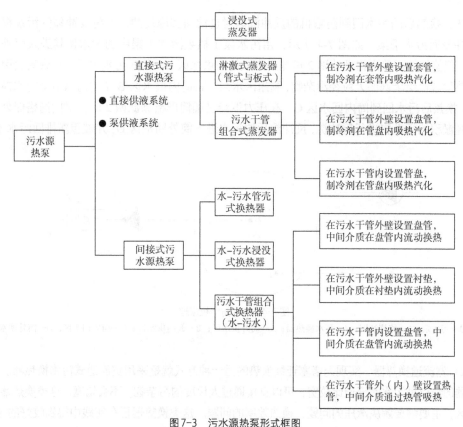

图7-3　污水源热泵形式框图

7.2.1　污染物问题

（1）污杂物介绍　污水含有大量大尺度污杂物及小尺度悬浮固体，前者会对污水源热泵系统的管路与设备造成堵塞，后者会增大换热设备的热阻并影响流体的流动。对原生污水进行处理后再利用其热能是不可行的，因为污水处理的最低费用也要高于从污水中提取热量或冷量的价值。对污水进行过滤也不是好办法，最主要的问题是无法及时清除过滤网上的污物，很容易造成过滤网的堵塞。由于城市污水水质很差，过滤格栅上污杂物的清除量大、频率高，必须采用机械格栅，但其造价高、占地大，而且还有污杂物的处理和设备间空气洁净的保持问题。另外，从城市污水干渠到过滤格栅之间的引水段管路也存在污杂物的淤积与清理问题。因此，最好的办法是将污杂物阻隔在污水干渠中，不让大尺度杂物进入系统。

（2）防堵塞技术　实现无堵塞连续换热是城市原生污水作为热泵冷、热源的技术关键。

1）防堵机　防堵机可将污水中指定粒径以上的固体、悬浮物截留，允许该粒径以下固体悬浮物进入污水换热器或热泵机组实现无堵塞换热。换热后的污水回到污水防堵机另一个通道，与被截留污杂物一起退回到污水干渠。

防堵机工作原理为滤面自身旋转，在任意时刻都有部分滤面位于过滤的工作区，另一部分滤面位于水力反冲区。在旋转一周的时间内，每一个滤孔都有部分时间在过滤的工作区行使过滤功能，另一部分在反冲洗区被反洗，以恢复过滤功能。污水经过滤后去换热设备无堵塞换热,换热后的污水回到防堵机的反冲洗区对过滤面实施反冲,并将反冲掉的污杂物全部带走并排回污水干渠。如图7-4所示,用污水泵1抽吸污水干渠中的污水使其进入筒外供水区A,经旋转的圆筒形格栅滤网2过滤后进入筒内供水区B,此时污水中已不再含有会引起污水换热器或机组堵塞的大粒径污杂物;利用污水泵3将筒内供水区B中的污水引至污水换热器4中,换热后污水回到筒内回水区C,在压力下经过圆筒形格栅滤网2时,对圆筒格栅外表面上已经淤积的污杂物进行反冲洗,反冲洗后的污水进入筒外回水区D,并被重新排回污水干渠。

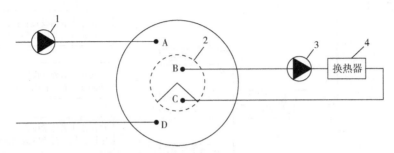

图7-4 污水防堵机原理

1,3—污水泵;2—格栅滤网;4—污水换热器;A—筒外供水区;B—筒内供水区;C—筒内回水区;D—筒外回水区

2) 宽流道换热器 实现无堵塞连续换热的另一种方式就是采用宽流道式污水换热器。这类换热器的特点是污水侧流道比较宽,可以直接通过大尺度的污杂物,不会堵塞。这类换热器的体积较大,主要需要解决承压的问题、换热效率的问题。这类换热器已在实践中得到较好的应用。

7.2.2 污垢问题

污染物会堵塞系统设备及管道,而污垢则会附着在系统设备及管道的内表面,增大热阻,影响换热。

污垢沉积是一个复杂的物理、化学过程,它是动量、能量及质量传递综合作用的结果,其理论基础除传热学外,还涉及化学动力学、流体力学、胶体化学、热力学与统计物理学、微生物学、非线性科学以及界面科学等相关知识,是一个典型的多学科交叉问题。对污垢沉积形成机制的清晰理解和准确把握是一项十分重要的任务。本节将对污水取水换热过程中的污垢成分进行分析,探讨污水取水换热过程中的污垢形成机理。

(1) 污垢成分分析 当水质较差时换热器中水流速度应大于1m/s。即使如此,在污水源热泵系统的实际工程中仍然出现污垢的沉积,导致系统换热性能显著下降。研究人员通过实验方法测定了不锈钢、铜两种材质的螺旋管换热器在不同污水温度下结垢热阻随时间的变化规律,采用质量分析法和X射线衍射分析,得出了污垢以微生物垢为主。南方某地铁冷站采用江水经三道物理过滤直接进入制冷机组的壳管式冷凝器中进行冷却,清洗时发现换热管内有约1~2mm厚的软垢,从污垢成分来看,有机物的含量将近20%,其中主要以微生物垢为主,并夹杂非常细小的泥沙。大量实践与实验表明,堵塞换热器的污垢主要由软性物质组成,污水源热泵系统取水换热过程中出现的污垢以生物污垢为主,并夹杂少量的颗粒污垢,形成"生物膜"。

(2) 污垢形成机理 生物污垢的形成过程,基本可以分为五个步骤。

1）大分子物质在湿润表面上的吸附 生物膜形成的第一步是不可逆的大分子的吸附，它导致在固体壁面上形成一个"条件作用膜"（例如腐殖物质、脂多糖及微生物变异的其他产物）。自发生长的有机物"条件作用膜"对微生物结垢过程是至关重要的，因为这层膜对结垢过程的进行起预备作用。

2）微生物到湿润表面的迁移 生物膜生长的第二步是细胞从主体流体到表面的迁移。低品位冷热源中的微生物与悬浮物在流体作用力的作用下被运输到固体表面。

3）微生物在固体表面上的黏附 与悬浮物混合在一起的微生物粒团随机地黏附在固体表面上。微生物粒团在物理化学机制、微生物机制与湍流猝发机制等多重影响因素下随机地黏附在固体表面，当湍流猝发时其中有些附着不牢固的微生物被剥离出去，从固体表面移走重新带回到主流中，而有些附着较强的微生物粒团则随机地黏附在固体表面。

4）黏附微生物的同化及生长 低品位冷热源中的悬浮物和沉积物是捕集水中有机物的过滤器，为细菌和霉菌提供了必要的养分。最终黏附在固体表面上的随机微生物粒团依靠低品位冷热源所提供的必要的营养物慢慢地同化生长，并产生一种胶状聚合体，逐渐填满粒团与基底表面的缝隙，直至在整个固体表面形成一个完整的黏膜层。

5）生物垢在流体剪切力下的分离或再生长 黏膜层依靠低品位冷热源提供的必要的营养物不断地生长增厚，低品位冷热源中的悬浮物与微生物也不断地黏附在黏膜层上。在两者共同的作用下，污垢整体呈现出一种渐进线式的增长，当污垢层的增加使污垢之间的吸引力小于污垢表面流体的作用力时，污垢层的最终厚度将不再增加。

（3）污垢对系统性能的影响

1）换热性能下降 污水源热泵技术应用主要障碍之一就是污垢引起的换热性能下降问题。换热管与污垢物质的热导率见表 7-7。可以看出由于污垢的导热性能较差，即使较薄的一层污垢也将导致换热设备性能急剧下降。

表7-7 一些物质的热导率

物质种类	热导率/[W/(m·K)]	物质种类	热导率/[W/(m·K)]
铜	302.4～395.4	生物黏膜	0.52～0.71
黄铜	87.2～116.3	含油水垢	0.116～0.174
混合污垢	0.8～2.33	碳酸盐水垢	0.58～5.8

2）阻力增大 换热管流通截面积随垢层增厚而减小，在流量恒定的情况下，这必然导致平均流动速度的增加，从而引起整个换热设备流动阻力的增大，进而增大水泵的耗电功率。由泵与管道的性能曲线可知，水泵流量将减小，这将导致污垢的增长，进一步降低机组效率。

（4）去除污垢的方法

1）防污措施 当采用未经处理的城市污水作为水源时，污水中的悬浮物可能堵塞换热器。对此除了用格栅、防堵机拦截粗大的漂浮物，在换热器前设置自动筛滤器，截留污水中的毛发、纸片等纤维类悬浮物外，还应做到以下两方面：

① 合理选择设备。合理选择换热器的形式和管材，为便于拆卸和清洗，换热器应留有清洗开口或拆装端头，其形式要设计简单，设备越复杂越难清洗。采用淋激式换热器蛇形布管，

形式简单、结构开放，不易结垢但易于清洗，且适于处理腐蚀性流体，结垢方面的问题相对较小，喷淋液膜薄，换热系数较高。因此，比常规的壳管式、浸没式换热器更适合污水环境。

② 改变污水酸碱度。可投放杀生剂、缓蚀剂、阻垢剂并控制污水的 pH 值。研究表明，污垢组分的溶解能力随 pH 值的减小而增大，因此，向污水中加酸的方法使 pH 值维持在 6.5～7.5，对抑制污垢有利。

2) 去除污垢的方法　污水源热泵的除污，可以采用物理清洗而不宜采用化学清洗。物理清洗是靠流体的流动或机械力的作用，提供一种大于污垢黏附力的力而使污垢从设备表面上剥落的清洗方法。根据清洗时间间隔的长短，物理清洗又分为在线清洗和定期清洗。由于定期清洗浪费大量人力物力，且难以保证系统高效运行，因此这里只探讨在线清洗方法。

① 胶球在线清洗法。该法清洗机理是将湿态密度与水相近的海绵胶球送入循环水入口，使湿态直径比管内径大 1～2mm 的胶球在循环水的带动下，挤压变形后进入管内，借助海绵体的弹力对管壁施加摩擦力达到除垢目的。当胶球流出管时在自弹力的作用下，恢复原状，继而随循环水流入回水管，汇集于收球网底部，然后在胶球泵作用下被送进装球室重复上述运动。采用胶球清洗系统，能及时除去聚集在换热管表面的杂物，保持管表面的清洁，提高机组运行经济性。

② 小水量强力轮替冲洗部分换热管工艺法。在管壳换热器封头内设置在电动机带动下可以自动旋转的主轴（兼作进水管），主轴两侧通过轴承分别与管板和封头连接。高压冲污水泵吸入的非清洁水通过主轴上的接头进入主轴内腔中，再经主轴出水口进入随主轴一同旋转的冲污注水头，强力注入换热管束内进行冲污。冲污注水头随着主轴的旋转紧贴各个换热管的入口转动，从而完成轮替冲洗的过程，完成冲污的非清洁水通过污水出口单独排出或由污水进口和污水出口共同排出。

7.2.3　腐蚀问题

(1) 腐蚀产生原因　污水成分复杂、杂质含量高，直接进入热泵机组或换热器需要解决腐蚀问题，否则热泵系统将无法正常运行。经过防堵机初步处理后，污水中大尺寸杂质以及密度较大颗粒物已经消除，但依然含有小颗粒物理杂质，氨根、氯离子等化学成分以及微生物、藻类及胶体等杂质。因此对于污水直供的污水源热泵机组要求非常高，尤其是机组换热器的设计和选型。

(2) 解决方法

1) 采用污水换热器　在污水源换热系统中设置污水换热器。污水换热器中污垢主要形式有：污泥，由污水中物理杂质在换热器内形成体积较大的片状物；腐蚀产物，由化学成分与换热管发生化学反应形成；生物沉积物，由细菌、藻类以及排泄物长期积累形成。

应为污水换热器选择合适的换热管材料。铜管具有换热系数高的特点，但在 Cl⁻、NH₄⁺存在时，极易腐蚀；钛管对硫化物、氯以及氨都有很好的耐腐蚀性，可以应用于海水以及高污染污水，但价格昂贵；镍铜管可以应用于海水及污水环境，根据水质对镍铜比例进行调整，价格适中。

同时，改善管内水流方式，降低污垢形成速率，优化换热器布管，选择合适的污垢热阻，设置换热器清洗预警系统。由于污水来源的不稳定性，可能出现实际运行时不到一个供暖（制冷）季就出现污垢热阻超过临界值的情况，影响机组运行效率，因此机组内应集成换热器清洗预警系统。

2）采用专用机组　采用专用的污水源热泵机组。机组换热器经过特殊设计，具有防阻塞、耐腐蚀、易清洗、换热效率高等特点。在设备选型时需根据项目所在地污水源的特点与设备厂商沟通选择合适的热泵机组。

7.3　污水源热泵系统设计

7.3.1　系统设计的前提条件

① 污水源热泵系统方案设计前，应由具有勘察设计资质的专业队伍进行详细的污水资源勘察，勘察的内容包括：污水流量（包括逐时流速、水深、流量）、污水逐时温度、污水水质（包括生化指标和悬浮物指标）、污水管渠（包括管渠尺寸参数和管渠地质环境）、未来预期。勘察时间必须包括冬季最冷月份和夏季最热月份，每次连续测量的时间不短于 10 天，次数不少于 5 次，时间跨度不少于 3 个月。勘察的操作过程应当符合相关规范规定。

② 勘察完成之后应当编写污水资源勘察报告、污水热能资源评估报告、技术经济性评估报告、环境评估与控制报告，作为工程方案书编写的依据和基础资料。

③ 污水勘察报告和工程初步方案完成之后，应到当地相关行政管理部门备案审批，进行相关的环境评估论证，并获得相关的资源利用、施工作业的许可。

④ 工程勘察和方案论证时应当将污水水源的充足性、安全性、稳定性以及未来的发展趋势作为工程实施的前提条件。技术论证应以防堵塞、防除垢、换热可靠性及经济性作为主要内容。

7.3.2　污水水源

（1）换热温差　污水的可利用温差与污水水源温度 t_{si} 密切相关，不同污水源温度污水的可利用温差 Δt_s（冬季工况）如表 7-8 所示。

表 7-8　换热温差表　　　　　　　　　　　　　　　　　　　　　　　　　　单位：℃

t_{si}	7	8	9	10	11	12	13	14	15	16	17
间接式	1.6	2.2	2.7	3.2	3.7	4.3	4.8	5.4	5.9	6.3	6.9
直接式	2.7	3.6	4.6	5.5	6.4	7.3	8.2	9.1	10.0	10.9	11.8

（2）资源评估流量　如果系统建设了足够的缓冲池，资源评估流量宜采用污水的平均小时流量；当缓冲池容积较小或不设缓冲池时，资源评估流量应采用污水的最小小时流量。

7.3.3　循环系统设计

前面提到，污水源热泵的系统形式主要分为直接式和间接式，使用哪种形式应综合考虑污水资源情况以及设备情况来确定，系统的流程设计如下。

（1）间接式系统　图7-5为间接式系统设计原理图，其中污水换热器可以使用管壳式换热器，也可选用宽流道换热器。浸泡式换热器也属于间接式系统中的一种，如图7-6所示。热泵机组的选型根据设计工况可选用常规使用清水作为换热介质的主机。

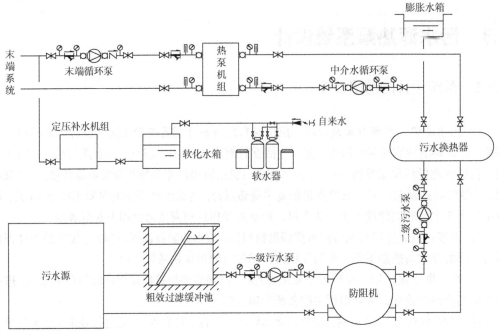

图7-5　间接式污水源热泵系统图

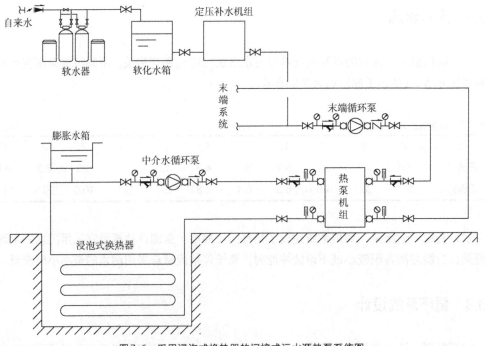

图7-6　采用浸泡式换热器的间接式污水源热泵系统图

（2）直接式系统　图7-7为直接式系统设计原理图，其中热泵机组的蒸发器或冷凝器应按照能适应污水水质设计，不能使用常规的换热器。直接式污水源热泵系统对前端的污水隔污处理提出了更高的要求，单级过滤通常难以满足要求，建议设置粗效过滤缓冲池，同时采用小直径滤孔、大孔心距的防堵机。

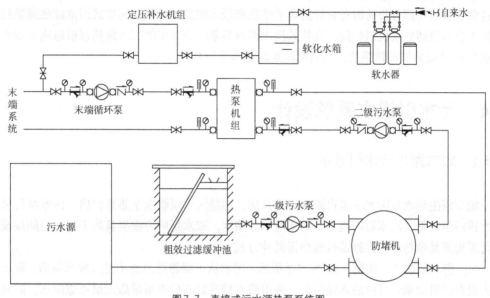

图7-7　直接式污水源热泵系统图

7.3.4　设备的选用

污水源换热系统设备选型应遵从以下几个方面：

① 污水源热泵系统的设备在选用时，须考虑对污水的适应性、安全可靠性，须有方便清理维护的人工措施。

② 污水取水系统应选择专用污水泵，管道泵应设计成自灌式。污水泵进口不宜设底阀，出口宜设置止回阀，水泵进出口均应装设闸阀。

③ 当水量充足、水深足够，且污水管渠尺寸参数允许、场地便于施工时，小型污水源热泵工程可选用平板式防堵机，则污水输送仅需一级污水泵，而且机房内可以节省防堵机的安放空间。

④ 选择圆筒式防堵机，其台数宜与换热器台数相同，构成单线式连接，便于污水系统的故障诊断和维修。圆筒式防堵机需要安装双级污水泵，一级污水泵安装在取水点与防堵机之间，克服取水点至防堵机与防堵机至退水点管路的流动阻力；二级污水泵安装在防堵机与换热器之间，克服防堵机与换热器之间污水供回水的流动阻力。

⑤ 防堵机根据所需处理的污水流量进行选型。根据水质和换热器要求，兼顾滤孔直径、孔心距等参数，滤孔直径越小，换热设备的堵塞风险越小；孔心距越大，防堵机的反冲再生效果越好，稳定运行的时间就会越长。

⑥ 换热器根据所需的换热量和换热面积等参数进行选型。如果中介水的压力较高时，应

选择圆形壳管换热器；一般情况可选择方形壳管换热器，方形换热器的占地较少，外形美观，易于布置。

⑦ 当污水的换热流量和温度工况与换热器的额定标准工况不同时，选型须进行换热面积的修正，并且保证换热器的流量不得小于额定流量的 70%，避免造成换热量不足。

⑧ 热泵机组进行选型时，必须进行非额定标准工况的制冷、制热量和能效系数的修正，而且保证机组在部分负荷时有良好的调节性能和较高的能效系数。间接式污水源热泵系统的热泵主机与普通热泵机组相同。直接式污水源热泵系统所采用的污水源热泵机组应当重点考察蒸发器/冷凝器的传热系数、换热面积及其清理维护措施。

7.4　污水引退水系统设计

7.4.1　城市原生污水引退水

城市原生污水从污水干渠自流到污水泵房，再经污水泵输送至热泵机房。污水泵可采用潜水排污泵和干式污水泵两类。为防止污水泵堵塞，取水泵房内根据具体工程项目的规模大小可采用简易杂物隔离措施或机械格栅两种方式。

（1）潜水泵取水　如图 7-8、图 7-9 所示，污水从干渠靠重力流动进入取水泵房，取水泵房内设有带自动耦合杆的潜水排污泵。采用潜水排污泵的优点是泵房无须考虑防水、防淹等措施，但其缺点是不易监控管理，检修难度较大。

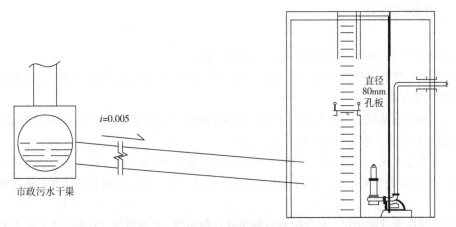

图7-8　潜水泵取水流程图

该方案在工程上需要有效解决的几个容易出现的故障点如下：

① 潜水泵的堵塞问题。主要是原生污水中含有较大的悬浮物，需要对这些较大的悬浮物进行隔离，通常采用 50～80mm 孔径的孔箅拦截。在大型项目中可采用机械格栅。

② 雨季污泥堆积问题。正常情况下，原生污水中的污泥不足以对污水泵造成危害，但在夏季暴雨季节或其他特殊情况下，取水泵坑中的泥沙有可能淹埋潜水泵。该问题出现的概率

较小，出现该问题时需先对污泥进行处理再运行水泵。

③ 孔算的破坏问题。所设置的孔算未被有效固定，或长年运行后未对拦截的悬浮物进行清理，导致孔算受水压过大，造成破坏。一旦孔算因受水压造成破坏，大量堆积的悬浮物短时间进入系统，对污水泵、阀门和管件均会造成严重堵塞。因此，需对孔算进行定期清理，通常一个采暖季需要清理一次。

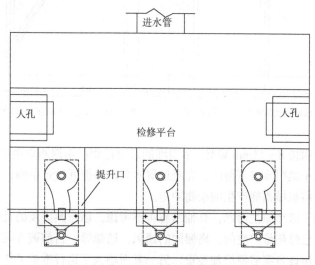

图7-9　潜水泵取水平面图

在项目规模不大，如 $20×10^4m^2$ 以内时可采用简易隔离措施（设置孔算）。项目规模较大时，取水泵房内可设置机械格栅，如图 7-10 ~ 图 7-12 所示。取水泵房分为两间，一间是格栅间，另一间是水泵间。考虑到机械格栅的维护检修问题，设有进水控制阀门、吊装孔等辅助设施。

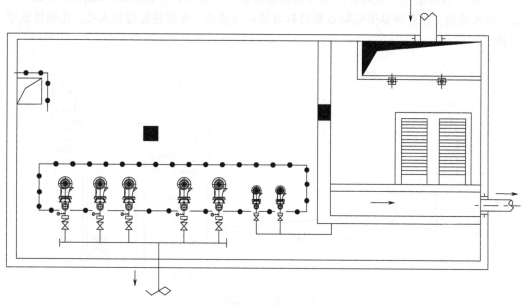

图7-10　设置机械格栅的取水泵房平面图

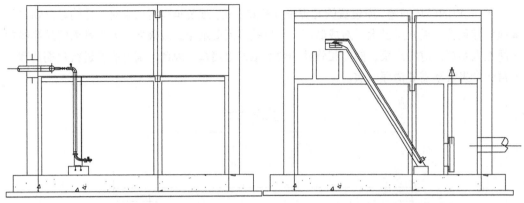

| 图7-11　设置机械格栅的取水泵房水泵取水图 | 图7-12　设置机械格栅的取水泵房格栅安装图 |

机械格栅的间隙按 8~15mm 设计,所清理的杂物排到污水退水管路中,即污水退水管路在污水排放至污水干渠引水点下游时,先经过取水泵房格栅间带走杂物;或者另行设置污水泵抽水,所抽水流将机械格栅产生的杂物冲走。

该方案主要用于城市原生污水,其他水源可不考虑。该方案涉及的几个关键问题包括:取水泵房的位置,检修和维护空间,格栅间的通风、防爆等。目前该方案在实际工程中应用不多,一方面是采用该方案需要增加投资;另一方面增大了运行维护工作量。但在大型原生污水源热泵系统中,采用该方案在技术上是合理的。

(2) 干式污水泵取水　如图 7-13、图 7-14 所示,将取水泵房分成两间,一间为进水间,另一间为水泵间。干式污水泵设置在水泵间,从进水间取水送至热泵机房。在进水间设置简易隔离措施(孔箅),隔离或过滤较大悬浮物,以防止水泵堵塞,定期(1~2 个采暖季)对孔箅上的杂物进行人工清理。

干式污水泵取水的显著优点是对水泵容易监控和检修,其缺点是水泵间需要做好防雨、防水措施,在夏季暴雨期间水泵间有可能被水浸淹,尤其是需要将人孔、孔洞等处理完善。

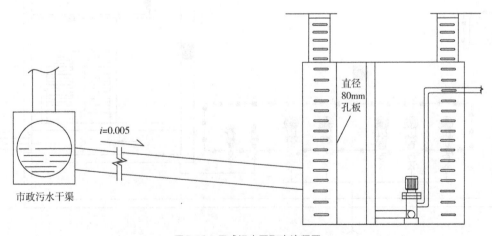

图7-13　干式污水泵取水流程图

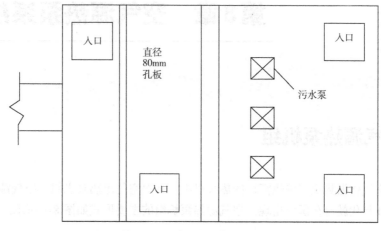

图7-14 干式污水泵取水平面图

7.4.2 污水处理厂引退水

污水处理厂污水源热泵系统通常从终沉池或排放点抽水，视系统规模大小或抽水量大小采取潜水泵直接取水或干式泵管道取水。

潜水泵取水方式是直接将潜水泵设置在水池的围墙边，如图7-15所示。这种方式简单可行，不破坏污水处理厂现有设施。

采用潜水泵取水时，由于终沉池为污水处理固定土建结构，潜水泵无底面安装基础，因此需要将潜水泵单独另外设置固定架。

当取水量较大，采用较大污水泵，水泵安装固定难度大时，则可视终沉池周边情况，在周边设水泵房取水，但通常要在池壁开孔，如图7-16所示。

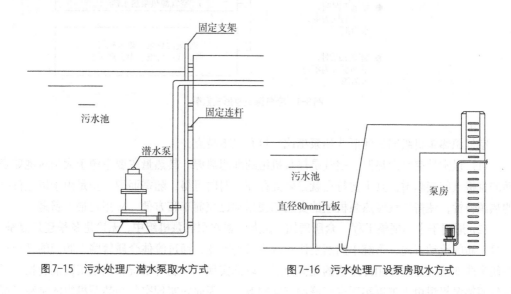

图7-15 污水处理厂潜水泵取水方式

图7-16 污水处理厂设泵房取水方式

第8章 空气源热泵系统设计

8.1 空气源热泵机组

以室外空气作为热源（或热汇）的热泵机组，称为空气源热泵机组。空气源热泵技术早在 20 世纪 20 年代就已在国外出现。空气源热泵机组的主要形式如图 8-1 所示。

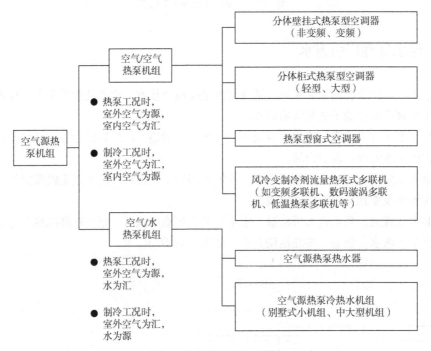

图8-1 空气源热泵形式框图

空气源热泵机组同其他形式热泵相比，具有以下特点：

（1）以室外空气为热源 空气是热泵机组的理想热源，其热量主要来源于太阳对地球表面的直接或间接辐射，其主要特点就是处处存在、时时可得、随需而取。正是由于以上良好的热源特性，使得空气源热泵机组的安装和使用都比较简单和方便，应用也最为普遍。

（2）适用于中小规模工程 众所周知，在大中型水源热泵机组中，无论是冬季还是夏季，热泵工质的流动方向、系统中的蒸发器和冷凝器均不变，通过流体介质管路上阀门的开启与关闭来改变流入蒸发器和冷凝器的流体介质，以此实现机组制冷工况和热泵工况的转换。而空气源热泵机组由于难以实现空气流动方向的改变，因此为实现空气源热泵机组的制冷工况和热泵工况转换，只能通过四通换向阀改变热泵工质的流动方向来实现，基于此，空气源热泵机组必须设置四通换向。同时，由于机组的供热能力又受四通换向阀大小的限制，因此很难生产大型机组。据不完全统计，大型空气源热泵机组供热能力在1000～1400kW左右，而大型水源热泵机组供热能力通常在1000～3000kW左右，供大型热泵站用的水源热泵机组供热能力可达到15MW、20MW、25MW、30MW。

(3) 室外侧换热器冬季易于结霜　空气源热泵机组冬季运行时，当室外空气侧换热器表面温度低于周围空气的露点温度且低于0℃时，换热器表面就会结霜。机组结霜将会降低室外侧换热器的传热系数，增加空气侧的流动阻力，使风量减小，导致机组的COP及供热能力下降。北京工业大学对一台空气源热泵机组进行了长期的现场测试，测试结果显示当室外空气相对湿度大于75%，温度在0～6℃范围时，机组结霜最严重，结霜将使机组COP降低17%～60%，供热能力降低29%～57%，严重时机组会停止运行。因此，空气源热泵机组一般都具有必要的除霜系统。

(4) 需提高机组低温适用性　空气源热泵机组的供热能力和供热性能系数大小受室外空气状态参数的影响很大，室外环境温度越低，机组的供热能力和供热性能系数也越小。因此，在应用空气源热泵机组时，应正确合理地选择平衡点温度，以此来设置辅助热源或第二热源。另外，在北方寒冷地区应采取必要的特殊技术措施提高空气源热泵机组的低温适用性。

(5) 实验室检验和现场测试易于实现　国家标准《房间空气调节器》(GB/T 7725—2004与《空气源单元式空调（热泵）热水机组》(GB/T 29031—2012) 等规定，空气源热泵机组销售前必须进行实验室检验。而焓差实验室作为房间空调器主要性能参数和能效检测最为常见的实验设备，从20世纪60年代发展至今，其制造企业已达50余家，空调器生产企业、检测机构都有一套至多套检验设备，格力、美的、大金等市场主流厂家甚至已具有开发及测试大马力机组的焓差实验室，从而使空气源热泵机组的实验室检验易于实现。此外，得益于机组的热源特性，空气源热泵系统的现场测试同样易于实现。

(6) 需要考虑地域气象特点评价机组综合性能　由于制热季节室外空气温度波动范围大，约为-25～15℃。因此，空气源热泵机组必须适应较宽的温度范围。同时，根据《单元式空气调节机》(GB/T 17758—2010)，在应用空气源热泵机组时，仅知道应用场合室外空气最低的设计温度和温度波动范围是不够的，还要考虑制热季节能效比，这才能科学评价空气源热泵机组运行的经济性。

(7) 室外机组运行噪声较大　由于空气的热容量比水小，在满足同样的供热能力时，空气源热泵机组所需空气量比水量多得多，因此所选用的风机就相对较大，导致空气源热泵机组的噪声增大。

(8) 全寿命周期维护可操作性强　空气源热泵机组报废时，作为废弃物处理要优于地理管式地源热泵空调系统。众所周知，地埋管报废（50年）后如何处理，始终是个难题。因塑料管难以分解，若干年后，建筑物周围大量报废的地埋管埋在浅层岩土层中会引起什么样的问题，目前难以给出答案。而空气源热泵系统报废后，可将其废金属回收利用，变废为宝。因此说，空气源热泵空调系统能更好地服务于绿色建筑，更好实现"与自然和谐共生"的理想目标。

8.2　空气源热泵机组的除霜

8.2.1　空气源热泵的结霜

冬季当室外侧换热器表面温度低于空气露点温度且低于 0℃时，换热器表面就会结霜。室外换热器出现的结霜现象是空气源热泵机组一个很大的技术问题。尽管在结霜初期霜层增加了传热表面的粗糙度及表面积，使蒸发器的传热系数有所增加，但随着霜层增厚，导热热阻逐渐成为影响传热系数的主要方面，使蒸发器的传热系数开始下降。另外，霜层的存在加大了空气流过翅片管蒸发器的阻力，减少了空气流量，增加了对流换热热阻，加剧了蒸发器传热系数的下降。由于这些负面影响，空气源热泵在结霜工况下运行时，随着霜层的增厚，将出现蒸发温度下降、制热量下降、风量衰减等现象而使空气源热泵机组不能正常工作。在结霜工况下热泵系统性能系数在恶性循环中迅速衰减，霜层厚度不断增加使得霜层热阻增加，使蒸发器的换热量大大减少导致蒸发温度下降，蒸发温度下降使得结霜加剧，结霜加剧又导致霜层热阻进一步加剧。为了提高热泵的运行性能，自 20 世纪 50 年代以来，国内外学者在结霜的机理及霜层的增长、翅片管换热器的结霜问题、热泵机组的除霜及其控制方法等方面进行了大量的研究工作。

霜层由冰的结晶和结晶之间的空气组成，即霜是一种由冰晶构成的多孔性松散物质。霜层的形成实际上是一个非常复杂的热质传递过程，与所经历的时间、霜层形成时的初始状态和霜层的各个阶段密切相关。根据霜层结构不同将霜层形成过程分为霜层晶体形成过程、霜层生长过程和霜层的充分发展过程三个不同阶段。当空气接触到低于其露点温度的换热器冷壁面时，空气中的水分就会在换热器冷壁面上凝结成彼此相隔一定距离的结晶胚胎。空气中水蒸气进一步在结晶胚胎凝结，会形成沿壁面均匀分布的针状或柱状霜晶体。这个时期霜层高度增长快，而霜的密度不大，称为霜层晶体形成期。当柱状晶体的顶部开始分枝时，由于枝状结晶的相互作用发展形成网状的霜层，霜层表面趋向平坦。这个时期霜层高度增长缓慢但密度增加较快，称为霜层生长期。当霜层表面成为平面后，霜层的结构不变但厚度增加，霜层增厚而形状基本不变的这个时期称为霜层充分发展期。

1977 年 Hayashi 等人用显微摄影的方法研究了结霜现象，并以霜柱模型建立了霜层发展模型，用来预测霜层厚度与附着速度，并提出了霜层有效热导率和密度关系式。后来的研究者在此基础上提出了各种复杂的数学模型，用来计算霜层生长过程的热导率、密度和温度等特性参量的动态分布特性，并且将计算结果与一些实验数据进行了对比。通过对霜层的理论研究得到了霜层内部密度、温度、热导率分布情况，为以后的数值模拟和实验研究奠定了理论基础。

对结霜机理的研究有助于从物理本质上更好地分析影响结霜的因素。换热器结霜过程研究表明，影响换热器上霜层形成速度的因素主要有换热器结构、结霜位置、空气流速、壁面温度和空气参数等。由于换热器的可变参数太多且复杂，研究人员在这些因素如何影响霜层形成规律上不能取得完全共识。比较一致的结论是：壁面温度降低，霜层厚度将增加；空气含湿量增大，霜层厚度也将增加；前排管子的结霜比后面管子严重得多。

研究人员发现，蒸发器翅片管的温度变化率实际上反映了机组供热能力的衰减程度。图 8-2 表示在不同的环境条件下，蒸发器翅片管温度变化率随时间变化的情况。从图上可以看出，翅片管温度变化率在结霜运行的前一个时段里以很小的速率递减，但在随后一个时间段里，翅片管温度变化率迅速递减。随着时间的推移，翅片管温度变化的速度越来越快。这一现象表明，翅片管的温度变化趋势并不随环境温度和结霜条件的改变而改变，只是反映了霜层对机组供热能力的衰减程度。所以它可以作为机组实际运行状况的结霜监测参数。

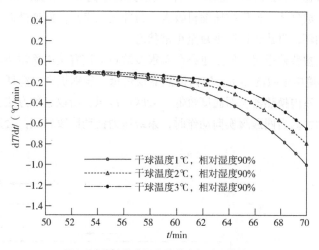

图8-2　翅片管的温度变化率与时间的关系

　　空气源热泵机组结霜工况运行时热泵供热量和性能系数下降的幅度与室外气象条件有关。在同一室外空气温度条件下，析湿结霜量随着室外空气相对湿度增加而增加。发生结霜现象的室外空气参数范围是-12.8℃≤t≤5.8℃且φ≥67％。当气温高于 5.8℃时，换热器表面只会有析湿结露状况。当气温低于-12.8℃时，由于空气绝对含湿量太小，也不会发生严重结霜现象，可以不考虑结霜对热泵的影响。当气温在-12.8℃≤t≤5.8℃范围，相对湿度≤67％时，由于室外换热器表面温度一般会比空气露点温度高，就不会发生结霜现象。当φ≥67％时，实验发现在 0~3℃的温度范围结霜最为严重。这是因为空气源热泵机组在 0~3℃的室外温度环境运行时换热器表面温度一般会在0℃以下且比空气露点温度低，而空气含湿量也比较大，促使霜层快速生长。空气相对湿度变化对结霜情况的影响远远大于空气温度变化对结霜的影响。根据我国气象资料统计，南方地区热泵的结霜情况要比北方地区严重得多。济南、北京、郑州、西安、兰州等城市属于寒冷地区，气温比较低，空气相对湿度也比较低，所以结霜现象不太严重。但是长沙、武汉、杭州、上海等城市的空气相对湿度较大，室外空气状态点恰好处于结霜速率较大的区间，在使用空气源热泵时，必须充分考虑结霜除霜损失对热泵性能的影响。

　　翅片形状和排列方式对霜层的形成有重要的影响。换热器翅片之间的间距增大，对减少空气阻力和提高冲霜效果会有一定的作用。在霜层出现的情况下，低翅片密度的换热器运行效果要好些。但是低翅片密度造成了肋片管效率降低，使得换热器的体积增大。

8.2.2 除霜方法

（1）逆循环除霜法　逆循环除霜法是一种传统除霜方式，其原理是通过四通阀换向，改变制冷剂流向，将室外换热器转换成冷凝器，使机组进入除霜工况。如图 8-3 所示，当启动逆循环除霜时，四通换向阀 3 把机组从制热循环切换至制冷循环，压缩机 1 出来的高温高压制冷剂气体沿着图中实线进入风冷换热器 4 中放出热量进行除霜；同时制冷剂被冷凝为液体，经过高压储液器 12 和干燥过滤器 7 后，在热力膨胀阀 8 中节流，再进入板式换热器 10 中从室内取热蒸发成气体，最后被压缩机吸入。当除霜结束后，四通换向阀 3 把机组从制冷循环切换至制热循环，供热量逐渐恢复至正常状态。

虽然这种方法被普遍采用，但是也存在着很多缺点。该方法中除霜所需的热量主要源于 4 部分：从室内环境中吸收的热量、室内换热器换热量、压缩机电力消耗和压缩机蓄热量。而且恢复制热时，室内换热器表面温度较低，会吹出冷风，所以这种方法会造成室内温度波动，影响室内舒适性。当四通阀换向动作时，系统压力波动比较剧烈，会产生极大的机械冲击和气流噪声等。

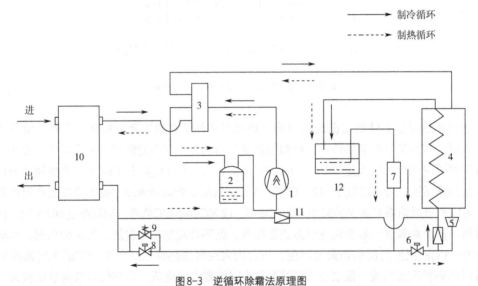

图 8-3　逆循环除霜法原理图

1—压缩机；2—气液分离器；3—四通换向阀；4—风冷换热器；5—分液器；6—热力膨胀阀；7—干燥过滤器；8—热力膨胀阀；9—电磁阀；10—板式换热器；11—单向阀；12—高压储液器

（2）热气旁通除霜法　热气旁通除霜法是利用压缩机排气管和室外换热器与毛细管间的旁通回路，将压缩机的高温排气直接引入室外换热器中，通过蒸汽液化放出的热量将换热器外侧霜层融化的。如图 8-4 所示，当启动热气旁通法除霜时，电动三通阀 10 打开，关闭电磁阀 6，压缩机出口的高温高压气体通过旁通管道，经过气液分离器 2、电磁阀 5 和单向阀 11，然后到达蒸发器 4 中液化放出热量将霜层融化。除霜结束后，制冷剂经过电动三通阀 10，到达冷凝器 9，然后依次经过其他部件，最后回到压缩机入口。

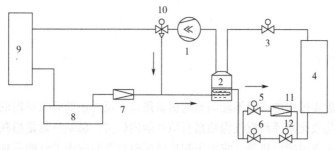

图 8-4　热气旁通除霜法原理示意图

1—压缩机；2—气液分离器；3，5，6—电磁阀；4—蒸发器；7，11—单向阀；8—储液罐；9—冷凝器；10—电动三通阀；12—膨胀阀

　　热气旁通除霜法较逆循环除霜法在除霜性能上有所改进，首先四通换向不需要切换，系统压力波动不大，产生的机械冲击和气流噪声较小；其次，制冷剂不再反向流动，室内换热器表面温度不会降得很低，这样就不会从房间取热，而且制热恢复阶段可以马上吹出热风，因此舒适性较好。但是这种方法在除霜过程能耗损失较大，节能效果不佳，从而并没有赢得良好的销售市场。

　　(3) 其他常规除霜方法　其他的常规方法还有自然除霜法、淋水融霜法、电加热法、显热除霜法、高压静电除霜法、超声波除霜法和分步化霜法等。

　　自然除霜法又称中止制冷循环法，主要用于包装间、冷却间等室温大于 0℃ 的库房。需要除霜时，停止制冷，冷风机的轴流风机继续运转使霜层融化。而空气源热泵系统很少采用。

　　淋水融霜法通过淋水装置向蒸发器表面淋水，用水流携带的热量融化霜层。融霜水温约为 25℃，配水量约 35kg/ (h·m²)。

　　电加热法是在冷风机的翅片和水盘上设置电热管通电加热，融化霜层，配置规格约为 150W/m²。该方法绝大部分用于以氟利昂为制冷剂的冷库内，蒸发面积均低于 100m²。

　　显热除霜法是指利用旁通回路，将压缩机的高温高压排气直接引到电子膨胀阀前，再经过电子膨胀阀的等焓节流将压缩机排气引入室外空气换热器中，利用压缩机排气的热量将空气换热器翅片侧的霜层除掉。同时通过调节电子膨胀阀控制制冷剂流量，保证制冷剂在室外空气换热器中只进行显热交换而不进行冷凝。

　　高压静电除霜法原理：有关研究发现由于霜晶破碎具有某一固有频率，而这一频率与霜晶的形状、高度有直接的关系，因此，当施加的交流电场频率等于霜晶稳定频率时，霜晶就会破碎掉落，离开冷表面，从而达到除霜目的。这种除霜方法被称为高压静电除霜法。

　　超声波除霜法是指利用超声波在固体中传播的机械振动作用，使蒸发器表面霜层脱落的一种方法。有关研究认为超声波频率为 20kHz 时，纵波除霜效果最好；当超声波频率为 15kHz 时，横波的除霜效果最好。双声源除霜效果明显优于单声源，尤其是横波双声源除霜效果最好。此方面的探索只是初步的，在振动率选择、与结霜表面相匹配的换热器设计等多方面还需要大量试验分析和研究。

　　分步化霜法是指一个系统中的两个回路在一个回路化霜的同时，另一个回路继续制热，在一个回路化霜结束后，两个回路同时制热一段时间，另一个尚没有化霜的回路才切入化霜模式进行化霜。化霜结束后，两个回路同时制热模式运行直到下一轮化霜开始，如此循环往复交替化霜。

8.2.3 除霜控制

由于在热泵除霜过程中不但不能向室内提供热量，反而还要吸收室内的热量，因此一般用总制热量和总能效比来评判空气源热泵机组性能的优劣。总制热量是指在一个除霜和结霜周期中热泵向室内提供的总热量，它等于制热循环时热泵向室内提供的总热量减去除霜时热泵从房间吸收的热量。总能效比就是在一个除霜和结霜周期中总制热量与总耗功的比值。由此看来，在一个除霜和结霜周期中恰到好处地开始除霜和停止除霜，对于提高空气源热泵机组性能至关重要。

在空气源热泵的除霜控制方法上，早期的定时除霜法弊端较多，目前常用的是时间-温度法，而模糊智能控制除霜法将成为以后的除霜控制主流方法。

（1）时间-温度法　时间-温度法是用翅片管换热器盘管温度（或蒸发压力）、除霜时间以及除霜周期，来控制除霜开始和结束的。翅片管换热器盘管温度可以由绑在盘管上的温度传感器获得，如果要获得蒸发压力则必须在系统的低压回路上装有压力传感器。在除霜周期内盘管的温度变化如图 8-5 所示。

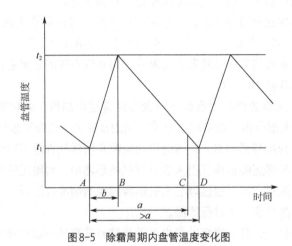

图8-5　除霜周期内盘管温度变化图

当室外翅片管换热器表面开始结霜时，盘管温度就会不断下降，压缩机吸气温度以及吸气压力也会不断下降。当盘管温度（或吸气压力）下降到设定值 t_1 时，绑在盘管上的温度传感器将信号输入时间继电器开始计时，同时四通换向阀动作，机组进入除霜模式（制冷工况）。室外风机停止转动，压缩机的高温排气进入室外翅片管换热器，使盘管表面霜层融化，盘管温度也随之上升。当盘管温度（或排气压力）上升到设定值或除霜执行时间达到设定的最长除霜时间 b （min）时除霜结束，风机启动，四通换向阀动作，机组恢复制热工况。室外翅片管换热器表面又开始结霜使得盘管的温度又会不断下降，当盘管温度第二次下降到设定值 t_1 且超过设定的除霜周期 a （min）时进入第二次除霜模式。

如果机组在制热工况下，盘管温度下降到达 t_1 的时间小于除霜间隔时间 a （min），则机组仍不开始除霜继续制热工况，只有当机组连续运行的时间超过 a (min) 后才进入除霜模式。

由于翅片盘管内的制冷剂与室外空气之间的温差会在盘管表面结霜以后增大，因此可用这种温差作为控制参数替代上述除霜方法中的盘管温度，其他控制过程同上述方法。也就是用温差-时间控制除霜的开始，而用温度（或压力）-时间控制除霜的结束。

显然，时间-温度法的监测参数太少，不可能完全根据霜层厚度随时间的变化规律来进行除霜。

（2）霜层厚度控制法　理想的除霜控制应该是既能在霜层积聚时及时除霜，又能在无霜时不做无效除霜运行。霜层厚度控制法可实现根据结霜程度来判断是否需要除霜。随着换热器表面结霜层的厚度增加，空气流过换热器的压降也会相应变化，通过测量换热器两侧空气的压差，以此作为除霜开始的判断依据。或者以室外换热器风机的电流作为除霜开始的判断依据。这是因为随着空气流过换热器的阻力增大，风机的工作电流也会增大，说明表面霜层厚度增加，可由此判断是否可以开始除霜。但引起风机电流变化的因素很多，以此确定除霜开始时极易导致误报。直接由霜层厚度作为除霜开始的判断依据最为简单，用声电或电容探测器测取霜层厚度，达设定值时即可开始除霜。当然，增加霜层测量组件会增加热泵机组的制造成本。

（3）模糊智能控制法　影响室外换热器翅片表面结霜的因素很多，如大气温度、大气相对湿度、气流速度、太阳辐射、翅片的结构、热泵系统的构成等。所以空气源热泵的除霜控制是一个多因素、非线性、时变的控制过程，仅采用简单的参数控制方法是无法实现合理的除霜控制的。而模糊控制技术适合处理多维、非线性、时变问题，可以在解决除霜合理控制的过程中发挥重要作用，是一种先进并可行的智能除霜控制方法。

模糊智能控制除霜系统一般由数据采集与 AID 转换、输入量模化、模糊推理、除霜控制、除霜监控及控制规则调整五个功能模块组成。通过对除霜过程的相应分析，修正除霜的控制规则，可以使除霜控制自动适应空气源热泵机组工作环境的变化，实现智能除霜的目标。

尽管目前模糊控制技术已经开始在空气源热泵机组中运用，但以什么样的标准衡量模糊控制规则、怎样得到合适的模糊控制规则和怎样进行模糊控制规则的自适应修改等问题都还没有得到很完美的解决。根据一般经验得到的控制规则有其局限性和片面性，必须是根据大量的实验数据统计得到的符合结霜规律的规则，才能保证除霜效果良好。

8.3　空气源热泵在寒冷地区的应用

8.3.1　空气源热泵在低温工况存在的问题

我国寒冷地区冬季气温较低，而且气候干燥。采暖室外计算温度基本在 $-15 \sim -5℃$，最冷月平均室外相对湿度基本在 45% ~ 65% 之间。在这些地区选用空气源热泵，其结霜现象不太严重。因此，结霜问题不是这些地区冬季使用空气源热泵的最大障碍，但却存在下列一些制约空气源热泵在寒冷地区应用的问题。

（1）当需要热量比较大时，空气源热泵的制热量不足　建筑物的热负荷随着室外气温的降低而增加，而空气源热泵的制热量却随着室外气温的降低而减少。这是因为空气源热泵当冷凝温度不变时，室外气温的降低，使其蒸发温度也降低，引起吸气比体积变大。同时由于压缩比的变大,使压缩机的容积效率降低,因此空气源热泵在低温工况下运行的制冷剂质量流量比在中温工况下要小。此外,空气源热泵在低温工况下单位质量制热量也变小。基于上述原因,空气源热泵在寒冷地区应用时,机组的制热量将会急剧下降。如果按低温工况设计或选用空气源热泵机组,那么在中温环境中运行时,机组的容量又会过大。

(2) 空气源热泵在寒冷地区应用的可靠性差 空气源热泵在寒冷地区应用的可靠性差问题主要体现在以下几个方面:

① 空气源热泵在保证提供一定温度热水时,由于室外温度低,必然会引起压缩机压缩比变大,使空气源热泵机组无法正常运行。

② 由于室外气温低,会出现压缩机排气温度过高问题而使机组无法正常运行。

③ 会出现失油问题。引起失油问题的具体原因,一是吸气管回油困难;二是在低温工况下,大量的润滑油积存在气液分离器内造成压缩机缺油;三是润滑油在低温下黏度增加,引起启动时失油,可能会降低润滑效果。

④ 润滑油在低温下,其黏度会变大,会在毛细管等节流装置里形成"蜡"状膜或油"弹",引起毛细管不畅而影响空气源热泵的正常运行。

⑤ 由于蒸发温度越来越低,制冷剂质量流量也会越来越小,这样半封闭压缩机或全封闭压缩机的电动机因冷却不好而出现电动机过热问题,甚至是烧毁电动机。

⑥ 在低温环境下,空气源热泵的能效比 (EER) 会急剧下降。能效比下降的主要原因,一是空气源热泵机组在供水温度不变时,随着蒸发温度的降低,将引起单位制热量减少,而单位功耗增加,在同一质量流量条件下,势必会使机组的制热能效比下降;二是在低温环境下,压缩机和管路热损失增大,产生了较大的散热损失;三是为保证压缩机内润滑油温度不过低和避免压缩机停机时制冷剂迁移,空气源热泵机组在压缩机曲轴箱内设置电加热器,并在停机中保持通电加热,从而增加了机组的耗电量。

8.3.2 改善空气源热泵低温运行特性的技术措施

上述一些问题是制约空气源热泵机组在寒冷地区应用与发展的瓶颈。要使空气源热泵机组在寒冷地区具有较好的运行特性和可靠性,在机组设计时必须考虑寒冷地区的气候特点,在压缩机与部件的选择、热泵系统的配置、热泵循环方式上采取技术措施,以改善空气源热泵性能,提高空气源热泵机组在寒冷地区运行的可靠性和低温适应性。

目前,常采取的主要技术措施有:

(1) 在低温工况下,增大压缩机的容量 热泵机组在低温工况下运行时,通过加大压缩机的容量来提高机组的制热能力是一种十分有效的方法。这是因为在蒸发温度和冷凝温度一定时,系统内工质的质量流量会随着压缩机容量的增加而增大。因此,机组的制热能力也会随着工质质量流量的增加而增大。改善压缩机容量的方法通常有:

1) 多机并联 多机并联是指采用多台压缩机并联运行。在低温工况下,用增加压缩机运行台数的方法,提高机组的供热能力。

2) 变频技术 热泵使用的电动机为感应式异步交流电动机时,其旋转速度取决于电动机的极数和频率。因此,所谓的交流变频热泵机组是指通过变频器的频率控制改变电动机的转速。压缩机的排气量与电动机的转速成正比，若在低温工况下，提高交流电频率，则转速相应加快，从而使压缩机的排气量增大，弥补了空气源热泵在低温工况下制热量的衰减。

3）变速电动机　热泵驱动装置常用二速电动机、三速电动机。在低温工况下，通过用高速挡提高压缩机转速来增大机组的容量，从而提高机组在低温工况下的制热能力。

（2）喷液旁通技术　喷液旁通的主要作用有两个，一是热泵在低温工况下运行时，由于最低的蒸发温度、最高的冷凝温度和最大的过热度而引起排气温度过高，旁通部分液体冷却吸气温度，从而达到降低排气温度的目的；二是热泵低压较低时，采用旁通部分液体来补偿低压，以保证热泵的正常运行。喷液旁通技术用于螺杆压缩机和涡旋压缩机，可将部分液体在压缩机吸入口处喷入，冷却吸气，以使压缩机排气温度降低。也可在螺杆压缩机吸气结束和压缩开始的临界点位置喷入，以使压缩机的排气温度和油温都降低。喷液旁通技术扩大了空气源热泵在低温环境下的运行范围，提高了大约 15% 的制热量，与单级压缩循环相比，性能几乎不受影响。

（3）加大室外换热器的面积和风量　众所周知，加大室外换热器的面积和风量，可以提高空气源热泵的蒸发温度。在冷凝温度不变的情况下，蒸发温度升高，压缩机的吸气比体积变小，热泵工质的质量流量变大，单位质量的制冷量也变大，热泵的制热能力也会提高。有实验表明，当室外蒸发器面积增大一倍后，其机组的蒸发温度平均提高了约 2.5℃。

（4）适用于寒冷气候的热泵循环

1）两次节流准二级螺杆压缩机热泵循环　20 世纪 90 年代，郑祖义等提出一种二次节流准二级压缩带中冷器的热泵循环，如图 8-6 所示。热泵循环中增设一个中冷器。在螺杆热泵压缩机的工作过程中，由于引入了中冷器，增加一个补气-压缩过程。图 8-7 为该热泵循环过程在压焓图上的表示。该循环经过一次节流 4—4′ 之后，进入中冷器形成中压区，工质处于两相状态（4′），其中气相工质 2″ 进入压缩机中压吸气腔，液相工质（状态 5）再经二次节流（5—6）进入蒸发器，吸收室外空气中的热量而汽化（6—1 过程）。状态 1 的气体进入压缩机，在压缩机进行准低压级压缩（1—2′），2′—2 和 2″—2 为中间补气-压缩过程，2—3 为准高压级压缩。压缩机排气进入冷凝器进行冷凝放热（3—4）过程，完成供热目的。

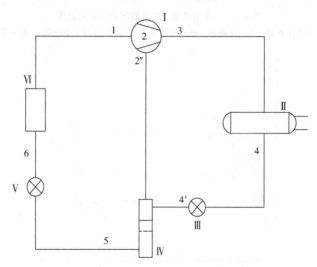

图 8-6　两次节流准二级螺杆压缩机热泵系统

Ⅰ—带辅助补气口的螺杆压缩机；Ⅱ—冷凝器；Ⅲ—一次节流；Ⅳ—中冷器；Ⅴ—二次节流；Ⅵ—蒸发器

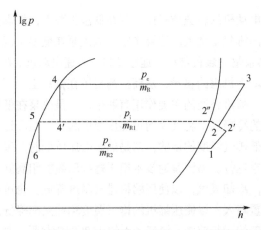

图8-7　两次节流准二级压缩热泵循环在 $\lg p\text{-}h$ 图上的表示

2）一次节流准二级涡旋压缩机热泵循环　21世纪，清华大学成功利用带辅助进气口的涡旋压缩机实现带经济器的一次节流准二级压缩空气源热泵系统来提高空气源热泵在低温工况下的制热能力，其系统如图8-8所示。一次节流准二级压缩热泵循环在 $\lg p\text{-}h$ 图上的表示，见图8-9。

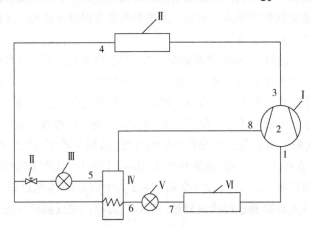

图8-8　一次节流准二级涡旋压缩机热泵系统

Ⅰ—带辅助进气口的涡旋压缩机；Ⅱ—冷凝器；Ⅲ—节流阀A；Ⅳ—经济器（中冷器）；Ⅴ—节流阀B；Ⅵ—蒸发器

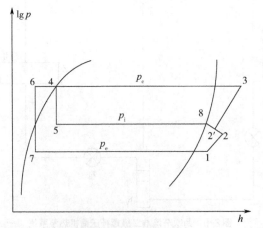

图8-9　一次节流准二级压缩热泵循环在 $\lg p\text{-}h$ 图上的表示

这个循环与图 8-6、图 8-7 相比，不同点是采用盘管式中冷器（经济器）替代闪发式中冷器。由冷凝器去蒸发器的工质液体（主流）先在中冷器中过冷后，再经一次节流到蒸发压力（在 lg$p$-h 图上过程 4—6—7），冷凝器出来的小部分液体节流后进入中冷器汽化吸热（过程 4—5—8），用于主流液体的过冷却和补气前压缩终止的气体过热。

3）带中间冷却器的两级压缩　带中间冷却器的两级热泵系统由低压级压缩机、高压级压缩机、冷凝器、中间冷却器、节流阀、蒸发器和回热器等组成，如图 8-10 所示。

与准二级压缩相比，它的不同点是采用 2 台单级压缩机，一台为低压级压缩机，另一台为高压级压缩机。在室外气温较高时，通过单向阀回路，每台压缩机可独立单级运行，以改变热泵的容量和降低能耗。在室外气温较低时，系统按两级压缩运行。其循环过程在图 8-11 上用实线表示，虚线为图 8-10 不带回热器时的循环过程。

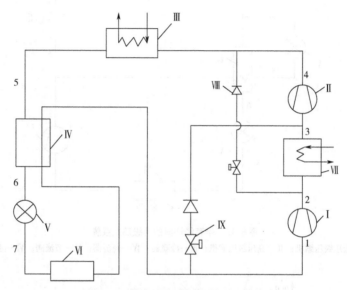

图 8-10　带中间冷却器的两级热泵系统

Ⅰ—低压级压缩机；Ⅱ—高压级压缩机；Ⅲ—冷凝器；Ⅳ—回热器；Ⅴ—节流阀；Ⅵ—蒸发器；Ⅶ—中间冷却器；Ⅷ—单向阀；Ⅸ—电磁阀

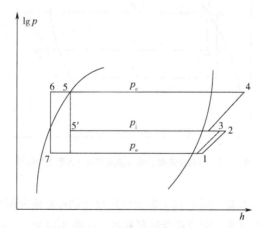

图 8-11　带中间冷却器的两级热泵循环在 lg$p$-h 图上的表示

4) 带有经济器的两级热泵循环　图 8-12 是带有经济器的两级热泵系统。与带有中间冷却器的两级热泵循环相比，它采用封闭的经济器代替中间冷却器，部分节流后的制冷剂流经经济器与低压级压缩机排气混合，进入高压级压缩机，其过程见图 8-13。其优点在于能更好地控制中间压力，可使系统在最佳中间压力下运行，保证压缩机排气温度在允许范围内。另外，冷凝器出来的液态制冷剂主流部分在经济器中得以过冷，节流前再冷却有利于提高系统的性能系数 COP 值。

图 8-12 同样可设有单向阀回路，使系统在高温工况下单级运行，在低温工况下双级运行。

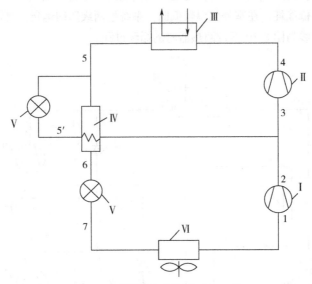

图 8-12　带有经济器的两级热泵系统

Ⅰ—低压级压缩机；Ⅱ—高压级压缩机；Ⅲ—冷凝器；Ⅳ—经济器；Ⅴ—节流阀；Ⅵ—蒸发器

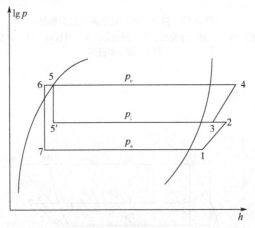

图 8-13　带有经济器的两级热泵在 $\lg p\text{-}h$ 图上的表示

5) 单、双级耦合热泵循环　哈尔滨工业大学热泵空调技术研究所在深入研究双级耦合热泵的基础上，归纳总结出了单、双级耦合热泵系统，如图 8-14 所示。考虑到空气源热泵的优越性，第一级常选用空气-水热泵，那么第二级应为水-空气热泵或水-水热泵。在寒冷地区，利用空气-水热泵制备 10～20℃温水作为水/水热泵的低位热源，第二级水/水热泵再制备成 45～55℃热水，由风机盘管或辐射采暖系统加热室内空气。双级耦合热泵系统通过中间水环路将两个同工质（或不同工质）的单级热泵连接起来，形成双级热泵系统。在双级耦合热泵系统上增加几个电磁阀（或截止阀）和单向阀，管路即可简单地变为单、双级耦合热泵系统。当室外环境温度较高时，通过切换阀门可使空气源热泵单独运行为建筑物供暖。

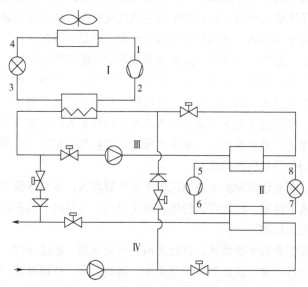

图 8-14 单、双级耦合热泵系统简图

Ⅰ—空气-水热泵；Ⅱ—水-水热泵；Ⅲ—中间水回路；Ⅳ—热媒循环回路

8.4 空气源热泵系统设计

8.4.1 方案选择中的注意事项

（1）空气源热泵机组的主要特性 空气源热泵冷热水机组与传统水冷式机组和其他种类热泵相比具有很多明显的优点。其中最主要的一点就在于空气源热泵获取热源的便利性，这使得空气源热泵可以作为独立的机组存在。一栋建筑只要能够提供适当的、有利于空气流通的空间，就具备安装空气源热泵的基本条件，而且空气源热泵机组安装相对方便，施工周期较短。空气源热泵适合露天安装在室外，如屋顶、阳台等处，不占用有效建筑面积，可节省土建投资。

其次，相比于水冷式机组，空气源热泵可以一机两用，夏季供冷，冬季供热，省去了锅炉房。夏季采用空气冷却，省去了冷却水系统，包括冷却塔、冷却水泵、管路及相关的附属设备。

另外，空气源热泵机组的安全保护和自动化集成度较高，运行可靠、管理方便，且由于制出的有效热量总大于机组消耗的功率，所以比直接电热供暖更加节能。

（2）空气源热泵机组的地域及气候适用性 《建筑气候区划标准》（GB 50178—93）中将

全国分为 7 个一级区，与此相应，空气源热泵空调系统的设计与应用方式等也应因地制宜。

其中，Ⅰ、Ⅵ、Ⅶ类大部分处于严寒地区，这些地区的工况对空气源热泵机组较为苛刻，实际工程中的应用案例也较为少见。

在已有的实际工程中，空气源热泵冷热水机组的应用范围已进入Ⅱ类地区范围内。如山东的胶东地区和济南、西安、京津、郑州、徐州、石家庄等地。Ⅱ类地区属于我国寒冷地区，冬季气温较低，但是在以白天使用为主的建筑（如办公类建筑等）中选用空气源热泵，或将空气源热泵用作过渡季的空调冷热源，其运行是可靠的。另外这些地区冬季气候干燥，因此制热工况下结霜现象不会太严重。但若要在这些地区全年独立使用空气源热泵作为空调冷热源，还需要采取一些技术措施来增强其低温运行性能，必要时要向生产厂家提出加工要求。

Ⅲ类地区属于我国夏热冬冷地区，是最适合应用空气源热泵的地区。该地区包括上海、重庆两市，湖北、湖南、江西、浙江全境，安徽大部，四川、贵州二省东半部，江苏、河南二省南半部，福建省北半部，陕西、甘肃二省南端，广东、广西二省（区）北端。该地区夏季闷热、冬季湿冷，而且这些地区一般无城市热源，但随着人们对室内环境要求的提升，当地民用建筑越来越多地要求夏季供冷、冬季供暖。空气源热泵机组一机两用的特性恰好能够解决这些地区的空调供冷与供热需求。

需要注意的是，在长江沿岸及周边地区由于空气湿度大，容易导致空气源热泵在供热运行时室外侧换热器表面结霜。因此在这些地区应用空气源热泵时，需在机组的设计和运行中采取专门的抑霜、除霜措施。

Ⅳ类地区属于我国夏热冬暖地区，包括海南、台湾全境，福建南部，广东、广西大部以及云南西部和乌江河谷地区。这类地区长夏无冬、温高湿重，空调系统一般仅需冷源。需要注意的是，Ⅳ类地区南部的沿海区域易受热带风暴和台风侵袭，如机组布置在室外，应采取适当的防护措施。

Ⅴ类地区属于温和地区的范围，主要包括云南大部，贵州、四川西南部，西藏南部一小部分地区。在这些地区的气候条件下，过去一般情况建筑物不设置采暖设备。但随着当地建筑的发展和人民生活水平的提高，这些地区的一些新建建筑也开始设置采暖系统。在当地气候条件下，选用空气源热泵系统是合适的。

(3) 空气源热泵机组的建筑适用性　目前市场上一些主流的空气-水热泵机组额定制热能力从 15kW 上下到 400kW 上下不等，且额定制热量为 400kW 的机组体量已相当庞大。从冬季供热的角度来看，如果按建筑采暖配置需求为 40W/m² 计算，单台机组适用于 375～10000m² 左右的采暖面积。目前市场上还有各种窗式、分体式热泵房间空调器可以满足各种小型空间的冬、夏季空调需求。可见空气源热泵比较适用于中小型规模建筑的供冷和供热，当应用于规模较大的公共建筑时，需要考虑多台机组分区运行，也可向厂家提出要求，定制更大制冷量、制热量的空气源热泵机组。此时需注意机组噪声问题和四通换向阀的容量限制。

另外，优良的整体性与无需燃烧化石燃料的特性使得空气源热泵能够适用于一些要求较为苛刻的项目。比如，毗邻景区或林区的建筑，由于防火要求冬季不能使用燃煤、燃油、燃气锅炉等设施作为采暖热源，这种情况下热泵类机组就显得十分适用。而空气源热泵与其他形式的热泵相比，又具有节约空间、安装方便等优点，因此更加值得青睐。若项目现场地质坚硬且远离地表水源，水源热泵和地源热泵的使用将受到严重限制，此时空气源热泵更是最佳的选择。

(4) 空气源热泵机组的经济、节能性分析方法　将空气源热泵与供热锅炉相比较，主要看其节能性。由于二者消耗的能源种类不尽相同，比较生产单位热量所需的能耗数量不能充分说明能源利用的水平，因此合理的做法是先计算不同种类热源的能量利用系数，再对其进行比较，即采用一次能源的利用率作为比较标准。

对空气源热泵，其能量利用系数 E 按式（8-1）计算：

$$E = \eta_1 \eta_2 \varepsilon_h / (1+\varepsilon)$$ (8-1)

式中　η_1——发电站效率，火电取 32%，水电取 80%；

η_2——输电效率，取 90%；

ε_h——空气源热泵的冬季制热性能系数；

ε——发电厂自用电率，取 8%。

以火电考虑则空气源热泵的 $E=0.26\varepsilon_h$。若电网中火电占 90%，水电占 10%，则 $E=0.307\varepsilon_h$。空气源热泵若要达到与锅炉供热相同的能源利用系数，则其 ε_h 应满足表 8-1 的要求。

表8-1　与锅炉供热 E 值相当的空气源热泵的 ε_h 值

锅炉供热的 E 值		与锅炉供热 E 值相当的空气源热泵的 ε_h 值		
自备锅炉	0.55		2.06	1.79
区域供热	0.65	火电100% $E=0.267\varepsilon_h$	2.43	火电90% 水电10% $E=0.307\varepsilon_h$
集中供热	0.75		2.80	2.44
燃油燃气锅炉	0.84		3.15	2.74

当空气源热泵的 ε_h 大于表 8-1 中的值时，冬季空气源热泵的运行能耗小于锅炉供热。可见相对于自备锅炉和区域供热而言，空气源热泵应达到的 ε_h 并不高，非常易于满足。

下面以运行经济成本为指标来比较其经济性。运行经济成本即生产单位热量所需的费用，按式（8-2）计算：

$$C = \frac{P}{\gamma\eta}$$ (8-2)

式中　C——运行经济成本，元/kJ；

P——燃料的价格，元/kg(油料)、元/m²(天然气)或元/(kW·h)(电)；

γ——燃烧热值，kJ/kg(油料)、kJ/m²(天然气)或 kJ/(kW·h)(电)；

η——燃料的燃烧综合效率。

对于空气源热泵

$$C_H = \frac{1}{3600\varepsilon_h} P_E$$ (8-3)

式中 P_E——电价，元/(kW·h)。

对于燃油锅炉

$$C_O = \frac{1}{45144 \times 0.84} P_O = \frac{1}{37921} P_O \tag{8-4}$$

式中 P_O——油价，元/kg。

对于燃气（天然气）锅炉

$$C_G = \frac{1}{37000 \times 0.84} P_G = \frac{1}{31080} P_G \tag{8-5}$$

式中 P_G——天然气价格，元/m³。

空气源热泵要取得经济上的优势，则必须满足

$$\begin{cases} C_H < C_O \\ C_H < C_G \end{cases} \tag{8-6}$$

即

$$\begin{cases} \varepsilon_h > 10.53 \dfrac{P_E}{P_O} \\ \varepsilon_h > 8.63 \dfrac{P_E}{P_G} \end{cases} \tag{8-7}$$

当 ε_h 满足上列不等式时，采用空气源热泵供热便能够比燃油/燃气锅炉供热更节省运行费用，此结论适用于整个供暖季节。

在夏季，由于冷凝器冷却方式不同，空气源热泵的制冷系数常常低于其他电动水冷冷水机组，因此，在夏季空气源热泵相比于电动水冷冷水机组在经济性上并不占优势。但即便如此，由于空气源热泵机组可以冬夏合用，仍然可以大大减少系统初投资、保养维护、人员运营这三方面的费用。因此在工程设计中仍然应该优先考虑使用空气源热泵系统。

8.4.2 空气源热泵机组的名义工况与变工况特性

（1）名义工况　空气源热泵冷热水机组在名义工况下制热性能和制冷性能应符合《蒸汽压缩循环冷水（热泵）机组》(GB/T 18430.1—2007、GB/T 18430.2—2016)、《低环境温度空气源热泵（冷水）机组(GB/T 25127.1—2010、GB/T 25127.2—2010)、《公共建筑节能设计标准》(GB 50189—2015)等现行国家标准中的规定。此外，机组在制热名义融霜工况下运行应符合

《蒸汽压缩循环冷水(热泵)机组》(GB/T 18430.1—2007、GB/T 18430.2—2016)中的规定。

1) 名义制冷工况　利用空气源热泵机组制冷时,其在名义制冷工况下的性能系数 (COP) 应不低于表8-2中的限定规定。

表8-2　空气源热泵机组的制冷性能系数限值

类型	名义制冷量 CC/kW	名义制冷工况	制冷性能系数COP/(W/W)				
			严寒地区	寒冷地区	夏热冬冷地区	夏热冬暖地区	温和地区
活塞式 涡旋式	CC≤50	室外干球温度35℃ 水流量0.172m³/（h·kW） 出水温度7℃	2.60	2.60	2.70	2.80	2.60
	CC>50		2.80	2.80	2.90	2.90	2.80
螺杆式	CC≤50		2.70	2.80	2.90	2.90	2.70
	CC>50		2.90	3.00	3.00	3.00	2.90

利用空气源热泵机组制冷时,其在名义部分负荷工况下的综合部分负荷性能指数 (IPLV) 应不低于表8-3中的限制规定。

表8-3　空气源热泵机组部分负荷的制冷性能系数限值

类型	名义制冷量 CC/kW	综合部分符合性能指数IPLV/(W/W)				
		严寒地区	寒冷地区	夏热冬冷地区	夏热冬暖地区	温和地区
活塞式 涡旋式	CC≤50	3.10	3.10	3.20	3.20	3.10
	CC>50	3.35	3.35	3.40	3.45	3.35
螺杆式	CC≤50	2.90	3.00	3.10	3.10	2.90
	CC>50	3.10	3.20	3.20	3.20	3.10

2) 名义制热工况　空气源热泵机组根据不同名义制热工况分为常规机组和低温机组,机组的制热性能系数应不低于表8-4的限制规定。

表8-4　空气源热泵机组的制热性能系数限值

机组类型	名义制冷量 CC/kW	名义制热工况	制热性能系数 COP/（W/W）	综合部分负荷性能 IPLV/（W/W）
常规机组	CC≤50	室外干/湿球温度7℃/6℃ 水流量0.172m³/（h·kW） 出水温度45℃	3.0	—
	CC>50			
低温机组	CC≤50	室外干/湿球温度-12℃/-14℃ 水流量0.172m³/（h·kW） 出水温度41℃	2.1	2.4
	CC>50		2.3	2.5

注: 利用常规机组和低温机组制热时,其在设计工况下的制热性能系数（COP）应不低于2.0。

3）名义融霜工况　空气源热泵应避免使用传统的定时、温度-时间等除霜控制技术,应使用先进可靠的除霜控制技术。机组在名义融霜工况（环境干/湿球温度2℃/1℃）运行时应

符合以下要求:

① 在融霜过程中机组安全的保护元器件不应停止运行。

② 融霜应自动运行,融霜过程产生的化霜水应能正常快速排放。

③ 机组应采取有效措施,避免融霜结束后有冰带存留,保证融霜彻底。

④ 在最初融霜结束后的连续运行中,融霜所需时间总和不应超过运行周期时间的 20%;2 个以上独立循环的机组,各自循环融霜时间的总和不应超过各独立循环总运转时间的 20%。

(2) 变工况特性　空气源热泵冷热水机组实质上是一套完整的蒸气压缩循环系统,系统的制冷量和制热量主要受蒸发温度和冷凝温度等运行工况的影响,同时制热量还受环境湿度的影响,而这些参数又受机组外部条件的制约。因此,在实际变工况运行中,空气源热泵机组的制冷量受环境温度和出水温度的影响而变化,制热量受环境温度、湿度和出水温度的影响而变化。空气源热泵冷热水机组的变工况温度范围如表 8-5 所示。

表8-5　空气源热泵冷热水机组的变工况温度范围

项目	使用侧	热源侧
	出口水温/℃	干球温度/℃
机组制冷	5~15	21~43
常规机组制热	40~50	-7~21
低温机组制热	41~50	-20~21

1) 制冷工况　空气源热泵机组名义制冷工况为: 环境空气温度 35℃,出水温度 7℃。在实际使用中,当工况改变时,机组的制冷量、功耗将随环境温度和冷水出水温度的变化而改变,如图 8-15 所示。

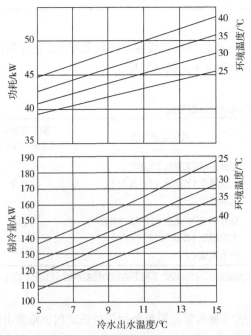

图8-15　空气源热泵机组制冷性能与环境温度和冷水出水温度的关系

空气源热泵冷水机组的制冷量在环境温度不变时，随冷水出水温度的升高而增加；在供水温度不变时，随环境温度的升高而减少。这主要是由于冷水出水温度升高时，系统的蒸发压力提高，压缩机的吸气压力也提高，系统中的制冷剂流量增加，因此制冷量增大。反之，当环境温度升高时，压缩机的排气压力也提高，使系统中的制冷剂流量减少，制冷量也相应减少。

机组的功耗在环境温度不变时，随出水温度的升高而增加；在供水温度不变时，随环境温度的升高而增加。这主要是因为出水温度升高时蒸发压力提高，如果此时环境温度不变，则压缩机的压缩比减小，虽然单位质量制冷剂的耗功减少了，但由于系统中制冷剂的流量增加，因此压缩机的耗功仍然增大。当环境温度升高时，系统的冷凝压力升高，导致压缩机的压缩比增加，单位质量制冷剂的耗功也增加，此时虽由于冷凝压力提高使系统中的制冷剂流量略有减少，但压缩机的耗功仍然是增加的。

空气源热泵机组的制冷量和输入功率大体上与冷水出水温度和环境温度呈线性关系。

2）制热工况　空气源热泵机组名义制热工况为：环境空气干球温度7℃，湿球温度6℃，进水温度40℃，出水温度45℃。实际使用中，当工况改变时，机组的制热量、功耗将随环境温度和出水温度的变化而改变，如图8-16所示。

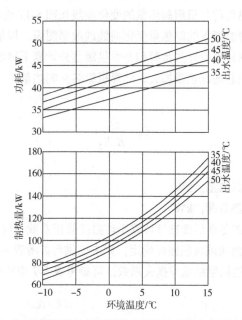

图8-16　空气源热泵机组制热性能与环境温度和热水出水温度的关系

空气源热泵机组的制热量，在环境温度不变时，随热水出水温度的升高而减少；在供水温度不变时，随环境温度的降低而减少。这主要是因为机组在制热时，如果要求出水温度提高，则冷凝压力必然相应提高，并导致系统的制热量也相应减少。此外，环境温度约为0℃时，空气侧换热器表面结霜加速，蒸发温度下降速率增加，机组制热量下降加剧，同时必须周期地进行除霜，机组才能正常工作。

空气源热泵机组的输入功率，在环境温度不变时，随热水的出水温度升高而增加；在供水温度不变时，随环境温度的降低而减少。这主要是因为出水温度升高时要求的冷凝压力相应提高，如果环境温度不变，则压缩机压缩比增加，压缩机对单位质量制冷剂的耗功增加，导致压缩机的输入功率增加。当环境温度降低时，系统中的蒸发温度降低，使压缩机的制冷剂流量减小，特别是环境温度降低到0℃以下时，由于空气侧换热器表面结霜加剧，传热温差增大，此时流量减小更快，使压缩机相应的输入功率减小。

8.1.3 空气源热泵机组及辅助热源的设计选型

建筑冷/热负荷与空气源热泵机组的实际制冷/制热性能随工况的变化而改变。生产厂家在产品样本中一般也会提供机组的变工况特性曲线或表格。因此，在确定机组的制冷/制热量时，首先应根据室外气象条件和空调系统的要求确定设计工况，即确定在设计工况下的环境温度和出水温度，再对应设计工况计算建筑物的冷、热负荷和确定机组型号及台数。

空气源热泵机组需要交替实现制冷、制热功能，机组的制冷、制热应根据建筑的冷负荷、热负荷需求综合考虑后确定，使其能够满足建筑的冬、夏两季不同功能使用要求。

(1) 制热机组选型

1) 机组名义制热量计算　空气源热泵机组是指以制热为主或仅具有制热功能的机组。机组容量选型应根据建筑热负荷与机组制热量的变化曲线按图8-17进行确定。生产厂家应提供机组在冬季不同室外干球温度下的制热量变化曲线或数据图表，以便机组容量选型。

制热机组容量应根据建筑设计热负荷和冬季供暖室外计算干球温度修正系数进行确定，并应考虑机组除霜过程引起的制热量损失。计算机组名义制热量

$$Q_h = \frac{Q_w}{K_1 K_2} \tag{8-8}$$

式中　Q_h——机组名义制热量，kW；

Q_w——建筑设计热负荷，kW；

K_1——使用地区的冬季供暖室外计算干球温度修正系数，应根据厂家提供的机组制热量变化曲线或数据图标确定，如未提供可参考表8-6中的数值近似选取；

K_2——使用地区的机组结除霜损失系数，可参考表8-7中的推荐值选取。

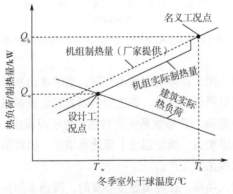

图8-17　建筑热负荷与机组制热量的变化曲线

Q_h—机组名义制热量；T_h—机组名义工况室外干球温度；Q_w—建筑设计热负荷；T_w—冬季供暖室外计算干球温度

表8-6　冬季室外计算干球温度修正系数 K_1

冬季室外计算干球温度/℃	-16	-14	-12	-10	-8	-6	-4	-2	0
修正系数 K_1	0.588	0.623	0.654	0.685	0.711	0.737	0.763	0.798	0.831
冬季室外计算干球温度/℃	2	4	6	7	8	10	12	14	16
修正系数 K_1	0.880	0.935	0.975	1.000	1.024	1.068	1.103	1.152	1.200

注：生产厂家应准确提供机组在不同冬季室外干球温度下的制热量变化曲线或数据图表，上述数据表仅在缺乏机组详细数据时作近似计算使用。

表8-7　不同使用地区的机组结除霜损失系数推荐值 K_2

使用地区	累年最冷月平均温度/℃	累年最冷月平均相对湿度/%	K_2
严寒/寒冷地区	<-5	<50	0.95
		≥50	0.93
	-5~0	<50	0.91
		≥50	0.88
夏热冬冷地区	<-5	<80	0.79
		≥80	0.75
	5~10	<80	0.86
		≥80	0.81
夏热冬暖地区	≥10	<75	0.92
		≥75	0.89
温和地区	<5	—	0.70
	≥5	—	0.80

注：结除霜损失系数根据机组结除霜引起的制热量损失百分比和不同使用地区机组的结除霜频率计算得出。

2）辅助热源制热量计算　制热机组选型时应考虑低温下机组制热量和建筑热负荷需求关系，可增设辅助热源，以保证建筑在低温下的高热负荷需求。当环境温度低至一定程度时，空气源热泵机组的制热能力和效率都将大打折扣，而这种低温天气在整个供暖期中出现又较小。因此，考虑到节能和经济性，在严寒和寒冷地区应用的一些空气源热泵系统应搭配辅助热源。建筑在采暖期应始终以机组供热为主，当室外干球温度低于冬季室外计算干球温度时，辅助热源才可启动运行。

建筑热负荷、机组及辅助热源制热量的变化曲线见图8-18。

辅助热源制热量应根据低温时的建筑热负荷和机组制热量，按式（8-9）、式（8-10）计算。

$$Q_f = Q_{fw} - Q_{fh} \tag{8-9}$$

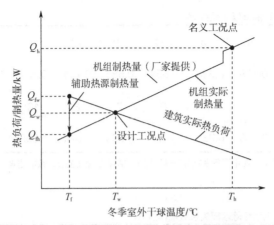

图 8-18　建筑热负荷、机组及辅助热源制热量的变化曲线

T_w—冬季供暖室外计算干球温度；T_h—机组名义工况室外干球温度；T_f—冬季空调室外计算干球温度；Q_w—建筑设计热负荷；Q_h—机组名义制热量；Q_{fw}—建筑在冬季空调室外计算干球温度下的热负荷；Q_{fh}—机组在冬季空调室外计算干球温度下的制热量

$$Q_{fh} = K_1 K_2 Q_h \qquad (8\text{-}10)$$

式中　Q_f——辅助热源制热量，kW；

　　　Q_{fw}——建筑在冬季空调室外计算干球温度下的热负荷，kW；

　　　Q_{fh}——机组在冬季空调室外计算干球温度下的制热量，kW；

　　　Q_h——机组名义制热量，kW；

　　　K_1——使用地区的冬季空调室外计算干球温度修正系数，可根据厂家提供的机组制热量变化曲线或数据图表确定，如未提供可参考表 8-6 中的数值近似选取；

　　　K_2——使用地区的机组结除霜损失系数，可参考表 8-7 中的推荐值选取。

3）机组推荐型式选择　制热机组选型时应考虑建筑实际热负荷的变化情况，宜选择制热量可调节的变频机组、多压缩机机组或多台机组，以适应建筑部分热负荷需求，达到高效利用的目的。

空气源热泵变频机组实际制热量根据建筑热负荷变化进行调节，如图 8-19 所示。变频机组应根据额定运行频率 50Hz 按照常规制热机组进行选型计算。当环境温度升高时，建筑热负荷降低，机组运行频率降低致使其制热量下降，以适应建筑部分热负荷需求，达到低能耗的目的；当环境温度降低时，建筑热负荷上升，机组运行频率增加致使其制热量升高，以适应建筑低环境温度下的高热负荷需求。

空气源热泵机组选型时可选择多压缩机机组，机组实际制热量如图 8-20 所示。当环境温度升高时，建筑热负荷降低，机组单压缩机状态运行，以适应建筑部分热负荷需求，同时单压缩机对应的室外换热器面积增加，可有效抑制机组结霜，达到提升供热性能的目的；当环境温度降低时，建筑热负荷上升，机组双压缩机状态运行，以适应建筑的高热负荷需求。

空气源热机组选型时可选择多台机组，机组实际制热量如图 8-21 所示。当环境温度升高时，建筑热负荷降低，单台或部分机组运行，以适应建筑低热负荷需求，达到降低机组能耗的目的；当环境温度降低时，建筑热负荷上升，两台或全部机组同时运行，以适应建筑低环境温度下的高热负荷需求。

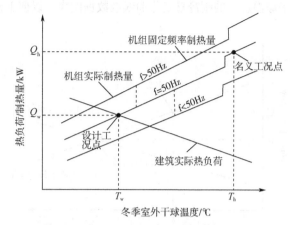

图8-19　建筑热负荷与变频机组制热量的变化曲线

Q_h—机组名义制热量；　T_h—机组名义工况室外干球温度；　Q_w—建筑设计热负荷；　T_w—冬季供暖室外计算干球温度

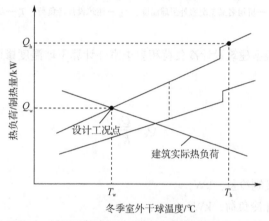

图8-20　建筑热负荷与多压缩机机组制热量的变化曲线

Q_h—机组名义制热量；　T_h—机组名义工况室外干球温度；　Q_w—建筑设计热负荷；　T_w—冬季供暖室外计算干球温度

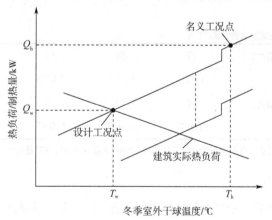

图8-21　建筑热负荷与多台机组制热量的变化曲线

Q_h—机组名义制热量；　T_h—机组名义工况室外干球温度；　Q_w—建筑设计热负荷；　T_w—冬季供暖室外计算干球温度

(2) 制冷机组选型　空气源热泵制冷机组是指以制冷为主或仅具有制冷功能的机组。机组容量选型应根据建筑冷负荷与机组制冷量的变化曲线按图 8-22 进行确定。生产厂家应提供机组在不同夏季室外干球温度下的制冷量变化曲线或数据图表，以便于机组容量选型。

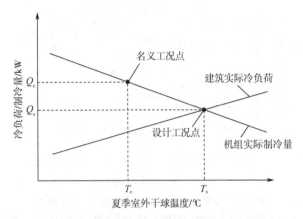

图8-22　建筑冷负荷与机组制冷量的变化曲线

Q_c—机组名义制冷量；T_c—机组名义工况室外干球温度；Q_s—建筑设计冷负荷；T_s—夏季空调室外计算干球温度

制冷机组容量应根据建筑设计冷负荷和夏季室外计算干球温度修正系数进行确定。机组名义制冷量

$$Q_c = \frac{Q_s}{K_3}\qquad(8\text{-}11)$$

式中　Q_c——机组名义制冷量，kW；

　　　Q_s——建筑设计冷负荷，kW；

　　　K_3——使用地区的夏季空调室外计算干球温度修正系数，应根据厂家提供的机组制冷量变化曲线或数据图表确定，如未提供可参考表 8-8 中的数值近似选取。

表8-8　夏季室外计算干球温度修正系数 K_3

夏季室外计算干球温度/℃	27	29	31	33	35
修正系数 K_3	1.106	1.071	1.053	1.036	1.000
夏季室外计算干球温度/℃	37	39	41	43	45
修正系数 K_3	0.982	0.964	0.937	0.909	0.891

注：生产厂家应准确提供机组在不同夏季室外干球温度下的制冷量变化曲线或数据图表，上述数据表仅在缺乏机组详细数据时作近似计算使用。

(3) 多功能机组选型　空气源热泵机组可具有制冷、制热或制热水功能，机组应根据具体使用功能进行选型。当机组具有多种功能时，宜按下列要求进行机组选型：

① 当机组兼顾制冷和制热功能时，由于空气源热泵适用地区的建筑冷负荷指标均高于

热负荷指标，机组应根据制冷机组选型方法按式（8-11）确定容量，并应按式（8-8）校核机组的名义制热量。当出现空气源热泵使用地区的建筑热负荷指标高于或接近冷负荷指标时，机组可根据制热机组选型方法确定容量，并校核机组的名义制冷量。当校核值高于选择机组名义工况的明示值时，应增设辅助热源或冷源，以满足建筑设计和负荷要求；当校核值小于并接近选择机组名义工况的明示值时，则说明机组选型较为合适。

② 当机组兼顾制冷和制热水功能时，应同时按机组名义制冷量和名义热水制热量选择机组，以保证同时满足建筑冷负荷和热水需求。当机组兼顾制热和制热水功能时，应同时按机组名义制热量和名义热水制热量选择机组，以保证同时满足建筑热负荷和热水需求。

③ 当机组兼顾制冷、制热、制热水功能时，宜同时按机组名义制冷量和名义热水制热量选择机组，并对机组的名义制热量按①中的校核方法进行校核，应满足建筑冷负荷、热负荷和热水需求。机组在各模式下的名义性能系数应符合《空气源三联供机组》（JG/T 401—2013）中的限值规定。

（4）空气源热泵机组的布置

① 布置机组时，必须充分考虑周围环境对机组进风与排风的影响。机组应布置在空气流通好的环境中，保证进风流畅，排风不受遮挡与阻碍，并应防止进、排风气流产生短路。

② 机组进风口处的气流速度（V_1），宜保持 V_1=1.5～2.0m/s；排风口处的气流速度（V_0），宜保持 $V_0 \geqslant$7m/s。进风口与排风口之间的距离应尽可能大。

③ 机组宜安装在屋面上，减小噪声对建筑本身及周围环境的影响。如安装在裙房屋面上，要注意防止其噪声对房间和周围环境的影响。必要时，应采取降低噪声措施。

④ 机组安装在地面上时，宜布置在南、北或东南、西南方向的外墙附近。

⑤ 机组与机组之间应保持足够的间距，机组进风侧距离建筑的外墙不应过近，以免造成进风受阻；机组排风侧在一定距离内不应有遮挡物，以免排风气流受阻后形成部分回流，确保射流能充分扩展。机组之间的距离一般应大于 2m；机组之间进风侧相对布置时，其间距应大于 3.0m；机组之间的排风侧不宜相对，相对时其水平间距应大于 4m。机组进风侧离外墙的距离应大于 1.5m，距离机组排风侧 2m 内不宜有遮挡物；机组顶部排风时，上部净空宜大于 4.5m。

⑥ 机组应尽量避免布置在高差不大，平面距离很近的上、下平台上。由于制冷时低位机组排出的热气流上升，易被高位机组吸入；制热时高位机组排出的冷气流下降，易被低位机组吸入，因此应尽量避免。

⑦ 多台机组分前后布置时，应避免位于主导风上游的机组排出的冷/热气流对下游机组吸气的影响。

⑧ 机组布置时，应在其一端预留不小于室外换热器长度的检修位置。

⑨ 当受条件限制，机组必须装置在室内时，宜利用下列方式：

a.将机组布置在房间（设备层）内，四周的外墙上应设有进风百叶窗，而机组上部的排风应通过风管进入至轴流风机，通过风机再排至室外。

b.将房间（设备层）在高度方向上分隔成上、下两层，机组布置在下层，在下层四周的外墙上设置进风百叶窗，让室外空气经百叶窗进入室内，而后再进入机组。风管与分隔板（隔板或楼板）相连，排风通过风管排至被分隔的上层，在上层的四周外墙上，设置排风百叶窗，排风经此排至室外。

第9章 热泵冷热源机房设备选型计算

9.1 热泵机组的选择

热泵机组应根据暖通空调系统总供冷负荷和总供热负荷选取，保证其制热量和制冷量大于系统的总热负荷和冷负荷，此时的制热量和制冷量应为根据实际运行工况进行修正后的数值。

热泵机组的类型宜根据制冷量的范围经过性能价格比进行选择，机组之间应考虑互为备用和轮换使用的可能性。热泵机组类型选择参考见表9-1。热泵机组数量的选择应适应空气调节负荷全年变化规律，满足季节及部分负荷要求，一般不少于2台，小型工程选用1台机组时应考虑使用多台压缩机分路联控的设备。

表9-1 热泵机组选型范围

单机名义工况制冷量/kW	热泵机组类型
≥1758	离心式
1054~1758	螺杆式或离心式
700~1054	螺杆式
116~700	往复式或螺杆式
≤116	往复式、涡旋式

热泵机组的制冷、制热工况转换方式有两种，一是通过机组内的四通换向阀进行冷热工况转换，详见第2章。二是使用水管路转换阀门，保持冷凝器和蒸发器的功能不变，制冷时末端用户侧循环管路接入蒸发器，热源侧循环管路接入冷凝器（阀门1、4、5、8打开，阀门2、3、6、7关闭）；制热时末端用户侧循环管路接入冷凝器，热源侧循环管路接入蒸发器（阀门2、3、6、7打开，阀门1、4、5、8关闭），详见图9-1。

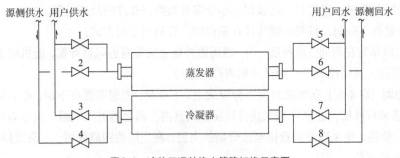

图9-1 冷热工况转换水管路切换示意图

热泵机组选型时，应注意对机组参数的修正。如果设备样本上的工况参数，如蒸发器进出口温度、冷凝器进出口温度、环境温度、循环介质流量等，与实际运行工况不相符，需要对机组参数进行修正计算，得到在实际运行工况下机组的各项参数，确定是否满足系统需求。参数修正结果可通过设备供应商提供的修正图表，或者由设备供应商根据实际运行工况计算得到。

在进行机房布置时，热泵机组与墙体之间的净距离不小于 1m；与配电柜的距离不小于 1.5m；机组与机组之间或机组与其他设备之间的净距离不小于 1.2m；机组与其上方管道、烟道或电缆桥架的净距离不小于 1m。同时，要注意留有不小于冷凝器和蒸发器长度的维修距离。

9.2 循环水泵

9.2.1 循环水泵选型参数

循环水泵的流量 G 可按下式计算：

$$G = 1.1 \frac{Q}{\Delta t c \rho} \tag{9-1}$$

式中　　Q——担负系统的总负荷，W；

　　　　Δt——系统的供回水温差，℃；

　　　　ρ——水的密度，kg/m³；

　　　　c——水的比热容，J/kg·℃；

　　　　1.1——安全系数。

循环水泵扬程可按下式计算：

$$\Delta p = (1.1 \sim 1.2) \sum \left(\Delta p_m + \Delta p_j \right) \tag{9-2}$$

$$h = \frac{\Delta p}{\rho g} \tag{9-3}$$

式中　　　　Δp——水泵压力，Pa；

$\sum \left(\Delta p_m + \Delta p_j \right)$——系统摩擦阻力和局部阻力损失的总和，Pa；

　　　　　　ρ——水的密度，kg/m³；

　　　　　　g——重力加速度，m/s²；

　　　　1.1 ~ 1.2——安全系数。

确定流量和扬程后，可按照水泵特定曲线选择水泵的型号和配套电动机。水泵要满足最高运行工况的流量和扬程，并使水泵的工作状态点处于高效率范围；当流量较大时，宜考虑多台并联运行，并联台数一般不超过 3 台，而且应选择同型号水泵。选择水泵时还应该考虑系统静压对泵体的作用，并应注明所承受的静压值。

9.2.2　阻力计算

循环管路系统的阻力计算按以下步骤进行：

(1) 确定循环系统的流量　循环系统总流量及各管段流量按照式 (9-1) 计算，或根据热泵主机参数表中的冷凝器和蒸发器流量参数确定。

(2) 确定循环系统的最不利环路　对于热泵空调系统来说，循环系统的最不利环路是指在设计流量下计算所得阻力最大的环路，通常是循环水从水泵出发流经距离机房最远的设备或管路，再回到水泵所经过的管路。设计流量下循环水泵的扬程应克服最不利环路的阻力。

(3) 计算循环系统的管径及沿程阻力　热泵空调水系统管内流速可采用表 9-2 中的推荐值，参考各管段的设计流量确定管径。

表9-2　管内流速推荐值　　　　　　　　　　　　　　　　　　　　　　　单位：m/s

管径/mm	15	20	25	32	40	50	65	80
闭式系统	0.4~0.5	0.5~0.6	0.6~0.7	0.7~0.9	0.8~1.0	0.9~1.2	1.1~1.4	1.2~1.6
开式系统	0.3~0.4	0.4~0.5	0.5~0.6	0.6~0.8	0.7~0.9	0.8~1.0	0.9~1.2	1.1~1.4
管径/mm	100	125	150	200	250	300	350	400
闭式系统	1.3~1.8	1.5~2.0	1.6~2.2	1.8~2.5	1.8~2.6	1.9~2.9	1.6~2.5	1.8~2.6
开式系统	1.2~1.6	1.4~1.8	1.5~2.0	1.6~2.3	1.7~2.4	1.7~2.4	1.6~2.1	1.8~2.3

由于水具有黏性，在管道内流动时，流体内流层之间存在相对运动，而且与管壁之间有摩擦，因此存在沿程（形状、尺寸、过流方向均无变化）的均匀流管段上，将产生阻力。这部分阻力称为沿程阻力或摩擦阻力。克服沿程阻力引起的能量损失，称为沿程压力损失或摩擦压力损失，一般称为沿程损失或摩擦损失，可按下式计算：

$$\Delta p_{\mathrm{m}} = \lambda \frac{l}{d} \times \frac{\rho v^2}{2} \tag{9-4}$$

式中　Δp_{m}——沿程阻力，Pa；

λ——摩擦阻力系数；

l——管道长度，m；

d——管道直径，m；

ρ——水的密度，kg/m³；

v——水的流速，m/s。

当直管段长度 $l=1\mathrm{m}$ 时，$R = \frac{\lambda}{d} \times \frac{\rho v^2}{2}$，则

$$\Delta p_{\mathrm{m}} = Rl \tag{9-5}$$

式中 R——单位长度直管段的摩擦阻力（比摩阻），Pa/m。

对于大部分热泵空调系统的管道，水的流动状态都处于紊流（$Re > 4000$），即紊流光滑区、紊流过渡区和紊流粗糙区。其摩擦阻力系数取决于雷诺数和钢管内表面的粗糙度。摩擦阻力系数可按下式计算：

$$\frac{1}{\sqrt{\lambda}} = -2lg(\frac{k}{3.7d} + \frac{2.51}{Re\sqrt{\lambda}}) \tag{9-6}$$

$$Re = \frac{vd}{\nu} \tag{9-7}$$

式中 k——钢管内表面当量绝对粗糙度，对闭式循环系统取 0.002m，开式系统取 0.005m；

Re——雷诺数；

ν——水的运动黏度，m²/s。

取水温为 20℃，根据式（9-6）和式（9-7），可计算出冷水管道的摩擦阻力计算表 9-3。

表9-3 冷水管道摩擦阻力计算表

流速/ (m/s)	动压 /Pa	DN15			DN20			DN25			DN32		
		G	R_{c}	R_{o}	G	R_{c}	R_{o}	G	R_{c}	R_{o}	G	R_{c}	R_{o}
0.20	20	0.04	68	85	0.07	45	56	0.11	33	40	0.2	23	27
0.30	45	0.06	143	183	0.11	95	120	0.17	69	86	0.3	48	59
0.40	80	0.08	244	319	0.14	163	209	0.23	111	150	0.4	82	102
0.50	125	0.1	371	492	0.18	248	323	0.29	180	231	0.5	125	158
0.60	180	0.12	525	702	0.21	351	460	0.34	255	330	0.6	176	225
0.70	245	0.14	705	948	0.25	471	622	0.40	343	446	0.7	237	304
0.80	319	0.16	911	1232	0.28	609	808	0.45	443	580	0.8	306	395
0.90	404	0.18	1142	1553	0.32	764	1019	0.51	555	731	0.9	384	498
1.00	499	0.19	1400	1912	0.35	936	1254	0.57	681	900	1	471	613
1.10	604	0.21	1685	2307	0.39	1126	1513	0.63	819	1086	1.1	566	739
1.20	719	0.23	1995	2739	0.42	1334	1797	0.69	970	1289	1.2	671	878
1.30	844	0.25	2331	3208	0.46	1595	2105	0.74	1134	1510	1.3	784	1029
1.40	978	0.27	2693	3714	0.50	1801	2437	0.80	1310	1748	1.4	906	1191
1.50	1123	0.29	3082	4258	0.53	2061	2793	0.86	1499	2004	1.5	1036	1365
1.60	1278	0.31	3496	4838	0.57	2338	3174	0.91	1701	2277	1.6	1176	1551
1.70	1422	0.33	3937	5456	0.60	2633	3579	0.97	1915	2568	1.7	1324	1749
1.80	1617	0.35	4404	6110	0.64	2945	4009	1.03	2142	2876	1.8	1481	1959

流速/(m/s)	动压/Pa	DN15			DN20			DN25			DN32		
		G	R_c	R_o	G	R_c	R_o	G	R_c	R_o	G	R_c	R_o
1.90	1802	0.37	4896	6802	0.67	3274	4462	1.09	2382	3202	1.9	1647	2181
2.00	1996	0.39	5415	7531	0.71	3621	4940	1.14	2634	3545	2	1821	2415
2.10	2201							1.20	2899	3905	2.1	2004	2660
2.20	2416							1.26	3177	4283	2.2	2196	2918

流速/(m/s)	动压/Pa	DN40			DN50			DN65			DN80		
		G	R_c	R_o	G	R_c	R_o	G	R_c	R_o	G	R_c	R_o
0.20	20	0.2	19	23	0.44	14	16	0.73	10	11	1.03	8	9
0.30	45	0.4	40	49	0.66	29	35	1.09	21	25	1.54	17	20
0.40	80	0.53	63	85	0.88	49	60	1.45	36	43	2.06	28	34
0.50	125	0.66	101	131	1.10	75	93	1.81	54	67	2.57	43	53
0.60	180	0.79	147	187	1.32	106	132	2.18	77	95	3.09	61	76
0.70	245	0.92	193	253	1.54	142	179	2.54	103	129	3.6	82	102
0.80	319	1.05	256	328	1.76	183	233	2.90	133	167	4.12	106	133
0.90	404	1.19	321	414	1.93	230	293	3.26	167	210	4.63	134	167
1.00	499	1.32	394	509	2.20	282	361	3.63	205	259	5.14	164	206
1.10	604	1.45	473	614	2.42	339	435	3.99	246	313	5.66	197	248
1.20	719	1.53	561	729	2.64	402	517	4.35	292	371	6.17	233	295
1.30	844	1.71	655	854	2.86	470	605	4.71	341	435	6.69	273	345
1.40	978	1.85	757	898	3.08	543	701	5.08	394	503	7.2	315	400
1.50	1123	1.98	867	1134	3.30	621	803	5.44	451	577	7.72	361	458
1.60	1278	2.11	983	1289	3.52	705	913	5.80	512	656	8.23	409	521
1.70	1422	2.24	1107	1453	3.74	794	1029	6.16	576	739	8.74	461	587
1.80	1617	2.37	1238	1627	3.96	888	1153	6.53	644	828	9.26	515	658
1.90	1802	2.5	1377	1812	4.18	987	1284	6.89	717	922	9.77	573	732
2.00	1996	2.64	1523	2006	4.40	1092	1421	7.25	793	1021	10.3	634	811
2.10	2201	2.77	1676	2210	4.62	1202	1566	7.61	872	1124	10.8	698	893
2.20	2416				4.85	1317	1717	7.98	956	1233	11.3	765	979
2.30	2640				5.07	1437	1875	8.34	1043	1347	11.8	835	1070
2.40	2875							8.7	1135	1466	12.4	907	1164
2.50	3119							9.06	1230	1590	12.9	984	1263
2.60	3374										13.4	1063	1365
2.70	3639										13.9	1145	1471

流速/(m/s)	动压/Pa	DN100			DN125			DN150			DN200		
		G	R_c	R_o	G	R_c	R_o	G	R_c	R_o	G	R_c	R_o
0.30	45	2.35	13	15	3.68	10	11						
0.40	80	3.14	22	26	4.9	16	20	7.06	13	15	13.4	9	10
0.50	125	3.92	33	40	6.13	25	30	8.82	20	24	16.8	13	16
0.60	180	4.7	47	57	7.35	35	43	10.6	28	34	20.2	9	22
0.70	245	5.49	63	73	8.5	48	58	12.4	38	40	23.5	25	30
0.80	319	6.27	81	101	9.8	61	75	14.1	49	60	23.9	33	40
0.90	404	7.06	102	127	11	77	95	15.9	61	75	30.2	41	50
1.00	499	7.84	125	153	12.3	95	117	17.6	75	92	33.6	50	61
1.10	604	8.62	151	188	13.5	114	141	19.4	90	112	37	61	74
1.20	719	9.41	179	224	14.7	135	163	21.2	107	132	40.3	72	88
1.30	844	10.2	209	262	15.9	157	196	22.9	125	155	43.7	84	103
1.40	978	11	241	304	17.2	182	227	24.7	145	180	47	97	119
1.50	1123	11.8	276	348	18.4	208	260	26.5	166	206	50.4	111	136
1.60	1278	12.5	313	395	19.6	236	296	28.2	188	234	53.8	126	155
1.70	1422	13.3	353	446	20.8	266	334	30	212	264	57.1	142	175
1.80	1617	14.1	394	499	22.1	298	374	31.8	237	295	60.5	158	196
1.90	1802	14.9	439	556	23.3	331	416	33.5	263	329	63.8	176	218
2.00	1996	15.7	485	615	24.5	366	461	35.3	291	364	67.2	195	241
2.10	2201	16.5	534	678	25.7	403	508	37	320	401	70.6	214	266
2.20	2416	17.3	585	744	27	441	557	38.8	351	440	73.9	235	292
2.30	2640	18	639	812	28.2	482	608	40.6	383	481	77.3	256	318
2.40	2875	18.8	694	884	29.4	524	662	42.3	417	523	80.6	279	347
2.50	3119	19.6	753	959	30.6	568	718	44.1	452	567	84	302	376
2.60	3374	20.4	813	1036	31.9	614	776	45.9	488	613	87.3	327	406
2.70	3639	21.2	876	1117	33.1	661	836	47.6	526	661	90.7	352	438
2.80	3913	22	941	1201	34.3	710	899	49.4	565	711	94.1	378	471
2.90	4198	22.7	1009	1288	35.5	761	964	51.2	605	762	97.4	405	505
3.00	4492	23.5	1079	1378	36.8	814	1031	52.9	647	815	101	433	540

流速/(m/s)	动压/Pa	DN250			DN300			DN350			DN400		
		G	R_c	R_o	G	R_c	R_o	G	R_c	R_o	G	R_c	R_o
0.50	125	26.3	10	12	37.4	8	10						
0.60	180	31.6	14	17	44.9	11	14	63.7	9	11			

流速/ (m/s)	动压 /Pa	DN250			DN300			DN350			DN400		
		G	R_c	R_o	G	R_c	R_o	G	R_c	R_o	G	R_c	R_o
0.70	245	36.8	19	23	52.4	13	15	74.3	12	15	91.4	11	13
0.80	319	42.1	25	30	59.9	20	24	84.9	16	19	104.4	14	17
0.90	404	47.3	31	37	67.4	25	30	95.6	20	24	117	18	21
1.00	499	52.6	38	46	74.9	31	37	106	25	30	131	22	26
1.10	604	57.9	46	56	82.3	37	44	117	30	36	144	26	31
1.20	719	63.1	54	66	89.8	44	53	127	35	42	157	31	37
1.30	844	68.4	63	77	97.3	51	62	138	41	50	170	36	44
1.40	978	73.6	73	90	105	59	72	149	48	58	183	42	51
1.50	1123	78.9	84	103	112	67	82	159	54	66	196	48	58
1.60	1278	84.2	95	117	120	77	93	170	62	75	209	54	66
1.70	1422	89.4	107	132	127	86	105	180	70	85	222	61	74
1.80	1617	94.7	120	147	135	96	118	191	78	95	235	69	83
1.90	1802	99.9	133	164	142	107	131	201	87	105	248	76	93
2.00	1996	105	148	182	150	119	145	212	96	117	261	84	103
2.10	2201	110	162	200	157	131	160	223	105	129	274	93	113
2.20	2416	116	178	219	165	143	176	234	115	144	287	102	124
2.30	2640	121	194	240	172	156	192	244	126	154	300	111	135
2.40	2875	126	211	261	180	170	209	255	137	168	313	121	147
2.50	3119	131	229	283	187	184	226	265	149	182	326	131	160
2.60	3374	137	247	306	195	199	245	276	161	196	339	141	173
2.70	3639	142	266	330	202	214	264	287	173	212	352	152	186
2.80	3913	147	286	354	210	230	284	297	186	228	365	164	200
2.90	4198	153	307	380	217	247	304	308	199	244	378	175	215
3.00	4492	158	328	406	225	264	325	319	213	261	392	188	230

注：G——水流量，L/s；R_c——闭式水系统（当量绝对粗糙度 $k=0.002$m）的比摩阻，Pa/m；R_o——开式水系统（当量绝对粗糙度 $k=0.005$m）的比摩阻，Pa/m。

计算管道沿程阻力时，单位长度摩擦压力损失（比摩阻）宜控制在 100~300Pa/m，通常，最大不超过 400 Pa/m。由于热泵空调系统冷热水共用一套循环管路，而定流量系统热水运动黏度低于冷水运动黏度，因此系统沿程阻力按夏季工况冷水管道计算。

（4）计算循环系统局部阻力　水在管内流动过程中，当遇到各种配件，如弯头、三通、阀门等时，由于摩擦和涡流而导致能量损失，这部分能量损失称为局部压力损失，也称为局部阻力。局部阻力可按下式计算：

$$\Delta p_{\mathrm{j}} = \zeta \frac{\rho v^2}{2} \tag{9-8}$$

式中　ζ——管道配件的局部阻力系数；

　　　Δp_{j}——局部阻力，Pa；

　　　ρ——水的密度，kg/m³；

　　　v——水的流速，m/s。

　　常用管道配件的局部阻力系数，可由表9-4和表9-5查得。

表9-4　常用管道配件的局部阻力系数值

序号	名称		局部阻力系数					
1	截止阀：直杆式 斜杆式	DN	15	20	25	32	40	50
		ζ	16	10	9	9	8	7
		ζ	1.5	0.5	0.5	0.5	0.5	0.5
2	止回阀：升降式 旋启式	DN	15	20	25	32	40	50
		ζ	16	10	9	9	8	7
		ζ	5.1	4.5	4.1	4.1	3.9	3.4
3	旋塞阀（全开）	DN	15	20	25	32	40	50
		ζ	4	2	2	2	—	—
4	蝶阀（全开）	0.1～0.3						
5	闸阀（全开）	DN	15	20～50	80	100	150	200～250	300～450
		ζ	1.5	0.5	0.4	0.2	0.1	0.08	0.07
6	变径管：渐缩 渐扩	0.1（对应小断面的流速）						
		0.3（对应小断面的流速）						
7	焊接弯头：90° 45°	DN	80	100	150	200	250	300	350
		ζ	0.51	0.63	0.72	0.72	0.78	0.87	0.89
		ζ	0.26	0.32	0.36	0.36	0.39	0.44	0.45
8	普通弯头：90° 45°	DN	15	20	25	32	40	50	65
		ζ	2	2	1.5	1.5	1	1	1
		ζ	1	1	0.8	0.8	0.5	0.5	0.5
9	弯管（煨弯） （R—弯曲半径； D—直径）	D/R	0.5	1	1.5	2	3	4	5
		ζ	1.2	0.8	0.6	0.48	0.36	0.3	0.29
10	括弯	DN	15	20	25	32	40	50
		ζ	3	2	2	2	2	2

序号	名称	局部阻力系数
11	水箱接管：进水口 出水口 出水口	1 0.5（箱体上的出水管在箱内与壁面保持平直，无凸出部分） 0.75（箱体上的出水管在箱体内凸出一定长度）
12	水泵入口	1
13	过滤器	2~3
14	除污器	4~6
15	吸水底阀：无底阀 有底阀	2~3

吸水底阀（有底阀）									
DN	40	50	80	100	150	200	250	300	500
ζ	12	10	8.5	7	6	5.2	4.4	3.7	2.5

表9-5　三通的局部阻力系数

序号	形式简图	流向	局部阻力系数	序号	形式简图	流向	局部阻力系数
1		2→3	1.5	6		2→1,3	1.5
2		1→3	0.1	7		2→3	0.5
3		1→2	1.5	8		3→2	1
4		1→3	0.1	9		2→1	3
5		1,3→2	3	10		3→1	0.1

局部阻力也可以用相同管径直管段的长度来表示，称为局部阻力当量长度：

$$l_d = \zeta \frac{d}{\lambda} \tag{9-9}$$

式中　ζ——局部阻力系数；

　　　λ——摩擦阻力系数；

　　　d——管径，m；

l_d——局部阻力当量长度，m。

各种阀门和管道配件的局部阻力当量长度，可由表9-6～表9-9查得。

表9-6　阀门的局部阻力当量长度　　　　　　　　　　　　　　　　　　　　　　　　单位：m

公称直径		球阀	60°斜柄阀	45°斜柄阀	角阀	闸阀	摆动式止回阀	升降式止回阀
mm	in							
15	1/2	5.5	2.74	2.13	2.13	0.21	1.83	
20	3/4	6.7	3.35	2.74	2.74	0.27	2044	
25	1	8.8	4.57	3.66	3.66	0.31	3.05	
32	1¼	11.6	6.1	4.57	4.57	0.46	4.27	
40	1½	13.11	7.32	5.49	5.49	0.55	4.88	
50	2	16.76	9.14	7.32	7.32	0.7	6.1	球形升降式与球阀相同
65	2½	21.03	10.67	8.84	8.84	0.85	7.62	
75	3	25.6	13.11	10.67	10.67	0.98	9.14	
90	3½	30.48	15.24	12.5	12.5	1.22	10.67	角形升降式与角阀相同
100	4	36.58	17.68	14.33	14.33	1.37	12.19	
125	5	42.67	21.64	17.68	17.68	1.83	15.24	
150	6	51.82	26.82	21.34	21.34	2.13	18.29	
200	8	67.06	35.05	25.91	25.91	2.74	24.38	提升式Y形止回阀，可采用60°斜柄阀的当量长度数值
250	10	85.34	44.2	32	32	3.66	30.48	
300	12	97.54	50.29	39.62	39.62	3.96	36.58	
350	14	109.73	56.39	47.24	47.24	4.57	41.15	
400	16	124.97	64.01	54.86	54.86	5.18	45.72	
450	18	140.21	73.15	60.96	60.96	5.79	50.29	
500	20	158.5	83.82	71.63	71.63	6.71	60.96	
600	24	185.93	97.54	80.77	80.77	7.62	73.15	

注：本资料引自 *Handbook of air conditioning system design*（Carrier air conditioning company）。

表9-7　配件的局部阻力当量长度　　　　　　　　　　　　　　　　　　　　　　　　单位：m

公称直径		平滑弯头						平滑三通			
									直流		
mm	in	90°标准弯头	90°长半径弯头	90°短半径弯头	45°标准弯头	45°短半径弯头	180°标准弯头	分流	不变径	变径3/4	变径1/2
15	1/2	0.49	0.31	0.75	0.24	0.4	0.76	0.91	0.31	0.43	0.49
20	3/4	0.61	0.43	0.98	0.27	0.49	0.98	1.22	0.43	0.58	0.61

| 公称直径 | | 平滑弯头 | | | | | | 平滑三通 | | | |
mm	in	90°标准弯头	90°长半径弯头	90°短半径弯头	45°标准弯头	45°短半径弯头	180°标准弯头	分流	直流 不变径	变径3/4	变径1/2
25	1	0.79	0.52	1.25	0.4	0.64	1.25	1.52	0.52	0.7	0.79
32	1¼	1.01	0.7	1.71	0.52	0.91	1.71	2.13	0.7	0.95	1.01
40	1½	1.22	0.79	1.92	0.64	1.04	1.92	2.44	0.79	1.13	1.22
50	2	1.52	1.01	2.5	0.79	1.37	2.5	3.05	1.01	1.43	1.52
65	2½	1.83	1.25	3.05	0.98	1.59	3.05	3.66	1.25	1.71	1.83
75	3	2.29	1.52	3.66	1.22	1.95	3.66	4.57	1.52	2.13	2.29
90	3½	2.74	1.8	4.57	1.43	2.23	4.57	5.49	1.8	2.44	2.74
100	4	3.05	2.04	5.18	1.59	2.59	5.18	6.4	2.04	2.74	3.05
125	5	3.96	2.5	6.4	1.98	3.35	6.4	7.62	2.5	3.66	3.96
150	6	4.88	3.05	7.62	2.41	3.96	7.62	9.14	3.05	4.27	4.88
200	8	6.09	3.96	—	3.05	—	10.06	12.19	3.96	5.49	6.1
250	10	7.62	4.88	—	3.96	—	12.8	15.24	4.88	7.01	7.62
300	12	9.14	5.79	—	4.88	—	15.24	18.29	5.79	7.93	9.14
350	14	10.36	7.01	—	5.49	—	16.76	20.73	7.01	9.14	10.36
400	16	11.58	7.93	—	6.1	—	18.9	23.77	7.92	10.67	11.58
450	18	12.8	8.84	—	7.01	—	21.34	25.91	8.84	12.19	12.8
500	20	15.24	10.06	—	7.93	—	24.69	30.48	10.06	13.41	15.24
600	24	18.29	12.19	—	9.14	—	28.65	35.05	12.19	15.24	18.29

注：本资料引自 *Handbook of air conditioning system design*（Carrier air conditioning company）。

表9-8 焊接弯头的局部阻力当量长度 单位：m

| 公称直径 | | 90° | 60° | 45° | 30° |
mm	in				
15	1/2	0.91	0.4	0.21	0.12
20	3/4	1.22	0.49	0.27	0.15
25	1	1.52	0.64	0.31	0.21
32	1¼	2.13	0.91	0.46	0.27
40	1½	2.44	1.04	0.55	0.34
50	2	3.05	1.37	0.7	0.4
65	2½	3.66	1.59	0.85	0.52
75	3	4.57	1.95	0.98	0.61

公称直径		90°	60°	45°	30°
mm	in				
90	$3^1/_2$	5.49	2.23	1.22	0.73
100	4	6.4	2.59	1.37	0.82
125	5	7.62	3.35	1.83	0.98
150	6	9.14	3.96	2.13	1.22
200	8	12.19	5.18	2.74	1.56
250	10	15.24	6.4	3.66	2.2
300	12	18.29	7.62	3.96	2.44
350	14	20.73	8.84	4.57	2.74
400	16	23.77	9.45	5.18	3.05
450	18	25.91	11.28	5.79	3.35
500	20	30.48	12.5	6.71	3.96
600	24	35.05	14.94	7.62	4.88

注：本资料引自 *Handbook of air conditioning system design*（Carrier air conditioning company）。

表9-9　特殊配件的局部阻力当量长度　　　　　单位：m

公称直径		突然扩大：d/D			突然缩小：d/D			胀管		凸出管	
		1/4	1/2	3/4	1/4	1/2	3/4	入口	出口	入口	出口
mm	in										
15	1/2	0.55	0.34	0.12	0.27	0.21	0.12	0.55	0.31	0.55	0.46
20	3/4	0.76	0.46	0.15	0.37	0.31	0.15	0.85	0.43	0.85	0.67
25	1	0.98	0.61	0.21	0.49	0.37	0.21	1.13	0.55	1.13	0.82
32	$1^1/_4$	1.43	0.91	0.31	0.7	0.55	0.31	1.62	0.79	1.62	1.28
40	$1^1/_2$	1.77	1.1	0.37	0.88	0.67	0.37	2.01	1.01	2.01	1.52
50	2	2.44	1.46	0.49	1.22	0.91	0.49	2.74	1.34	2.74	2.07
65	$2^1/_2$	3.05	1.86	0.61	1.52	1.16	0.61	3.66	1.71	3.66	2.65
75	3	3.96	2.44	0.79	1.98	1.49	0.79	4.27	2.2	4.27	3.35
90	$3^1/_2$	4.57	2.8	0.91	2.35	1.83	0.91	5.18	2.59	5.18	3.96
100	4	5.18	3.35	1.16	2.74	2.07	1.16	6.1	3.05	6.1	4.88
125	5	7.32	4.57	1.52	3.66	2.74	1.52	7.23	4.27	8.23	6.1
150	6	8.84	6.71	1.83	4.57	3.35	1.83	8.23	5.79	10.06	7.62
200	8		7.62	2.59		4.57	2.59	14.33	7.32	14.33	10.67
250	10		9.758	3.35		6.1	3.35	18.29	8.84	18.29	17.37
300	12		12.5	3.96		7.62	3.96	22.25	11.28	22.25	20.12
350	14			4.88			4.88	26.21	13.72	26.21	23.47

公称直径		突然扩大：d/D			突然缩小:d/D			胀管		凸出管	
		1/4	1/2	3/4	1/4	1/2	3/4	入口	出口	入口	出口
400	16			5.49			5.49	29.26	15.24	29.26	27.43
450	18			6.1			6.1	35.05	17.68	35.05	32.92
500	20							43.28	21.34	43.28	39.62
600	24							49.68	25.3	49.68	

注：本资料引自 *Handbook of air conditioning system design*（Carrier air conditioning company）。表内的局部阻力当量长度，均以小直径"d"计。

系统中各种设备的压力损失，因设备型号和运行条件、工况等的不同而有较大差异，其通常由设备制造商提供。

（5）计算循环系统总阻力　将前面计算的最不利环路的沿程阻力、局部阻力和设备阻力求和得到循环系统的总阻力。

9.3　系统定压补水

热泵空调系统中定压设备的主要作用是保证循环系统中的冷热介质在系统内不倒空、不汽化、不超压，并保持一定的供系统循环的压力，保证系统冷热交换稳定正常。通常使用的定压方式主要有开式膨胀水箱定压、气压罐定压和变频补水泵定压三种方式。

9.3.1　开式膨胀水箱

开式膨胀水箱定压方式在中小型热泵空调系统中应用比较普遍，且控制简单，系统水力稳定性好。水箱应设置在系统的最高处。

（1）水箱的有效容积　开式膨胀水箱的有效容积按下式计算

$$V_x = V_t + V_p \tag{9-10}$$

式中　V_x——开式膨胀水箱的有效容积，m^3；

V_t——开式膨胀水箱的调节容积，一般不应小于 3min 平时运行的补水泵流量，且保持水箱调节水位高差不小于 200mm，m^3；

V_p——系统最大膨胀水量，m^3。

供热时：

$$V_p = V_c \left(\frac{\rho_0}{\rho} - 1 \right) \tag{9-11}$$

供冷时：

$$V_p = V_c \left(1 - \frac{\rho_0}{\rho} \right)$$

式中　ρ_0——水密度，供热时可取水温为 5℃时对应的密度值，供冷时可取水温为 35℃

时对应的密度值，kg/m^3；

$\overline{\rho}$——系统运行时水的平均密度，取系统供回水温度时的密度平均值，kg/m^3；

V_c——系统水容量，m^3。

在方案设计时，系统的膨胀水量也可以进行估算，冷水系统取 0.1L/kW；热水系统取 0.3L/kW。

(2) 设计要点　膨胀水箱上必须配置供各种功能用管的接口，见表9-10。膨胀水箱中的最低水位应高于水系统的最高点 1m 以上，膨胀管应连接在循环水泵的吸入口前（该接点为水系统的定压点）。当供冷和供热共用一个膨胀水箱时，应按供热工况确定水箱的有效容积。

表9-10　膨胀水箱的配管

序号	名称	功能	说明
1	膨胀管	膨胀水箱与水系统之间的连通管，通过它将系统中因膨胀而增加的水量导入水箱；在水冷却时，通过它将水箱中的水导入系统	接管入口应略高于水箱底面，防止沉积物流入系统，膨胀管上不应安装阀门
2	循环管	防止冬季水箱内的水冻结，使水箱内的存水在两接点压差的作用下能缓慢地流动	循环管必须与膨胀管连接在同一条管道上，两条管道接口间的水平距离应保持在 1.5~3m
3	溢流管	供水出现故障时，让超过水箱容积的水有组织地间接排至下水道	必须通过漏斗间接连接，防止产生虹吸现象
4	排污管	供定期清洗水箱时排除污水用	应与下水道相连
5	补水管	自动保持膨胀水箱的恒定水位	必须与给水系统相连
6	通气管	使水箱和大气保持相通，防止产生真空	

计算出膨胀水箱的有效容积后，可以从国家建筑标准设计图集 05K210 中确定膨胀水箱的规格、型号及配管直径，见表9-11。

表9-11　膨胀水箱的规格、型号及配管尺寸

形式	型号	公称容积/m³	有效容积/m³	长×宽或内径/mm	高/mm	配管公称直径/mm					水箱自重/kg
						溢流	排水	膨胀	信号	循环	
方形	1	0.5	0.6	900×900	900	50	32	40	20	25	200
	2	0.5	0.6	1200×700	900						209
	3	1.0	1.0	1100×1100	1100						288
	4	1.0	1.1	1400×900	1100						302
	5	2.0	2.0	1400×1400	1200						531
	6	2.0	2.2	1800×1200	1200						580
	7	3.0	3.1	1600×1600	1400						701
	8	3.0	3.4	2000×1400	1400						743
	9	4.0	4.2	2000×1600	1500	70	32	50	20	25	926
	10	4.0	4.2	1800×1800	1500						916
	11	5.0	5.0	2400×1600	1500						1037
	12	5.0	5.1	2200×1800	1500						1047

形式	型号	公称容积/m³	有效容积/m³	长×宽或内径/mm	高/mm	配管公称直径/mm					水箱自重/kg
						溢流	排水	膨胀	信号	循环	
圆形	1	0.5	0.5	900	1000	50	32	40	20	25	169
	2	0.5	0.6	1000	900						179
	3	1.0	1.0	1100	1300						255
	4	1.0	1.1	1200	1200						269
	5	2.0	1.9	1500	1300						367
	6	2.0	2.0	1400	1500						422
	7	3.0	3.2	1600	1800						574
	8	3.0	3.3	1800	1500						559
	9	4.0	4.1	1800	1800	70	32	50	20	25	641
	10	4.0	4.4	2000	1600						667
	11	5.0	5.1	1800	2200						724
	12	5.0	5.0	2000	1800						723

(3) 开式膨胀水箱配管示意　开式膨胀水箱有补水泵补水和浮球阀补水两种方式，如图 9-2 所示。

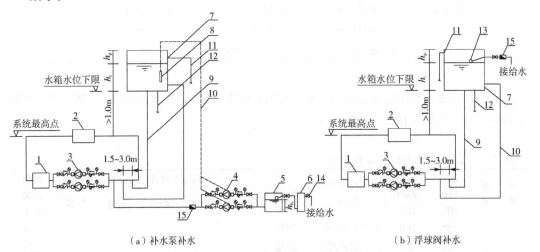

（a）补水泵补水　　　　　　　　　　　　（b）浮球阀补水

图 9-2　开式膨胀水箱补水系统图

1—冷热源装置；2—末端用户；3—循环泵；4—补水泵；5—补水箱；6—软水设备；7—膨胀水箱；8—液位计；9—膨胀管；10—循环管；11—溢水管；12—排水管；13—浮球阀；14—倒流防止器；15—水表

9.3.2　气压罐定压

气压罐定压适用于对水质净化要求高、对含氧量控制严格的 HVAC 循环水系统。气压罐定压的优点是易于实现自动补水、自动排气、自动泄水和自动过压保护，缺点是需设置闭式（补）水箱，所以投资较高。气压罐定压原理见图 9-3，图中 h_b 和 h_p 分别为系统补水量 V_b、系统最大膨胀量 V_p 对应的水位高差。

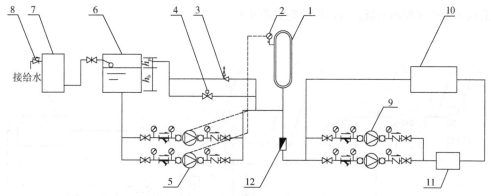

图9-3 气压罐定压补水系统

1—囊式气压罐；2—电接点压力表；3—安全阀；4—泄水电磁阀；5—补水泵；6—软化水箱；7—软化设备；8—倒流防止器；9—循环水泵；10—末端用户；11—冷热源装置；12—水表

（1）气压罐容积计算

$$V \geqslant V_{\min} = \frac{\beta V_t}{1-\alpha} \tag{9-12}$$

式中　V——气压罐实际总容积，m^3；

　　　V_t——气压罐的调节容积，m^3；

　　　β——容积附加系数，隔膜式气压罐一般取1.05；

　　　α——$\alpha = \dfrac{p_1 + 100}{p_2 + 100}$，$p_1$ 和 p_2 分别为补水泵的启动压力和停泵压力，应综合考虑气压罐容积和系统的最高运行工作压力等因素，宜取0.65～0.85，必要时可取0.50～0.90。

（2）气压罐的工作压力值

① 安全阀开启压力 p_4，确保系统的工作压力不超过系统内管网、阀门、设备等的承受压力。

② 膨胀水量开始流回补水箱时电磁阀的开启压力 p_3，可取 $p_3 = 0.9 p_4$。

③ 补水泵的启动压力 p_1，在满足定压点最低要求压力的基础之上，增加10kPa的富余量。定压点下限应符合：循环水温度为60～95℃时，应使系统最高点的压力高于大气压10kPa以上；循环水温度≤60℃时，应使系统最高点的压力高于大气压5kPa以上。

④ 补水泵的停泵压力 p_2，可取 $p_2 = 0.9 p_3$。

（3）设计要点　气压罐定压点通常放在系统循环水泵的吸入端，补水泵扬程应保证补水压力比系统补水点压力高30～50kPa，补水泵总小时流量宜为水系统容量的5%，不超过10%。气压罐应设有泄水装置，配备电接点压力表、安全阀等附件，同时设置补水箱，回收因膨胀导致的泄水。

9.3.3　变频补水泵定压

变频补水泵定压方式运行稳定，适用于耗水量不确定的大规模空调水系统（≥2500kW），不适用于中小规模的系统。其运行原理见图9-4。

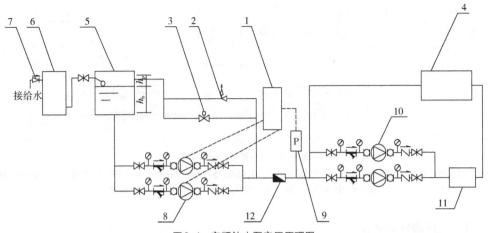

图9-4　变频补水泵定压原理图

1—变频控制器；2—安全阀；3—泄水电磁阀；4—末端用户；5—软化水箱；6—软化设备；7—倒流防止器；8—补水泵；
9—压力传感器；10—循环水泵；11—冷热源；12—水表

（1）变频补水泵扬程　变频补水泵的扬程应保证系统补水压力比补水点压力高30~
50kPa，或按照下式计算：

$$H_\mathrm{p} = 1.15(p_\mathrm{A} + H_1 + H_2 - \rho gh)$$ （9-13）

式中　p_A——系统补水点压力，Pa；

　　　H_1——补水泵吸入管路总阻力损失，Pa；

　　　H_2——补水泵压出管路总阻力损失，Pa；

　　　h——补水箱最低水位高出补水点的高度，m；

　　　ρ——水密度，kg/m³；

　　　g——重力加速度，m/s²。

（2）变频补水泵流量　补水泵总小时流量宜为系统水容量的5%，不超过10%。宜设置两
台补水泵，一用一备，补水初期或事故补水时两台同时使用。

9.4　软化水处理设备

大部分热泵空调系统均使用水作为冷却介质，水中溶解的钙镁、碳酸氢盐受热分解，就
会析出白色沉淀物，这些物质容易造成水管路、换热器等内表面结垢，甚至造成阻塞。循环
水系统的结垢不仅会降低设备的使用寿命，而且会降低传热效率，增加系统能耗，因此，需
要对进入空调系统中的水进行预处理，除去水中的结垢成分 Ca^{2+}、Mg^{2+}。目前在暖通空调领
域常用的软化水设备是水力自动软水器，主要由树脂罐、控制阀、盐液箱、盐阀以及连接管

组成，见图9-5。当含有硬度的原水通过交换器的树脂层时，水中的钙、镁离子被树脂吸附，同时释放出钠离子，这样交换器内流出的水就是去掉了硬度离子的软化水。当树脂吸附钙、镁离子达到一定的饱和度后，出水的硬度增大，此时软水器会按照预定的程序自动进行失效树脂的再生工作，利用较高浓度的氯化钠溶液（盐水）通过树脂，使失效的树脂重新恢复至钠型树脂。

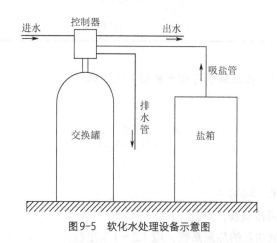

图9-5　软化水处理设备示意图

全自动软水器的小时处理水量应满足系统补水泵的小时流量。同时，由于离子交换软化设备供水与补水泵补水不同步，且软化设备常间断运行，因此需设置软化水箱储存一部分调节水量。软化水箱的容积一般可取 30～60min 补水泵流量，系统较小时取大值。

9.5　其他设备

9.5.1　冷却塔

在土壤源热泵系统应用中，夏热冬暖地区的夏季冷负荷大大超过冬季热负荷，这会造成地下土壤的放热量和吸热量不均衡，为了维持土壤的热平衡，通常使用冷却塔作为辅助散热设备。

冷却塔的选型需根据建筑物功能、周围环境条件、场地限制与平面布局等诸多因素综合考虑。对塔型和规格的选择还要考虑当地气象参数、冷却水量、冷却塔进出水温、水质及噪声、散热和水雾对周围环境的影响，最后经技术经济比较确定。下面为选择冷却塔的几项重要参数。

（1）标准设计工况（表9-12）

表9-12　标准设计工况表

塔型	普通型	低噪声型	超低噪声型	工业型
进水温度/℃		37		43
出水温度/℃		32		33

続表

塔型	普通型	低噪声型	超低噪声型	工业型
设计温差/℃		5		10
湿球温度/℃		28		28
干球温度/℃		31.5		31.5
大气压力/hPa		994		994

(2) 冷却水量计算　冷却塔的冷却水量按下式计算:

$$G = \frac{kQ_0}{c(t_{w1} - t_{w2})}$$ (9-14)

式中　G——冷却水量, kg/s;

Q_0——制冷机组冷负荷, kW;

k——制冷机组功耗的热量系数, 取 1.2 ~ 1.3 左右;

c——水的比热容, kJ/ (kg·℃);

t_{w1}, t_{w2}——冷却塔的进出水温度, ℃。

选用冷却塔时, 冷却水量应考虑 1.1 ~ 1.2 的安全系数。

(3) 冷却塔补水量　冷却塔补水量包括风吹飘逸损失、蒸发损失、排污损失和泄漏损失。一般按照冷却水量的 1% ~ 2% 作为补水量。不设集水箱的系统, 应在冷水塔底盘处补水; 设置集水箱的系统, 应在集水箱处补水。

9.5.2 分/集水器

集管也称母管, 是一种利用一定长度、直径较粗的短管, 焊上多根并联接管接口而形成的并联连接设备, 习惯上称为分/集水器。设置分/集水器的目的一是为了便于连接通向各个并联环路的管道, 二是为了均衡压力, 使汇集在一起的各个环路具有相同的起始压力或终端压力, 确保流量分配均匀。

分/集水器的直径 D (mm) 应大于最大接管开口直径的 2 倍, 通常可按并联接管的总流量通过集管断面时的平均流速 (0.5 ~ 1.5m/s) 来确定。

分/集水器的长度可根据图 9-6 按下式计算:

$$L = 130 + L_1 + L_2 + \cdots + L_i + 120 + 2h$$ (9-15)

式中　$L_1, L_2, \cdots, L_i$——接管中心距, 按表 9-13 确定, mm。

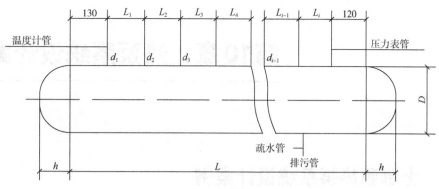

图9-6　分/集水器接管示意图

表9-13　接管中心距　　　　　　　　　　　　　　　　　　　　　　　　　　　　单位：mm

L_1	L_2	L_3	...	L_i
d_1+120	d_1+d_2+120	d_2+d_3+120	...	$(d_{i-1})+120$

注：d为接管的外径（含绝热层厚度），如接管无绝热层，则接管中心距必须大于d_1+d_2+80（d_1、d_2为两相邻接管的外径）。

9.5.3　旋流除沙器

旋流除沙器（图9-7）广泛应用于地下水源或地表水源热泵系统的水处理，由于地下水或地表水中含有较多的泥沙，长期运行会对热泵主机的换热器造成损害，因此热源侧的水在进入机组前应进行除沙。旋流除沙器是利用离心分离的原理进行除沙的。由于进水管安装在筒体的偏心位置，当水通过旋流除沙器进水管后，首先沿筒体的周围切线方向形成斜向下的周围流体，水流旋转着向下推移，当水流达到锥体某部位后，转而沿筒体轴心向上旋转，最后经出水管排出；泥沙在流体惯性离心力和自身重力的作用下，沿锥体壁面落入设备下部锥形渣斗中，锥体下部设有构件防止泥沙向上泛起，当积累在渣斗中的杂物到一定程度时，只要开启手动蝶阀，泥沙即可在水流作用下流出旋流除沙器。

旋流除沙器按照小时处理水量、外部接管管径以及水质等参数进行选择，可以多个并联使用。

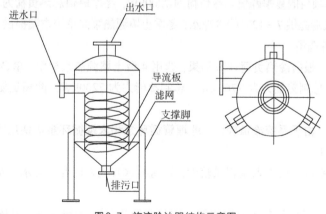

图9-7　旋流除沙器结构示意图

第10章 热泵系统设计案例

10.1 土壤源热泵系统设计案例

(1) 项目概况 某学校新校区的建筑物主要由办公楼、教学楼、学生宿舍、食堂以及相关配套建筑组成,总建筑面积约 $20×10^4m^2$,共分为 4 个区域。其中教学区建筑面积约 $6×10^4m^2$;生活区建筑面积约 $9×10^4m^2$;办公区建筑面积约 $4×10^4m^2$;体育馆建筑面积约 $1×10^4m^2$。

学校的建筑物密度较低,有大量的空地可用来安装垂直埋管式换热器,符合土壤源热泵的应用条件,同时考虑经济效益、环境效益及社会效益,决定使用土壤源热泵供暖空调系统为校区提供冬季供暖和夏季空调。

(2) 设计依据 依据以下规范。

《地源热泵系统工程技术规范 (2009 版)》 GB 50366—2005

《埋地塑料给水管道工程技术规程》 CJJ 101—2016

《水 (地) 源热泵机组》 GB/T 19409—2013

《工业建筑供暖通风与空气调节设计规范》 GB 50019—2015

《制冷设备、空气分离设备安装工程施工及验收规范》 GB 50274—2010

《通风与空调工程施工质量验收规范》 GB 50243—2016

《给排水管道工程施工及验收规范》 GB 50268—2008

《城镇供热管网工程施工及验收规范》 CJJ 28—2014

《给水用聚乙烯 (PE) 管道系统 第 1 部分:总则》 GB/T 13663.1—2017

《给水用聚乙烯 (PE) 管道系统 第 2 部分:管材》 GB/T 13663.2—2018

(3) 系统负荷 经系统末端建筑物冷热负荷计算,考虑到不同类型建筑的同时使用情况以及使用特点,本项目的夏季峰值总冷负荷为 7200kW,冬季峰值总热负荷为 7600kW。夏季土壤源热泵向系统末端提供 7 ~ 12℃的冷冻水;冬季土壤源热泵向系统末端提供 40 ~ 45℃的热水。

(4) 机房设备选型

1) 热泵机组 根据冷热负荷计算结果,选用 4 台土壤源热泵机组,单台制热量 1940kW,制冷量 1800kW。总制热能力为 7760kW,总制冷能力为 7200kW,能满足使用需求。机组具体参数见表 10-1。

2) 循环水泵 由于系统流量较大,地埋管循环泵和末端循环泵均使用卧式双吸泵,水泵具体参数见表 10-1。

3) 定压补水系统 由于系统容量较大,定压补水方式采用变频补水泵定压,设备具体参数见表 10-1。

4) 其他设备 其他设备包括软水器、软化水箱及空调分/集水器,具体型号和参数见表

10-1。

土壤源热泵机房设备布置与管路连接详见图10-1和图10-2。

表10-1　土壤源热泵机房主要设备表

序号	名称	主要参数	单位	数量	备注
1	土壤源热泵机组	制热量：1940kW； 制冷量：1800kW； 输入功率：288kW（夏），382kW（冬）； 冷凝器温度：30℃/35℃（夏），40℃/45℃（冬）； 蒸发器温度：7℃/12℃（夏），5℃/10℃（冬）； 尺寸：4920mm×1730mm×2220mm（长×宽×高）	台	4	
2	空调循环泵	流量：480m³/h；扬程：32m；功率：75kW	台	4	3用1备
3	地源循环泵	流量：560m³/h；扬程：32m；功率：90kW	台	4	3用1备
4	变频定压补水装置	流量：15m³/h；扬程：60m；功率：11kW； 尺寸：300mm×256mm×978mm（长×宽×高）	套	1	2台补水泵，自带控制系统
5	变频定压补水装置	流量：10m³/h；扬程：20m；功率：2.2kW； 尺寸：300mm×256mm×696mm（长×宽×高）	套	1	2台补水泵，自带控制系统
6	软化水箱	容积：18 m³； 尺寸：2500mm×2500mm×3000mm（长×宽×高）	台	1	
7	软水器	流量：20m³/h；功率：150W	台	1	双阀双罐双盐箱
8	空调侧集水器	规格：1000mm×5700mm（直径×长）；承压：1.0MPa	个	1	
9	空调侧分水器	规格：1000mm×5700mm（直径×长）；承压：1.0MPa	个	1	

（5）地埋管换热系统设计

1）地埋管换热器数量及位置　根据前期的地勘及地埋管换热器热响应实验，地埋管换热器竖直有效深度为100m，使用PE100单U形换热器，管道外径为32mm。地埋管换热器冬季单位井深换热量设计值为33W/m，夏季单位井深换热量设计值为46 W/m。

经计算，冬季需要换热器的数量为1889个，夏季需要换热器的数量为1816个。以冬季需要的数量为准，同时乘以1.2的安全系数，最终确定换热器的数量为2270个。换热器布置在学校体育场地表下，井间距4m，水平管路距地表2m。

2）连接方式　由于换热器的数量较多，本方案采用先分区再分组的连接方式。整个地埋管换热系统共分为12个区，每个区内换热器的数量170～200个不等，每组换热器的数量8～10个不等，这样每个区内有18～20组的换热器，每个分区都设置1组集/分水器（图10-3）。每个组内采用同程式连接方法，分区之间采用异程式连接方法。同时，设置多个地下检查井

（图 10-4）用来安置分区内地埋管集/分水器。

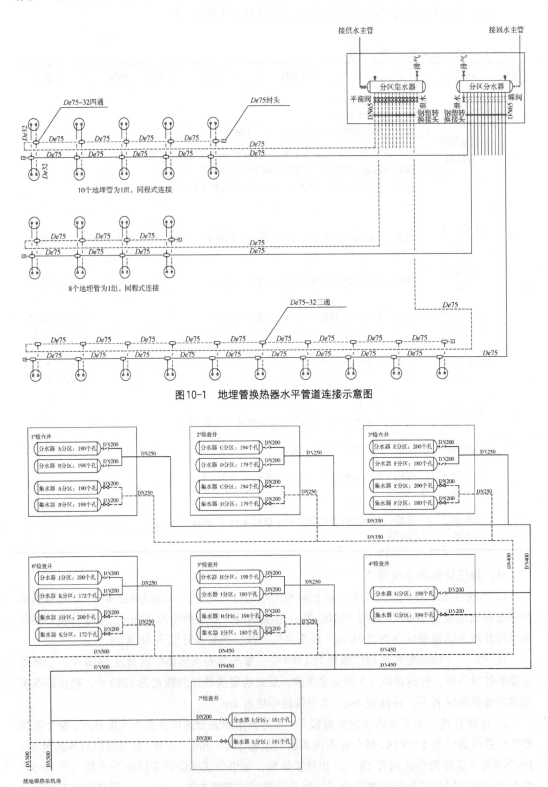

图10-1 地埋管换热器水平管道连接示意图

图10-2 地埋管换热系统水平干管连接示意图

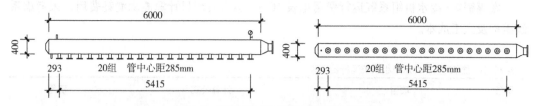

图10-3 地埋管换热系统集/分水器大样图

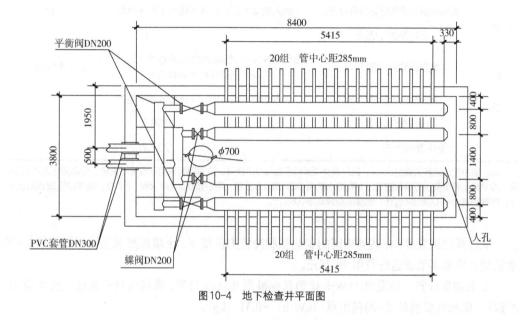

图10-4 地下检查井平面图

(6) 运行费用计算 将本设计方案与传统供暖空调技术 (燃煤锅炉+冷水机组) 从运行费用以及节能量进行比较分析。

1) 运行费用计算 地源热泵系统运行费用见表 10-2。

表10-2 土壤源热泵系统运行费用表

季节	项目	计算公式	费用
夏季	热泵主机运行费/万元	输入功率×运行时间×负荷系数×电价	45.6
	循环水泵运行费/万元	输入功率×运行时间×运行系数×电价	19.6
	运行费合计/万元	65.2	
冬季	主机运行费/万元	输入功率×运行时间×负荷系数×电价	70.6
	循环水泵运行费/万元	输入功率×运行时间×运行系数×电价	22.9
	运行费合计/万元	93.5	
全年费用/万元		158.7	

注: 表中供暖运行天数为55天, 机组满负荷运行系数按0.7计算, 放假期间采用低温运行策略; 空调运行天数为55天, 机组满负荷运行系数按0.6计算; 电价按0.5元/ (kW·h) 计。

燃煤锅炉+冷水机组系统运行费用见表10-3。运行费用只计算能源消耗费用，未考虑系统维护及人工成本。

表10-3　燃煤锅炉+冷水机组系统运行费用表

季节	项目	计算公式	费用
夏季	冷水机组运行费/万元	输入功率×运行时间×负荷系数×电价	63.4
	循环水泵及冷却塔运行费/万元	输入功率×运行时间×运行系数×电价	16
	运行费合计/万元		79.4
冬季	燃煤锅炉运行费/万元	热负荷×3600/燃煤热值/锅炉效率×运行时间×负荷系数×燃煤价格	147.9
	循环水泵运行费/万元	输入功率×运行时间×运行系数×电价	10.4
	运行费合计/万元		158.3
	全年费用/万元		237.7

注：表中供暖运行天数为55天，锅炉满负荷运行系数按0.7计算，放假期间采用低温运行策略；空调运行天数为55天，冷水机组满负荷运行系数按0.6计算，冷水机组COP按4.5计算；电价按0.5元/（kW·h）计；燃煤价格按800元/t计；燃煤热值按4800kcal/kg计；燃煤锅炉效率按0.68计。

从计算结果来看，在达到相同的制热和制冷能力前提下，土壤源热泵相比于燃煤锅炉+冷水机组系统每年节省运行费用79万元。

2）节能量计算　每发电1kW·h按消耗标准煤0.31kg计算，将用电量折算成一次能源（标准煤），即标准煤消耗量=消耗电量（kW·h）×0.31（kg）。

1kg标准煤的发热量为7000kcal，燃煤锅炉所用的燃煤热值（在运行费用计算假定）为4800kcal，可以将消耗的燃煤量折算成标准煤，即标准煤消耗量=燃煤消耗量×燃煤热值（4800kcal）/标准煤热值（7000kcal）。

将土壤源热泵系统与燃煤锅炉+冷水机组的耗能量经计算后列入表10-4。

表10-4　全年能源消耗量统计（1）

能源种类	土壤源热泵	燃煤锅炉+冷水机组
电	317.4×10^4 kW·h	179.6×10^4 kW·h
燃煤	0t	1848.5t
折合标准煤	983.9t	1824.3t

土壤源热泵系统相比于燃煤锅炉+冷水机组系统每年节约840.4t标准煤。

（7）环境效益分析

1）计算依据　各种污染物排放的计算依据如下：

二氧化碳减排量（t/a）按以下公式计算

$$Q_{CO_2} = 2.47Q_{bm} \tag{10-1}$$

式中　Q_{CO_2}——二氧化碳减排量，t/a；

　　　Q_{bm}——标准煤节约量，t/a；

　　　2.47——标准煤的二氧化碳排放因子，无量纲。

　　二氧化硫减排量（t/a）按以下公式计算

$$Q_{SO_2} = 0.02Q_{bm} \tag{10-2}$$

式中　Q_{SO_2}——二氧化硫减排量，t/a；

　　　Q_{bm}——标准煤节约量，t/a；

　　　0.02——标准煤的二氧化硫排放因子，无量纲。

　　粉尘减排量（t/a）按以下公式计算

$$Q_{FC} = 0.01Q_{bm} \tag{10-3}$$

式中　Q_{FC}——粉尘减排量，t/a；

　　　Q_{bm}——标准煤节约量，t/a；

　　　0.01——标准煤的粉尘排放因子，无量纲。

2）减排量计算　见表 10-5。

表10-5　年减排量计算表

参数	标准煤节约量/（t/a）	CO_2 减排量/（t/a）	SO_2 减排量/（t/a）	粉尘减排量/（t/a）
数值	840.4	2075.8	16.8	8.4

10.2　地下水源热泵系统设计案例

（1）项目简介　某住宅小区建筑面积约 $4×10^4m^2$，由 7 栋 5 层楼组成，建筑物高度为 18m。由前期水文地质勘察结果得知，该地区地下水资源较丰富，而且具有较高的渗透系数，有利于地下水的回灌。因此，该项目采用地下水源热泵系统为小区提供冬季供暖和夏季空调。

（2）设计依据　依据以下规范。

《地源热泵系统工程技术规范（2009 版）》GB 50366—2005

《水（地）源热泵机组》GB/T 19409—2013

《工业建筑供暖通风与空气调节设计规范》GB 50019—2015

《制冷设备、空气分离设备安装工程施工及验收规范》GB 50274—2010

《通风与空调工程施工质量验收规范》GB 50243—2016

《城镇供热管网工程施工及验收规范》CJJ 28—2014

《室外给水设计标准》GB 50013—2018

《管井技术规范》GB 50296—2014

（3）系统负荷　通过对建筑物的冷热负荷计算，充分考虑建筑物的功能和使用特点，确定本项目的夏季峰值总冷负荷为 1600kW，冬季峰值总热负荷为 1800kW。夏季冷负荷由水源热泵向室内末端提供 7～12℃的冷冻水；冬季热负荷由水源热泵向室内末端提供 40～45℃的热水。

（4）机房设备选型　根据建筑物冷热负荷情况，选用 2 台螺杆式水源热泵机组，单台制热量 931.6kW，制冷量 870.5kW，总制热能力 1863.2kW，总制冷能力 1741kW。热泵机组及机房其他设备具体参数见表 10-6。水源热泵机房设备布置与管路连接详见图 10-5（文后插页）和图 10-6。

表 10-6　水源热泵机房主要设备表

序号	名称	主要参数	单位	数量	备注
1	水源热泵机组	制热量：931.6kW； 制冷量：870.5kW； 输入功率：151.7kW（夏），204.7kW（冬）； 冷凝器温度：11℃/26℃（夏），40℃/45℃（冬）； 蒸发器温度：7℃/12℃（夏），5℃/11℃（冬）； 尺寸：3790mm×1150mm×2100mm（长×宽×高）	台	2	
2	空调循环泵	流量：178m³/h；扬程：36m；功率：30kW	台	3	2 用 1 备
3	深水潜水泵	流量：78m³/h；扬程：50m；功率：22kW	台	6	3 抽 3 灌
4	定压补水装置	流量：5.5m³/h；扬程：25m；功率：1.1kW； 尺寸：2720mm×1600mm×2410mm（长×宽×高）	套	1	2 台补水泵，自带控制系统
5	软化水箱	容积：8m³； 尺寸：2000mm×2000mm×2000mm（长×宽×高）	台	1	
6	软水器	流量：5m³/h；功率：18W	台	1	
7	旋流除砂器	流量：120m³/h；承压：1.0MPa	个	2	
8	电子水处理仪	流量：240m³/h；功率：75W；承压：1.0MPa	个	1	

（5）地下水换热系统　根据水文地质勘察结果以及地下水的流量需求，共设计 6 口水井，每个水井均配置深水潜水泵和回灌管道，即每个井既可以作为抽水井，也可以作为回灌井。正常运行时，3 口抽水，3 口回灌。每个水井上方均设置地下小室，具体结构见图 10-7 和图 10-8。换热系统水平连接管线采用双管制异程式连接方法，详见图 10-9。

（6）经济效益分析　由于本项目为居民住宅，系统运行以冬季供暖为主，夏季运行具有较大的不确定性，因此本方案只对冬季供暖效益进行分析。将本设计方案与传统供暖技术（燃煤锅炉）从运行费用以及节能量进行比较分析。

1）运行费用计算　水源热泵系统运行费用见表 10-7。

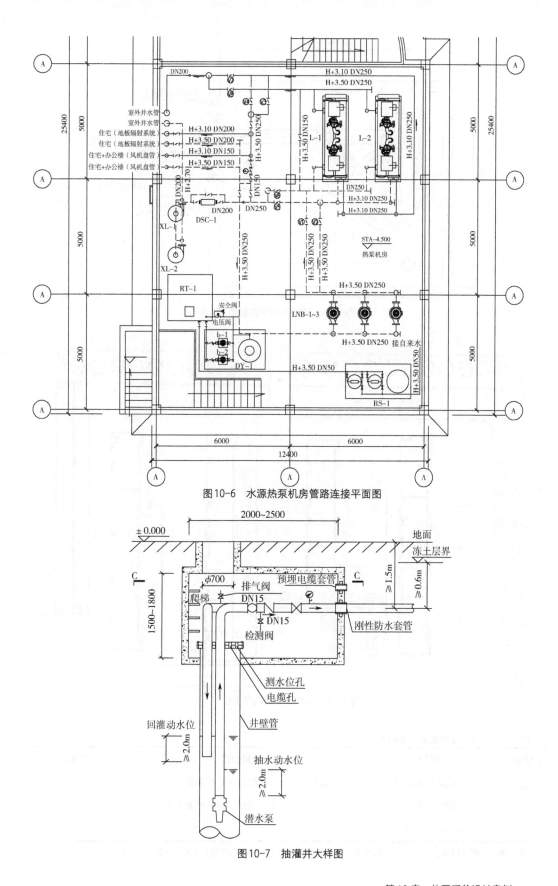

图10-6 水源热泵机房管路连接平面图

图10-7 抽灌井大样图

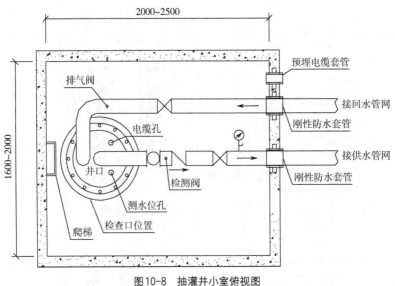

图10-8 抽灌井小室俯视图

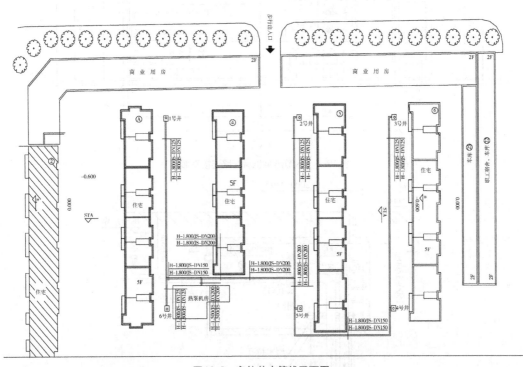

图10-9 室外井水管线平面图

表10-7 水源热泵系统运行费用表

季节	项目	计算公式	费用
冬季	主机运行费/万元	输入功率×运行时间×负荷系数×电价	41.3
	水泵运行费/万元	输入功率×运行时间×运行系数×电价	12.7
	运行费合计/万元	54	

注: 表中供暖运行天数为120天, 机组满负荷运行系数按0.7计算; 电价按0.5元/(kW·h)计。

燃煤锅炉运行费用见表10-8。运行费用只计算能源消耗费用,未考虑系统维护及人工成本。

表10-8 燃煤锅炉系统运行费用表

季节	项目	计算公式	费用
冬季	燃煤锅炉运行费/万元	热负荷×3600/燃煤热值/锅炉效率×运行时间×负荷系数×燃煤价格	76.4
	循环水泵运行费/万元	输入功率×运行时间×运行系数×电价	6
	运行费合计/万元	82.4	

注:表中供暖运行天数为120天,锅炉满负荷运行系数按0.7计算;电价按0.5元/(kW·h)计;燃煤价格按800元/t计;燃煤热值按4800kcal/kg计;燃煤锅炉效率按0.68计。

在达到相同的制热能力前提下,水源热泵相比于燃煤锅炉供暖系统每个供暖季节省运行费用28.4万元。

2)节能量计算 每发电1kW·h按消耗标准煤0.31kg计算,将用电量折算成一次能源(标准煤),即标准煤消耗量=消耗电量(kW·h)×0.31(kg)。

1kg标准煤的发热量为7000kcal(1kcal=4.184kJ),燃煤锅炉所用的燃煤热值(在运行费用计算假定)为4800kcal,可以将消耗的燃煤量折算成标准煤,即标准煤消耗量=燃煤消耗量×燃煤热值(4800kcal)/标准煤热值(7000kcal)。

将水源热泵系统与燃煤锅炉的耗能量经计算后列入表10-9。

表10-9 全年能源消耗量统计(2)

能源种类	水源热泵	燃煤锅炉
电	$108×10^4$kW·h	$12×10^4$kW·h
燃煤	0t	955.2t
折合标准煤	334.8t	692.2t

经计算,水源热泵系统相比于燃煤锅炉每年节约357.4t标准煤。

(7)环境效益分析

1)计算依据 各种污染物排放的计算依据如下:

二氧化碳减排量(t/a)按以下公式计算

$$Q_{CO_2} = 2.47Q_{bm}$$

式中 Q_{CO_2}——二氧化碳减排量,t/a;

Q_{bm}——标准煤节约量,t/a;

2.47——标准煤的二氧化碳排放因子,无量纲。

二氧化硫减排量(t/a)按以下公式计算

$$Q_{\mathrm{SO_2}} = 0.02 Q_{\mathrm{bm}}$$

式中　$Q_{\mathrm{SO_2}}$——二氧化硫减排量，t/a；

　　　Q_{bm}——标准煤节约量，t/a；

　　　0.02——标准煤的二氧化硫排放因子，无量纲。

粉尘减排量（t/a）按以下公式计算

$$Q_{\mathrm{FC}} = 0.01 Q_{\mathrm{bm}}$$

式中　Q_{FC}——粉尘减排量，t/a；

　　　Q_{bm}——标准煤节约量，t/a；

　　　0.01——标准煤的粉尘排放因子，无量纲。

2）减排量计算　见表 10-10。

表 10-10　年减排量计算表

参数	标准煤节约量/（t/a）	CO_2减排量/（t/a）	SO_2减排量/（t/a）	粉尘减排量/（t/a）
数值	357.4	882.8	7.1	3.6

10.3　地表水源热泵系统设计案例

（1）项目概况　某办公楼建筑面积约 9000m²，位于黄海海边，具有丰富的海水资源，该区域内冬季海水温度通常在 2℃以上，可作为热泵冬季供暖运行的热源，夏季也可以作为热泵制冷运行的冷源。该项目计划采用海水源热泵系统为建筑物提供冬季供暖和夏季空调，项目方案设计包括热泵机房系统设计、海水取排水系统设计以及经济环境效益分析。

（2）设计依据　依据以下规范。

《地源热泵系统工程技术规范（2009 版）》GB 50366—2005

《水（地）源热泵机组》GB/T 19409—2013

《工业建筑供暖通风与空气调节设计规范》GB 50019—2015

《制冷设备、空气分离设备安装工程施工及验收规范》GB 50274—2010

《通风与空调工程施工质量验收规范》GB 50243—2016

《室外给水设计标准》GB 50013—2018

（3）系统负荷　经计算建筑物夏季总冷负荷为 1300kW，总热负荷为 1050kW。夏季海水源热泵系统向建筑物末端提供 7～12℃的冷冻水；冬季海水源热泵系统向建筑物末端提供 40～45℃的热水。海水温度冬季按 3.7℃设计，夏季按 25℃设计。

（4）海水源热泵系统流程设计

1）海水取水设计　海水温度是海水源热泵成败的关键参数，对热泵能否正常运行起到决定性作用。取水点应根据当地海水温度变化曲线，设置在水温随时间变化不大的位置。该项目所在地海水在 5m 以下温度变化较小，冬季最低温度约 3.7℃，夏季平均温度为 25℃。根据施工现场具体情况，将取水口设置在水面下 8m 处。在取水位安装混凝土取水沉箱，能保证较好的水质，同时减少恶劣气候下海水对泵的冲刷和扰动作用。当地海水极端低水位为-0.6m 时，设计沉箱最低点水位为-9.5m。取水沉箱结构如图 10-10 所示。沉箱采用方形结构，内部设置取水仓和间隔仓，间隔仓内填充鹅卵石，取水仓与间隔仓之间有管道连通；在间隔仓外部设有 4 个进水口（直径 200mm），海水通过进水口进入间隔仓（间隔仓填充的鹅卵石可起到过滤的作用），再经过连通管进入取水仓，由潜水泵抽取到换热器进行热交换。沉箱为潜水泵提供了一个封闭的海水环境，海水进入沉箱后流速变缓，形成相对稳定的海水源，同时便于海水的电解和除污处理。

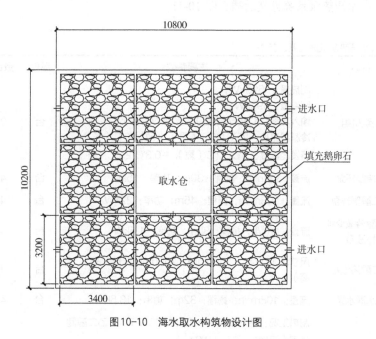

图 10-10　海水取水构筑物设计图

　　潜水泵设置在沉箱中间的取水仓内，在沉箱上方设置检查平台，用于潜水泵的安装和后期维护。

　　2）海水排水设计　为了避免热积聚现象，排水口应设置在海水流动性较好的区域。为防止热短路，排水口与沉箱水平距离不低于 50m，垂直距离不小于 5m。本项目排水口设置在海面下 3m 位置。

　　3）海水源侧设备及材料　海水源侧主要分为取水设备和换热设备，包括海水潜水泵、快速除污装置、板式换热器和电解海水装置。

　　海水潜水泵选用泵体材料为 904L(AISI)规格的不锈钢，且采用阴极保护防腐蚀措施，带有导流外套。海水泵的叶轮、泵轴等主要部件采用耐海水腐蚀材质。经计算选择 3 台海水潜水泵，单台流量为 108m³/h，扬程 32m。

　　海水板式换热器的材质选用钛含量为 99% 的钛板，为实现小温差换热，换热器采用板式换热器，垫片宜采用三元乙丙橡胶。经计算，选用 3 台板式换热器，单台换热面积 60m²。

　　在进水口位置设电解海水防污装置，通过电解海水产生次氯酸钠溶液，注入潜水泵附近，用于防止海生物在潜水泵和整套管路系统内的繁殖及滋生。另外还需在海水潜水泵管道上设置快速除污装置，以保证系统不堵塞。

为防止冬季结冰，换热介质采用防冻液。综合考虑流体的凝固点、系统能耗、对材料的腐蚀性、对环境的影响、火灾风险、价格和来源等因素，防冻液选用乙二醇溶液。

海水有很强的腐蚀性，海水循环系统管道宜用 HDPE 管和 316L 不锈钢管，与潜水泵连接部分采用 316L 不锈钢管，用不锈钢法兰连接。与换热器连接部分宜采用 HDPE 塑料管，热熔连接。阀门采用海水专用不锈钢阀门。

（5）机房设备选型　根据系统冷热需求，选用 2 台双螺杆式热泵机组，单台制冷量 690kW，制热量 593kW，总制冷能力 1380kW，总制热能力 1186kW。机房其他设备型号参数见表 10-11。海水源热泵系统见文后插页图 10-11。

表10-11　海水源热泵机房主要设备表

序号	名称	主要参数	单位	数量	备注
1	热泵机组	制热量：593kW； 制冷量：690kW； 输入功率：138kW（夏），170kW（冬）； 冷凝器温度：25℃/30℃（夏），45℃/50℃（冬）； 蒸发器温度：7℃/12℃（夏），-0.3℃/2.7℃（冬）	台	2	
2	末端循环泵	流量：95m³/h；扬程：30m；功率：15kW	台	4	3用1备
3	乙二醇循环泵	流量：108m³/h；扬程：45m；功率：22kW	台	4	3用1备
4	乙二醇溶液变频补液泵	流量：1m³/h；扬程：30m；功率：1.5kW	台	1	
5	乙二醇溶液箱	尺寸:1000mm×1000mm×1000mm（长×宽×高）	台	1	
6	海水潜水泵	流量：108m³/h；扬程：32m；功率：18.5kW	台	4	3用1备
7	海水-乙二醇溶液换热器	制热工况：海水侧供回水温度3.7℃/0.7℃，乙二醇侧供回水温度2.7℃/-0.3℃； 制冷工况：海水侧供回水温度24℃/29.5℃，乙二醇侧供回水温度25℃/30.5℃； 两侧流量：108m³/h；换热面积：60m²；换热系数：3500W/m²；污垢系数：0.75	台	3	
8	海水电解除污装置	处理水量：108m³/h	台	3	
9	快速除污器	处理水量：326m³/h	台	2	
10	全自动软化水装置	处理水量：1m³/h	个	1	
11	软化水箱	玻璃钢制；尺寸：1000mm×1000mm×1500mm（长×宽×高）	个	1	
12	末端定压补水泵	流量：1m³/h；扬程：25m；功率：0.75kW	台	2	1用1备

（6）经济效益计算　将本设计方案与传统供暖空调技术（燃煤锅炉+冷水机组）从运行费

用以及节能量进行比较分析。

1）运行费用计算　海水源热泵系统运行费用见表10-12。

表10-12　海水源热泵系统运行费用表

季节	项目	计算公式	费用
夏季	热泵主机运行费/万元	输入功率×运行时间×负荷系数×电价	14.9
	循环水泵运行费/万元	输入功率×运行时间×运行系数×电价	9
	运行费合计/万元		23.9
冬季	主机运行费/万元	输入功率×运行时间×负荷系数×电价	17.1
	循环水泵运行费/万元	输入功率×运行时间×运行系数×电价	8.4
	运行费合计/万元		25.5
	全年费用/万元		49.4

注：表中供暖运行天数为120天，每天运行12小时，机组满负荷运行系数按0.7计算；空调运行天数为150天，每天运行12小时，机组满负荷运行系数按0.6计算；电价按0.5元/（kW·h）计。

燃煤锅炉+冷水机组系统运行费用见表10-13。运行费用只计算能源消耗费用，未考虑系统维护及人工成本。

表10-13　燃煤锅炉+冷水机组系统运行费用表

季节	项目	计算公式	费用
夏季	冷水机组运行费/万元	输入功率×运行时间×负荷系数×电价	17.9
	循环水泵及冷却塔运行费/万元	输入功率×运行时间×运行系数×电价	6.6
	运行费合计/万元		24.5
冬季	燃煤锅炉运行费/万元	热负荷×3600/燃煤热值/锅炉效率×运行时间×负荷系数×燃煤价格	25.1
	循环水泵运行费/万元	输入功率×运行时间×运行系数×电价	2.3
	运行费合计/万元		27.4
	全年费用/万元		51.9

注：表中供暖运行天数为120天，每天运行12小时，锅炉满负荷运行系数按0.7计算；空调运行天数为120天，每天运行12小时，冷水机组满负荷运行系数按0.6计算,冷水机组COP按4计算；电价按0.5元/（kW·h）计；燃煤价格按800元/t计；燃煤热值按4800kcal/kg计；燃煤锅炉效率按0.68计。

从计算结果来看，海水源热泵相比传统供暖空调系统年节省运行费用相差不多（2.5万元），主要原因是海水源热泵系统源侧采用间接换热系统，水泵的容量较大，增加了系统耗电量。

2）节能量计算　每发电1kW·h按消耗标准煤0.31kg计算，将用电量折算成一次能源（标准煤），即标准煤消耗量=消耗电量（kW·h）×0.31（kg）。

1kg标准煤的发热量为7000kcal，燃煤锅炉所用的燃煤热值（在运行费用计算假定）为4800kcal，可以将消耗的燃煤量折算成标准煤，即标准煤消耗量=燃煤消耗量×燃煤热值（4800kcal）/标准煤热值（7000kcal）。

将海水源热泵系统与燃煤锅炉+冷水机组的耗能量经计算后列入表10-14。

表10-14 全年能源消耗量统计（3）

能源种类	海水源热泵	燃煤锅炉+冷水机组
电	98.9×10^4kW·h	53.6×10^4kW·h
燃煤	0t	313.8t
折合标准煤	307t	381.4t

海水源热泵系统相比于燃煤锅炉+冷水机组系统每年节约74.4t标准煤。

（7）环境效益计算

1）计算依据 各种污染物排放的计算依据如下：

二氧化碳减排量（t/a）按以下公式计算

$$Q_{CO_2} = 2.47Q_{bm}$$

式中　Q_{CO_2}——二氧化碳减排量，t/a；

　　　Q_{bm}——标准煤节约量，t/a；

　　　2.47——标准煤的二氧化碳排放因子，无量纲。

二氧化硫减排量（t/a）按以下公式计算

$$Q_{SO_2} = 0.02Q_{bm}$$

式中　Q_{SO_2}——二氧化硫减排量，t/a；

　　　Q_{bm}——标准煤节约量，t/a；

　　　0.02——标准煤的二氧化硫排放因子，无量纲。

粉尘减排量（t/a）按以下公式计算

$$Q_{FC} = 0.01Q_{bm}$$

式中　Q_{FC}——粉尘减排量，t/a；

　　　Q_{bm}——标准煤节约量，t/a；

　　　0.01——标准煤的粉尘排放因子，无量纲。

2）减排量计算 见表10-15。

表 10-15　年减排量计算表

参数	标准煤节约量/（t/a）	CO_2 减排量/（t/a）	SO_2 减排量/（t/a）	粉尘减排量/（t/a）
数值	74.4	183.8	1.5	0.7

10.4　污水源热泵系统设计案例

（1）项目概况

某地科技产业园区办公楼建筑面积约 $12×10^4m^2$，需要提供夏季供冷和冬季供暖。由于园区毗邻城市污水处理厂，计划将污水处理厂处理后的城市污水作为热泵供暖空调系统的冷热源。本方案设计包含污水源热泵机房以及污水源系统的设计。

（2）设计依据　依据以下规范。

《公共建筑节能设计标准》GB 50189－2015

《工业建筑供暖通风与空气调节设计规范》GB 50019—2015

《地源热泵系统工程技术规范（2009 版）》GB 50366—2005

《制冷设备、空气分离设备安装工程施工及验收规范》GB 50274—2010

（3）系统负荷　根据对末端建筑物冷热负荷的计算，确定该项目夏季总冷负荷为7000kW，总热负荷为5400kW。夏季污水源热泵系统向建筑物末端提供 7 ~ 12℃的冷冻水；冬季污水源热泵系统向建筑物末端提供 40 ~ 45℃的热水。

（4）污水源热泵系统流程设计

1）换热方式　污水源热泵机组与污水采用间接换热方式，即处理后的污水与热泵机组侧的二次中介水在管壳式换热器中进行热交换。为防止污水对机组换热器造成损坏，可拆卸式管壳式换热器需定期清洗，保证换热效果。

2）污水取排水　设置一个地下污水蓄水池，污水处理厂的污水经管道流入蓄水池沉淀后，由污水泵将污水提取进入热泵机房，经过综合水处理器处理进入中间管壳式换热器，与中介水进行热交换后经过管道流回污水处理厂。中间蓄水池采用格栅小池设计，不仅可以起到沉淀污水中杂质的作用，而且有蓄水调峰的功能，当污水出现水量波动时，可以保证污水源热泵侧用水的稳定。系统流程见文后插页图 10-12、图 10-13。

（5）机房设备选型　根据系统冷热负荷需求，选用 3 台螺杆式热泵机组，单台制冷量2388kW，制热量 2420kW，总制冷能力 7164kW，总制热能力 7260kW。热泵机组以及机房其他设备参数详见表 10-16。

表 10-16　污水源热泵机房主要设备表

序号	名称	主要参数	单位	数量	备注
1	污水源热泵机组	制热量：2420kW； 制冷量：2388kW； 输入功率：350kW（夏），497kW（冬）； 冷凝器温度：31℃/36℃（夏），43℃/50℃（冬）； 蒸发器温度：7℃/12℃（夏），7℃/12℃（冬）；	台	3	
2	末端循环泵	流量：290m³/h；扬程：30m；功率：35kW	台	4	3用1备

序号	名称	主要参数	单位	数量	备注
3	中介水循环泵	流量: 460m³/h; 扬程: 20m; 功率: 32kW	台	4	3用1备
4	污水泵	流量: 551m³/h; 扬程: 15m; 功率: 43kW	台	4	3用1备
5	管壳式换热器	制热工况: 一次侧供回水温度14℃/9℃, 二次侧供回水温度7℃/12℃, 阻力0.6MPa; 制冷工况: 一次侧供回水温度29℃/34℃, 二次侧供回水温度36℃/31℃, 阻力0.6MPa; 换热量: 2012.5kW	套	4	采用耐腐蚀材质,抗阻塞与结垢,便于拆装
6	综合水处理器	处理水量: 450~700m³/h, 阻力0.005~0.03MPa; 输入功率: 740W; 功能: 杀菌、灭藻、防垢、超净过滤	台	3	
7	自动排污过滤器	处理水量: 430~660m³/h, 阻力0.005~0.015MPa	台	3	
8	软水器	处理水量: 2~3m³/h; 单阀双罐, 树脂量200L	个	1	
9	软化水箱	玻璃钢制; 尺寸:1500mm×1500mm×2500mm(长×宽×高)	个	1	
10	末端定压补水泵	流量: 10m³/h; 扬程: 20m; 功率: 1.1kW	台	2	1用1备
11	中介水定压补水泵	流量: 2m³/h; 扬程: 20m; 功率: 0.37kW	台	2	1用1备
12	蓄水池	容积: 1650m³; 尺寸: 27000mm×12000mm×7000mm(长×宽×高)	个	1	

(6) 经济效益分析　将本设计方案与传统供暖空调技术（燃煤锅炉+冷水机组）从运行费用以及节能量进行比较分析。

1) 运行费用计算　污水源热泵系统运行费用表10-17。

表10-17　污水源热泵系统运行费用表

季节	项目	计算公式	费用
夏季	热泵主机运行费/万元	输入功率×运行时间×负荷系数×电价	59.6
	循环水泵运行费/万元	输入功率×运行时间×运行系数×电价	14.2
	运行费合计/万元	62	
冬季	主机运行费/万元	输入功率×运行时间×负荷系数×电价	75.1
	循环水泵运行费/万元	输入功率×运行时间×运行系数×电价	16.6
	运行费合计/万元	91.7	
	全年费用/万元	151.3	

注: 表中供暖运行天数为120天, 每天运行12小时, 机组满负荷运行系数按0.7计算; 空调运行天数为120天, 每天运行12小时, 机组满负荷运行系数按0.6计算; 电价按0.5元/(kW·h)计。

燃煤锅炉+冷水机组系统运行费用见表10-18。运行费用只计算能源消耗费用，未考虑系统维护及人工成本。

表10-18　燃煤锅炉+冷水机组系统运行费用表

季节	项目	计算公式	费用
夏季	冷水机组运行费/万元	输入功率×运行时间×负荷系数×电价	67.2
	循环水泵及冷却塔运行费/万元	输入功率×运行时间×运行系数×电价	10.6
	运行费合计/万元	77.8	
冬季	燃煤锅炉运行费/万元	热负荷×3600/燃煤热值/锅炉效率×运行时间×负荷系数×燃煤价格	114.4
	循环水泵运行费/万元	输入功率×运行时间×运行系数×电价	5.3
	运行费合计/万元	119.7	
	全年费用/万元	197.5	

注：表中供暖运行天数为120天，每天运行12小时，锅炉满负荷运行系数按0.7计算；空调运行天数为120天，每天运行12小时，冷水机组满负荷运行系数按0.6计算，冷水机组COP按4.5计算；电价按0.5元/（kW·h）计；燃煤价格按800元/t计；燃煤热值按4800 kcal /kg计；燃煤锅炉效率按0.68计。

2）节能量计算　每发电1kW·h按消耗标准煤0.31kg计算，将用电量折算成一次能源（标准煤），即标准煤消耗量=消耗电量（kW·h）×0.31（kg）。

1kg标准煤的发热量为7000kcal，燃煤锅炉所用的燃煤热值（在运行费用计算假定）为4800kcal，可以将消耗的燃煤量折算成标准煤，即标准煤消耗量=燃煤消耗量×燃煤热值（4800kcal）/标准煤热值（7000kcal）。

将污水源热泵系统与燃煤锅炉+冷水机组的能源消耗量经计算后列入表10-19。

表10-19　全年能源消耗量统计

能源种类	污水源热泵	燃煤锅炉+冷水机组
电	$307.4 \times 10^4 kW \cdot h$	$155.6 \times 10^4 kW \cdot h$
燃煤	0	1429.4t
折合标准煤	953.6t	1462.6t

污水源热泵系统相比于燃煤锅炉+冷水机组系统每年节约509t标准煤。

（7）环境效益分析

1）计算依据　各种污染物排放的计算依据如下：

二氧化碳减排量（t/a）按以下公式计算

$$Q_{CO_2} = 2.47 Q_{bm}$$

式中　Q_{CO_2}——二氧化碳减排量，t/a;

　　　Q_{bm}——标准煤节约量，t/a;

　　　2.47——标准煤的二氧化碳排放因子，无量纲。

二氧化硫减排量（t/a）按以下公式计算

$$Q_{SO_2} = 0.02Q_{bm}$$

式中　Q_{SO_2}——二氧化硫减排量，t/a;

　　　Q_{bm}——标准煤节约量，t/a;

　　　0.02——标准煤的二氧化硫排放因子，无量纲。

粉尘减排量（t/a）按以下公式计算

$$Q_{FC} = 0.01Q_{bm}$$

式中　Q_{FC}——粉尘减排量，t/a;

　　　Q_{bm}——标准煤节约量，t/a;

　　　0.01——标准煤的粉尘排放因子，无量纲。

2）减排量计算　见表10-20。

表10-20　年减排量计算表

参数	标准煤节约量/（t/a）	CO₂减排量/（t/a）	SO₂减排量/（t/a）	粉尘减排量/（t/a）
数值	509	1257.2	10.18	5.09

参考文献

[1] 吴业正.制冷原理及设备[M].陕西：西安交通大学出版社，2010.

[2] 张昌.热泵技术与应用[M].北京：机械工业出版社，2015.

[3]张军.地热能、余热能与热泵技术[M].北京：化学工业出版社，2018.

[4]唐志伟，王景甫，张宏宇.地热能利用技术[M].北京：化学工业出版社，2017.

[5]陈东，谢继红.热泵技术及其应用[M].北京：化学工业出版社，2006.

[6]吴业正，李红旗，张华.制冷压缩机[M].北京：机械工业出版社，2017.

[7]陈东.热泵技术手册[M].北京：化学工业出版社，2012.

[8]马最良，吕悦.地源热泵系统设计与应用[M].北京：机械工业出版社，2007.

[9]蒋能照.空调用热泵技术及应用[M].北京：机械工业出版社，1999.

[10]杨卫波.土壤源热泵技术及应用[M].北京：化学工业出版社，2015.

[11]方肇洪，刁乃仁，曾和义.地热换热器的传热分析[J].工程热物理学报，2004，25(04)：685–687.

[12]张启，梁军.地热井内U型管换热器供热装置的理论分析[J].太阳能学报，1995，16(02):220–223.

[13]陈雁，戴传山，孙平乐.地热井下换热器传热性能的实验模拟研究[J].太阳能学报，2011，32(05):655–661.

[14]沈国民，张虹.竖直U型埋管地热换热器热短路现象的影响参数分析[J].太阳能学报，2007，28(06):604–607.

[15]曾和义，刁乃仁，方肇洪.竖直埋管地热换热器钻孔内的传热分析[J].太阳能学报，2004，25(03):399–405.

[16]王京，刁乃仁，王艳，等.影响竖直埋管单位孔深换热量的因素分析[J].制冷与空调，2011，25(03):315–318.

[17]孙培杰，王景刚，王惠想.辅助冷却复合地源热泵可行性及设计方法研究[J].建筑热能通风空调，2005，24（6）：62–65.

[18]王景刚，孙培杰，王惠想，等.辅助冷却复合地源热泵系统可行性分析[J].河北建筑科技学院学报，2005，22（3）：8–10.

[19]巩学梅.辅助散热地源热泵复合系统节能调控机理研究[D].浙江：浙江大学，2017.

[20]杨晶晶，杨卫波，刘向东.复合式地源热泵系统冷却塔开启控制策略[J].扬州大学学报，2017，20（4）：47–53.

[21]王华军，赵军.混合式地源热泵系统的运行控制策略研究[J].暖通空调，2007，37（9）：131–134.

[22]花莉，范蕊，潘毅群，等.基于热平衡的复合式地埋管地源热泵系统运行策略[J].暖通空调，2013，43（12）：148–153.

[23]朱立东，赵蕾，王振宇.冷却塔辅助地源热泵系统的控制策略优化[J].建筑科学，2014，30（10）：31–35.

[24]李营，由世俊，张欢，等.冷却塔复合式地源热泵系统的运行策略研究[J].太阳能学报，2017，38（6）：1680–1684.

[25]杨卫波，张苏苏.冷热负荷非平衡地区土壤源热泵土壤热失衡研究现状及其关键问题[J].Fluid Machinery，2014，42（1）：80–87.

[26]张伟，朱家玲，胡涛.太阳能与土壤源耦合供暖系统的实验研究[J].太阳能学报，2011，32（4）：496–499.

[27]马宏权，龙惟定.地埋管地源热泵系统的热平衡[J].暖通空调，2009(1)：102–106.

[28]李姝睿，白莉，杨孟乔.土壤源热泵系统热平衡问题的探讨[J].吉林建筑工程学院学报，2014，31（4）：33–36.

[29]ASHRAE.Commercial/institutional ground–source heat pump engineering manual[M].Atlanta：America Society of Heating，Refrigerating and Air–Conditioning Engineers，Inc，1995.

[30]Bose J E，Parker J D，McQuiston F C.Design/data manual for closed–loop ground coupled heat pump system[J].Oklahoma State University for ASHRAE，1985.

[31]Kavanaugh S P，Rafferty K.Ground source heat pumps：design of geothermal systems for commercial and institutional buildings[M].Atlanta：American Society of Heating，Refrigerating and Air Conditioning Engineers Inc，1997.

[32]Kavanaugh S P.A design method for hybrid ground–source heat pumps[J].ASHRAE Transactions，1999，104(2)：691–698.

[33]杨崇麟.板式换热器工程设计手册[M].北京：机械工业出版社，1998.

[34]于卫平.水源热泵相关的水源问题[J].现代空调，2001（3）：112–117.

[35]马最良，姚扬，姜益强，等.热泵技术应用理论基础与实践[M].北京:中国建筑工业出版社，2010.

[36]薛玉伟，李新国，赵军，等.地下水水源热泵的水源问题研究[J].能源工程，2003（2）：10–13.

[37]李伟东，管井出水量下降原因及应对措施[J].应用能源技术，2007（增刊）：83–84.

[38]武晓峰，唐杰.地下水人工回灌与再利用[J].工程勘察，1998（4）：37–39.

[39]倪龙，马最良.地下水水源热泵回灌分析[J].暖通空调，2006,36（6）：84–90.

[40]孙颖，苗礼文.北京市深井人工回灌现状调查与前景分析[J].水文地质工程地质，2001（1）：21–23.

[41]朱家岭.中国地热直接利用技术的发展[C]//世界清洁能源大会论文集. 2010.

[42]晏可奇，王宏.沈阳市地源热泵空调系统应用问题分析[J].热泵资讯，2011（23）：92–95.

[43]徐伟.中国地源热泵发展研究报告（2008年）[M]. 北京：中国建筑工业出版社，2008.

[44]陈晓.地表水源热泵理论及应用[M]. 北京：中国建筑工业出版社，2011.

[45]周金全.地表水取水工程[M]. 北京：化学工业出版社，2005.

[46]刘自放，张廉均，邵不红.水资源与取水工程[M]. 北京：中国建筑工业出版社，2000.

[47]刘福臣.水资源开发利用工程[M].北京：化学工业出版社，2006.

[48]李晓，杨立中.利用天然河床渗滤取水的新技术[J].中国给水排水，2003, 19（6）：74–76.

[49]李晓，魏民.天然河床渗滤取水水质特征及净化机理研究[J].矿物岩石，2004,（12）:111–114.

[50]ASHRAE.地源热泵工程技术指南[M].徐伟，等译.北京：中国建筑工业出版社，2001.

[51]吴荣华，孙德兴.污水及地表水热泵技术与系统[M]. 北京：科学出版社，2015.

[52]吴荣华，徐莹.污水与地表水热泵取水换热技术研究应用进展[J].暖通空调，2008, 38(3):25–30.

[53]吴荣华，孙德兴.城市原生污水冷热源系统形式及其应用[J].哈尔滨工业大学学报，2006，38(5):720–723.

[54]吴荣华，刘志斌.污水及地表水源热泵系统的规范化设计研究[J].暖通空调，2006，36(12):43–46.

[55]吴荣华，孙德兴.城市原生污水冷热源系统浸泡式工艺应用实例[J].暖通空调，2004，34(11)：86–87.

[56]徐莹，张承虎，孙德兴.城市污水源热泵工质流变特性研究[J].节能技术，2009，27(03)：201–204.

[57]杨逢涛，陈君，卢海燕.浅析几种污水源热泵系统利用的形式及特点[J].中国西部科技，2009，08(24):31–32.

[58]张吉礼，马良栋.污水源热泵空调系统污水侧取水、除污和换热技术研究进展[J].暖通空调，2009，39(07):41–47.

[59]毕海洋，端木琳.污水源热泵污水侧流化除垢与强化换热性能[J].土木建筑与环境工程，2012，34(01):80–84.

[60]庄兆意，孙德兴，张承虎，等.污水源热泵系统优化设计[J].暖通空调，2009，39(09):111–114.

[61]张明杨，姜益强，孙丽颖，等.污水源热泵系统在北京市应用的综合评价研究[J].流体机械，2010，38(05):77–80.

[62]徐莹，李鑫，伍悦滨，等.污水源热泵系统中换热器污垢热阻的实验研究[J].暖通空调，2009，39(05):67–70.

[63]钱剑峰，张力隽，张吉礼，等.直接式与间接式污水源热泵系统供热性能分析[J].湖南大学学报(自然科学版)，2009，36(12):94–98.

[64]王伟，倪龙，马最良.空气源热泵技术与应用[M].北京：中国建筑工业出版社，2017.

[65]黄东，袁秀玲.风冷热泵冷热水机组热气旁通除霜与逆循环除霜性能对比[J].西安交通大学学报，2006, 40(5): 539–543.

[66]罗鸣，谢军龙，沈国民.风冷热泵机组中的热气除霜方法[J].节能，2003(5): 12–14.

[67]石文星，李先庭，邵双全.房间空调器热气旁通法除霜分析及实验研究[J].制冷学报，2000（2）：29–35.

[68]Wang W，Xiao J，Guo Q C，et al. Field test investigation of the characteristics for the air source heat pump under two typical mal–defrost phenomena[J]. Applied Energy，2011，88(12)：4470–4480.

[69]朱树武，王振萍，张永桂.空气冷却器的融霜形式与计算[J].制冷与空调，2002, 2(3)：28–31.

[70]郝玉振，吴兆林，王维，等.电加热融霜在冷风机融霜过程中的优化[J].低温与超导，2009, 37(7)：40–43.

[71]李振华，李征涛，王芳，等.冷库热气融霜与电热融霜的对比分析[J].制冷与空调，2011, 25(6)：577–579.

[72]梁彩华，张小松，徐国英.显热除霜方式的能量分析与试验研究[J].东南大学学报：自然科学版，2006, 36(1)：81–85.

[73]梁彩华，张小松，巢龙兆，等.显热除霜方式与逆向除霜方式的对比试验研究[J].制冷学报，2005, 26(4)：20–24.

[74]刘清江，韩学廷，申江，等.高压电场对蒸发器表面结霜影响的研究[J].制冷，2006, 5(3)：15–17.

[75]陆志，姚晔，连之伟.超声波技术在暖通空调领域的应用[J].建筑热能通风空调，2007, 26(2)：19–22.

[76]阎勤劳，朱琳，张密，等.冷风机超声波除霜技术试验研究[J].农业机械学报，2003, 34(4):7475.

[77]李静.超高效空气源螺杆热泵系统设计与除霜技术试验研究[C]//中国制冷学会学术年会论文集[Z]. 2013.

[78]马最良，杨自强，姚杨，等.空气源热泵冷热水机组在寒冷地区应用的分析[J].暖通空调，2001, 31(3)：28–31.

[79]姚杨.暖通空调热泵技术[M].北京：中国建筑工业出版社，2008.

[80]石文星，田长青，王森.寒冷地区用空气源热泵的技术进展[J].流体机械，2003, 31(增刊)：43–48.

[81]马最良.替代寒冷地区传统供暖的新型热泵供暖方式的探讨[J].暖通空调新技术，2001(3)：31–34.

[82]王洋，江辉民，马最良，等.增大蒸发器面积对延缓空气源热泵冷热水机组结霜的实验与分析[J].暖通空调，2006, 36(7)：83–87.

[83]汪厚泰.低温环境下热泵技术问题探讨[J].暖通空调，1998, 28(6)：34–37.

[84]马最良，姚杨，姜益强.双级耦合热泵供暖的理论与实践[J].流体机械，2005, 33(9)：30–34.

[85]蒋能照，刘道平.水源·地源·水环热泵空调技术及应用[M].北京：机械工业出版社，2007.

[86]陆耀庆.实用供热空调设计手册[M].北京：中国建筑工业出版社，2007.

[87]GB/T 19409—2013.水（地）源热泵机组.

[88]GB/T 18430.2—2016.蒸气压缩循环冷水（热泵）机组 第2部分：户用及类似用途的冷水（热泵）机组.

[89]GB 19577—2015.冷水机组能效限定值及能效等级.

[90]GB 50366–2005.地源热泵系统工程技术规范（2009版）.

[91]06R115.地源热泵冷热源机房设计与施工.

[92]CJJ 34—2010.城镇供热管网设计规范.

[93]GB 50019—2015.工业建筑供暖通风与空气调节设计规范.

[94]GB 50736—2012.民用建筑供暖通风与空气调节设计规范.

[95]GB 50021—2001.岩土工程勘察规范（2009年版）.

[96]GB 50027—2001.供水水文地质勘察规范.

[97]GB 50296—2014.管井技术规范.

[98]CJJ 101—2016.埋地塑料给水管道工程技术规程.

[99]GB 50495—2019.太阳能供热采暖工程技术标准.

[100]15S128.太阳能集中热水系统选用与安装.

[101]GB 50243—2016.通风与空调工程施工质量验收规范.

[102]GB 50268—2008.给水排水管道工程施工及验收规范.

[103]GB 21455—2019.房间空气调节器能效限定值及能效等级.

[104]GB 50274—2010.制冷设备、空气分离设备安装工程施工及验收规范.